NOVO GUIA COMPLETO DOS DINOSSAUROS DO BRASIL

Luiz E. Anelli

Ilustrações de Julio Lacerda

USP UNIVERSIDADE DE SÃO PAULO

Reitor Carlos Gilberto Carlotti Junior
Vice-reitora Maria Arminda do Nascimento Arruda

edusp EDITORA DA UNIVERSIDADE DE SÃO PAULO

Diretor-presidente Sergio Miceli Pessôa de Barros

COMISSÃO EDITORIAL
Presidente Rubens Ricupero
Vice-presidente Maria Angela Faggin Pereira Leite
Clodoaldo Grotta Ragazzo
Laura Janina Hosiasson
Merari de Fátima Ramires Ferrari
Miguel Soares Palmeira
Rubens Luis Ribeiro Machado Júnior
Suplentes Marta Maria Geraldes Teixeira
Primavera Borelli Garcia
Sandra Reimão

Editora-assistente Carla Fernanda Fontana
Chefe Div. Editorial Cristiane Silvestrin

Editora Renata Farhat Borges

À memória do meu querido pai, Luiz Carlos Anelli

PREFÁCIO

A divulgação científica é uma das mais importantes tarefas da humanidade. Essa frase pode parecer um exagero, mas nos dias de hoje fica cada vez mais clara a distância entre os avanços científicos e a estagnação da mentalidade e da cultura de grandes grupos da população mundial. A acelerada evolução do conhecimento científico não resulta naturalmente em transformações da visão de mundo dos cidadãos, independentemente de classe social ou nacionalidade. Nesse contexto, a divulgação científica ganha uma importância central, e muitos culpam os cientistas por não realizarem essa tarefa de forma adequada.

Mas a tarefa não é trivial. Geralmente, os cientistas de hoje são também professores universitários; então, não podemos alegar que não estão aptos a difundir o conhecimento para outras pessoas. Isso é o nosso dia a dia! Mas, no ambiente acadêmico, estruturamos currículos que levam à compreensão de métodos e evidências ao longo de anos. E a ciência, como um todo ou em suas muitas áreas de especialização, não pode ser um conhecimento restrito a especialistas com dedicação integral.

Matérias jornalísticas, *podcasts* e notícias curtas na internet estão no extremo oposto da atuação de cientistas como professores: são exageradamente sintéticas e, na maior parte dos casos, levam a visões simplistas por evitar de forma sistemática os conceitos e termos técnicos.

Nesse cenário, grandes divulgadores científicos como Isaac Asimov, Carl Sagan, Stephen J. Gould ou Stephen Hawking optaram pelo formato do livro e com maestria souberam dosar o poder de síntese, a prosa cativante e a profundidade conceitual, tornando-se ídolos de gerações de cientistas e interessados na evolução da vida.

Eu tenho a grande honra de ser colega e amigo de um desses raros talentos: Luiz Anelli. Em sua peculiar carreira acadêmica, Anelli tem se dedicado mais ao que percebe ser importante do que ao que a academia considera como objetivo imediato. Sua obra de divulgação científica inclui inúmeros livros para diferentes públicos e a organização de exposições de grande impacto. Sua capacidade de adaptação da linguagem, sem perder a profundidade, é notável e cativa crianças e adultos. O reconhecimento não tardou, e o levou a conquistar o maior prêmio literário nacional: o Jabuti para divulgação científica! Isso, sim, é um feito acadêmico!

E o Anelli tem sido hábil também na escolha dos temas. Seus livros sobre dinossauros são uma porta que se abre para o conhecimento profundo sobre a geologia e a evolução da Terra e das espécies. Não menos importante é a sua parceria com ilustradores dedicados e talentosos, que dão vida e cor às cenas de um passado fantástico, mas real.

Este livro, *Novo guia completo dos dinossauros do Brasil*, está longe de ser um manual enciclopédico, como pode sugerir o título. É uma viagem profunda, guiada por Luiz Anelli e Julio Lacerda à história da Terra e da geologia do território brasileiro. Usa os dinossauros como isca para revelar a fascinante complexidade da história geológica da Terra e da origem e evolução das espécies animais e vegetais deste planeta. No fundo, fala de nós mesmos e de como mais de um século de estudo desse tema nos trouxe uma visão deslumbrante sobre a coevolução da Terra e dos seres vivos. O uso de figuras simples, como o relógio do tempo geológico e a árvore da vida, dá sentido e coesão ao longo caminho que vai do surgimento da vida às transformações causadas pelos humanos no planeta. Um caminho marcado por extinções e ressurgimentos, mudanças e permanências, temas que fascinam o Anelli e qualquer um que com ele tenha uma conversa de corredor ou um contato intenso pela leitura de seus livros.

Divirtam-se nessa viagem, e que o objetivo deste livro, de despertar a curiosidade e o interesse pela ciência, seja realizado em cada um de vocês.

Renato P. de Almeida
Professor titular do Instituto de Geociências da Universidade de São Paulo

SUMÁRIO

ÍNDICE DOS DINOSSAUROS 11
1. A TERRA E A VIDA ATRAVÉS DAS ERAS: UMA BREVE HISTÓRIA 19
2. QUEM FORAM OS DINOSSAUROS? 127
3. ORIGEM E EXPANSÃO DOS DINOSSAUROS 137
4. JANELAS PARA O PASSADO: A FORMAÇÃO DOS FÓSSEIS 167
5. DINOSSAUROS DO BRASIL 181
6. OS DINOSSAUROS E AS GRANDES EXTINÇÕES 331
BIBLIOGRAFIA 357
SOBRE O AUTOR 363
SOBRE O ILUSTRADOR 365

ÍNDICE DOS DINOSSAUROS

Staurikosaurus pricei	186
Gnathovorax cabreirai	188
Pampadromaeus barberenai	190
Buriolestes schultzi	192
Bagualosaurus agudoensis	194
Nhandumirim waldsangae	196
Saturnalia tupiniquim	198
Guaibasaurus candelariensis	200
Macrocollum itaquii	202
Unaysaurus tolentinoi	204
Sacisaurus agudoensis	206
Erythrovenator jacuiensis	208
Ornitísquio nodossaurídeo	212
Ornitísquio ornitópodo	216
Terópodo celurossauro	218
Spectrovenator ragei	222
Tapuiasaurus macedoi	224
Ornitísquio ornitópodo	228
Dinossauro terópodo	230
Triunfosaurus leonardii	232
Carcharodontosauria	234
Angaturama limai	238
Irritator challengeri	240
Mirischia asymmetrica	242
Santanaraptor placidus	244
Cratoavis cearensis	246
Kaririavis mater	248
Megaraptor	250
Aratasaurus museunacionali	252
Ubirajara jubatus	254
Amazonsaurus maranhensis	262
Rayososaurus sp.	264
Oxalaia quilombensis	266
Carcharodontossaurídeo	270
Itapeuasaurus cajapioensis	272
Vespersaurus paranaensis	276
Berthasaura leopoldinae	278
Pycnonemosaurus nevesi	284
Megaraptora	286
Antarctosaurus brasiliensis	288
Gondwanatitan faustoi	290
Arrudatitan maximus	292
Maxakalisaurus topai	294
Adamantisaurus mezzalirai	296
Brasilotitan nemophagus	298
Terópodo manirraptor	300
Uberabatitan ribeiroi	302
Baurutitan britoi	306
Trigonosaurus pricei	308
Ceratossauro noassaurídeo	310
Kurupi itaata	312
Austroposeidon magnificus	314
Thanos simonattoi	318
Ibirania parva	320

INTRODUÇÃO

Quanto você conhece sobre a história da Terra? Quanto tempo você é capaz de gastar com seus amigos, alunos ou qualquer outra plateia contando histórias sobre este que é o único mundo conhecido onde a vida existe e evolui há bilhões de anos? Você sabe quais foram os momentos geológicos decisivos que transformaram a Terra em um planeta habitável? A vida se originou na Terra ou foi trazida no interior de cometas ou asteroides de outros mundos fora do Sistema Solar?

Sua história e a dos seus ancestrais, daqueles que ainda virão e de todos os seres vivos que os cercam e lhes permitem viver foi construída neste mundo. Até onde sabemos, a Terra é o único planeta onde a vida teve chance de evoluir. Não pense que Marte é uma opção. A ideia de colonizá-lo e torná-lo habitável é egocêntrica e mesquinha, um desperdício de recursos retirados da própria Terra. No que diz respeito à vida, em especial à vida complexa, Marte é um planeta fracassado há bilhões de anos. O futuro da vida está aqui. Ela nunca prosperou ou prosperará em outro planeta do Sistema Solar.

A Terra, em contrapartida, inclui quase tudo de mais extraordinário e complexo que conhecemos em toda a história do universo – um tempo que já se estende por pelo menos 13,8 bilhões de anos a contar do *Big Bang*. Mas isso não quer dizer que a vida não possa existir fora da Terra. Dezenas de elementos químicos, centenas de compostos orgânicos e água em estado líquido há muito tempo são comuns por todo o cosmo. A vida pode ter surgido milhões de vezes nos bilhões de planetas alojados em galáxias que jamais conheceremos, em tempos muito antes do nascimento do Sistema Solar. Embora nunca encontrados, não é impossível que microrganismos unicelulares tenham prosperado até a complexidade em alguns oásis espalhados pelo universo. E por que não?

Em 2020, uma complexa análise realizada por um grupo de astrofísicos concluiu que 36 civilizações alienígenas inteligentes, capazes de se comunicar, prosperam em planetas na Via Láctea. Não é muito – 0,000012% –, se considerarmos os recentemente estimados 300 milhões de planetas, só em nossa galáxia, com características apropriadas ao desenvolvimento da vida.

Porém, para outros cientistas, a chance de a complexidade alcançada na Terra ocorrer em outro planeta é praticamente nula. A Terra passou por um encadeamento incomum, quase lógico, de acontecimentos cósmicos, geológicos e biológicos, em um tempo quando planetas rochosos facilitadores da biogênese se tornaram mais comuns no universo. Sequências de acasos, como os que permitiram à vida microscópica evoluir até a complexidade, até o momento, são desconhecidos no Sistema Solar, e não existem os menores sinais deles no espaço observável.

Diferentemente das conjecturas e estimativas científicas feitas para planetas em outros sistemas estelares da Via Láctea, ou mesmo para nossos vizinhos do Sistema Solar, tudo o que sabemos sobre a Terra tem sido construído a partir de sinais e objetos concretos, mensuráveis, muito mais confiáveis e seguros que suposições. Temos atualmente um vasto conhecimento do que vem acontecendo neste planeta desde sua origem, cerca de 4,54 bilhões de anos atrás.

E se conhecemos muito sobre essa longa história é porque boa parte dos fenômenos geológicos e astronômicos, bem como daqueles que permitiram à vida prosperar, são os mesmos que favoreceram a preservação dos diferentes tipos de sinais deixados pelos organismos nas rochas, os fósseis. A história geológica e biológica petrificada ao longo de bilhões de anos está hoje espalhada por todos os continentes, em rochas de praticamente todas as idades. É procurando por eles e interpretando o seu significado que paleontólogos, geólogos, astrônomos, e muitos outros cientistas, reconstroem dia a dia o interminável quebra-cabeça da pré-história. O que conhecemos hoje é, sem dúvida, um dos maiores e mais ricos tesouros já produzidos pela cultura humana. Por tudo o que ele representa e por todo o esforço da ciência nos últimos duzentos anos, conhecê-lo, admirá-lo e ensiná-lo é um dever de todos aqueles que se ocupam em educar. Não é exagero afirmar que desse conhecimento depende o futuro do nosso bem-estar.

Grande parte dos problemas ambientais que enfrentamos na atualidade, em especial aqueles ligados ao uso dos recursos naturais e sua interferência no clima global, nasceu do desconhecimento ou mesmo do desprezo a tudo o que essa história tem a nos ensinar. Desde sempre, a vida interferiu na superfície terrestre, dos oceanos às rochas que compõem e recobrem os continentes, da composição da atmosfera ao clima global. Mas a vida nunca interferiu tanto em tão curto espaço de tempo no equilíbrio dos processos naturais sobre os quais apoia sua existência como nos últimos cem anos devido às atividades humanas. A estabilidade climática é o mais poderoso moderador do equilíbrio biológico natural da superfície terrestre, o atual responsável pelo mínimo de que precisamos para a manutenção desse estilo de vida que alcançamos, pouco mais sofisticado que a vida selvagem na qual estavam imersos nossos ancestrais até 10 mil anos atrás.

A HISTÓRIA DA TERRA E DA VIDA

É fato que pelo menos 4,6 bilhões de anos se passaram desde que a nebulosa da qual nascemos se condensou dando início à evolução do Sistema Solar. Até onde sabemos, e sabemos muito, toda a sequência de fenômenos ocorridos na Terra após sua origem não é algo corriqueiro, ao menos em nossa vizinhança cósmica. A Terra parece um lugar especial, não apenas pela sua localização na Via Láctea e no Sistema Solar, mas também por tudo o que a cerca, desde a estrela que a ilumina até o satélite gigante que a acompanha, suas dimensões e movimentos, pelo seu interior efervescente e sua superfície acolhedora.

Tudo o que hoje oferece refúgio à vida tem atrás de si uma história cósmica, geológica e biológica. Se hoje podemos recontar essa história, foi porque aprendemos a ler e a interpretar o passado guardado nas rochas e na luz emitida pelas estrelas, milhões, bilhões de anos atrás.

E OS DINOSSAUROS?

Ah, os dinossauros! Se você não os admira é porque ainda não teve a chance de conhecê-los. Eles são uma unanimidade! Você pode não ligar para futebol ou para uma bolsa chique, mas o dia em que estiver diante do esqueleto de um caçador de 13 metros ou de um grande herbívoro de 40 metros de comprimento, sua vida mudará para sempre. Pode ser que não os tenha conhecido na infância, mas seus filhos e filhas o ajudarão a admirá-los. Os dinossauros nos devolvem a fantasia da infância, como quando abríamos os braços, fechávamos os olhos e acreditávamos estar voando. Mas eles também nos aproximam das verdades alcançadas pela ciência, de um mundo pré-histórico que realmente preencheu o tempo no passado, da natureza ancestral da qual evoluiu tudo o que conhecemos hoje, um tempo muito diferente do atual.

Os dinossauros fazem parte da história do mundo e recebem neste livro um tratamento especial, porque viveram no intervalo mais vibrante da evolução geológica da superfície terrestre. Em outros intervalos, embora a geologia superficial fosse muito ativa, a vida era ainda microscópica e, quando complexa, estava confinada aos mares e oceanos. Durante a era dos dinossauros, a biologia atingiu sua maturidade também nos ambientes de água doce e terrestres, em ecossistemas que sustentaram grande diversidade animal e vegetal, especialmente com a ascensão das plantas com flores. Por toda a era Mesozoica, os dinossauros testemunharam acontecimentos cósmicos, geológicos e biológicos que, seguramente, receberão destaque em capítulo exclusivo no *Livro sagrado da história da Terra*, se ele um dia for escrito.

E o Brasil tem papel relevante nessa história, porque paleontólogos descobriram em rochas gaúchas do período Triássico esqueletos de pelo menos nove espécies que representam os dinossauros mais antigos do mundo. Já em terras mineiras e paulistas, viveram espécies que sofreram os efeitos provocados pelo impacto do poderoso asteroide que determinou o *grand finale* dessa longa história. Entre esses dois momentos, 170 milhões de anos deram chance para que a geologia e a biologia transformassem a superfície terrestre.

De um mundo com apenas um supercontinente e dois oceanos onde viveram os primeiros dinossauros nasceram seis continentes e seis oceanos, quando tudo o que compõe a modernidade na qual vivemos estava ainda sendo semeado.

Motor da evolução e das mudanças climáticas, a geografia em transformação acelerou o processo evolutivo. Os dinossauros testemunharam a invasão das águas e dos ares pelos répteis, incitaram a origem e oprimiram a evolução dos mamíferos, acompanharam a origem e a expansão das plantas com flores.

Por tudo isso e porque foram animais extraordinários, os dinossauros nos fascinam. Eles nos fazem ir aos museus, põem livros nas mãos de nossos filhos, contam-nos histórias fascinantes, levam-nos a diferentes paisagens repletas de novidades que jamais imaginamos existir.

Os dinossauros voltam nosso olhar para a pré-história, para o tempo em que muito do que hoje nos permite viver estava sendo semeado ou já em construção. Eles nos transportam para um tempo em que não havia políticos, mentiras e corrupção. Quem não gostaria de viver num mundo como o dos dinossauros?

1

A TERRA E A VIDA ATRAVÉS DAS ERAS: UMA BREVE HISTÓRIA

A VASTIDÃO DO TEMPO GEOLÓGICO

O tempo da Terra é contado em bilhões de anos, ou giga-anos (cada giga-ano equivale a 1 bilhão de anos e seu símbolo é Ga) – precisamente 4,543 Ga. Compreender o que esse tempo representa é tão difícil quanto imaginar as distâncias entre as estrelas, determinadas em parsecs (pc) (cada parsec é igual a quase 31 trilhões de quilômetros), até os infinitos bilhões de anos-luz. No sentido oposto, é como pensar nas dimensões ridículas da vida microbiana. Medidos em micrômetro (0,001 milímetro [mm] é igual à milionésima parte de 1 metro) ou nanômetro (0,000001 milímetro), os ainda misteriosos nanóbios, organismos filamentosos descobertos vivendo a mais de 3 quilômetros de profundidade em rochas na Austrália, têm dimensões dez vezes menores que a menor bactéria conhecida. Mas, assim como não percebemos muito além dos limites do mundo microscópico à nossa volta, a evolução também não nos deu um sentido capaz de compreender dimensões além do tempo histórico ou do espaço visível. Filósofos e naturalistas do passado atravessaram séculos sem a percepção do tempo profundo, da amplidão do espaço, ou mesmo da existência do domínio microbiano. De fato, é um desafio intelectual tentar percebê-los.

A fim de compreender o tempo profundo, ainda que de modo relativo, podemos encaixar sua vastidão, desde o nascimento da Terra até os dias atuais, distribuindo os acontecimentos marcantes da sua história no decorrer das 24 horas de um dia. O nascimento da Terra e da Lua, a origem da vida e dos primeiros animais, o tempo dos dinossauros e dos seres humanos serão aqui mostrados de forma relativa, organizados entre horas, minutos e segundos, em um relógio geológico.

Você piscou, e nesse abrir e fechar o olho retornamos ao tempo em que o corpo de Luzia foi deixado no interior de uma caverna, 11,5 mil anos atrás.

O dia geológico, no qual 24 horas equivalem a 4,543 Ga, marca o início da história da Terra.

Os 170 milhões de anos de existência dos dinossauros no dia geológico. Claro, as aves não estão incluídas, embora saibamos que são dinossauros que sobrevivem até os dias de hoje!

Desde a origem da vida, perto de completar as duas primeiras horas do dia, até 8 e meia da noite, a vida permaneceu microscópica simplesmente porque a quantidade de oxigênio disponível não lhe permitia crescer.

Então, cada segundo equivale a 50 mil anos, início do Paleolítico Superior, quando a migração do *Homo sapiens* moderno da África para a Eurásia foi intensificada, levando em seguida o homem de Neandertal à extinção; cada minuto corresponde a 3 milhões de anos, quando a linhagem de Lucy, a mais famosa *Australopithecus*, foi extinta; e cada hora, a 192 milhões de anos, tempo em que o Pangea começou a se fragmentar, no período Jurássico.

No que diz respeito aos dinossauros, os fósseis mais antigos conhecidos do mundo foram encontrados em rochas brasileiras da era Mesozoica de cerca de 233 milhões de anos, 22h46min em nosso dia geológico, faltando apenas pouco mais de uma hora para o final do dia! E, acredite, extintos 65,5 milhões de anos atrás, levam o ponteiro do nosso relógio geológico a 21 minutos antes da meia-noite! Eles existiram por exatos 54 minutos.

É impressionante pensar no tempo dessa maneira relativa. A sensação é ainda mais chocante quando nos encontramos com o mais antigo *Homo sapien*s conhecido, nascido na África há 300 mil anos, quando faltam 6 segundos para o final do dia.

A vida consumiu boa parte da sua existência, de 4,2 bilhões de anos a 650 milhões, cerca de 3,5 bilhões de anos, em um mundo onde sobreviver era possível apenas para microrganismos como bactérias, arqueas e protozoários. Foi somente a três horas e meia do final do dia, cerca de 650 milhões de anos atrás, que a vida animal começou a deixar nas rochas sinais ininterruptos da sua existência.

Esses 650 milhões de anos, no entanto, que representam apenas 15% da existência da Terra, ainda nos parecem tão vastos quanto o universo que nos envolve. Em meados do século XVII (1650), quando a geologia nascia na mente do dinamarquês Nicolaus Steno, o grande matemático e filósofo francês

LUIZ E. ANELLI

Blaise Pascal não imaginava que, exatos três séculos à frente do seu tempo, as idades da Terra seriam conhecidas em números absolutos de milhões e bilhões de anos.

> *O início e o fim de tudo permanecerão para sempre um mistério para o Homem. Ele é incapaz tanto de ver o nada de onde se originou como de perscrutar o infinito que o engolirá.*

A MELHOR IDADE DA TERRA

Até então, a idade que estimavam para a Terra, e da qual começavam a desconfiar, havia sido proposta pelo arcebispo irlandês James Ussher. Somando as gerações bíblicas e a contagem do tempo dos calendários egípcios, ele determinou uma idade tão precisa para a criação, que só faltou o horário: "Uma tarde de domingo de 23 de outubro de 4004 a.C.". Segundo Ussher, em 23 de outubro de 2026, só que num sábado à tarde, a Terra completará redondos 6.030 anos de idade.

Cem anos se passaram até que, observando camadas de rochas das praias do leste escocês, James Hutton, geólogo, naturalista e médico, muitas vezes referido como o "pai da geologia", elaborou os conceitos dos quais nasceu a geologia moderna e que logo deram início à busca pela real imensidão do tempo geológico. Por mais duzentos anos, muito se especulou sobre a idade da Terra. Pensamentos e experimentos avançados da época propuseram várias idades.

Em 1846, o físico e matemático irlandês Lorde Kelvin chegou a uma idade não tão precisa quanta a de Ussher, mas infinitamente mais próxima da realidade, entre 20 e 400 milhões de anos. Esse seria o tempo que a Terra levaria para esfriar desde sua formação, quando suas rochas ainda estavam fundidas. Em 1899, o físico irlandês John Joly calculou a idade da Terra em 100 milhões de anos, estimando o tempo necessário para que a água doce dos oceanos primordiais se tivesse tornado salgada.

O fato é que era impossível determinar diretamente a idade da Terra em milhões ou bilhões de anos, pois naquele tempo não eram conhecidas rochas ou minerais da época do seu nascimento, e porque ainda não havia métodos precisos de datação. Hoje, análises para determinar a idade das rochas são muito comuns em laboratórios de todo o mundo. No entanto, o que nos faltam são as rochas e minerais da Terra primordial. Como então sabemos a idade da Terra?

Em 1956, o geoquímico americano Clair Cameron Patterson chegou à idade de 4,543 bilhões de anos para fragmentos de um meteorito metálico que vagou pelo espaço desde a formação dos primeiros planetoides, quando o Sistema Solar era ainda muito jovem. Eles pertenciam a corpos celestes já diferenciados chamados "planetesimais", os embriões de planetas de apenas alguns milhões de anos. Chamados de Canyon Diablo, vários de seus enormes fragmentos podem ser vistos no museu construído ao lado da imensa cratera Barringer, no deserto do Arizona, Estados Unidos, aberta 50 mil anos atrás por aquele meteorito metálico. De fato, não sabemos a idade da Terra, mas a emprestamos dos meteoritos como o Canyon Diablo, pois acreditamos que eles representam o momento inicial da formação primordial dos planetas do Sistema Solar: 4,543 bilhões de anos é a melhor idade que temos, por isso é o tempo zero, quando começa o nosso dia geológico.

Os fragmentos genuinamente terrestres mais antigos conhecidos são cristais de zircão de 4,404 bilhões de anos, encontrados em rochas da Austrália, 140 milhões de anos mais jovens que a Terra. É a marca dos primeiros 52 minutos, quando nosso dia geológico e a vida na Terra estavam apenas se iniciando. Só bem mais tarde aparecem as rochas mais antigas conhecidas, o gnaisse Acasta, uma rocha metamórfica de 4,033 bilhões de anos, encontrada no Canadá.

Alguns objetos encontrados na Terra são ainda mais antigos que os meteoritos metálicos e os cristais de zircão e emprestam sua idade para o Sistema Solar, nascido alguns milhões de anos antes. São os meteoritos do tipo condritos, que representam os primeiros aglomerados sólidos formados antes mesmo dos primeiros embriões dos planetas. O mais famoso deles foi encontrado no vilarejo de Allende, no México, e tem 5,563 bilhões de anos. É ele que nos empresta o tempo de nascimento do Sistema Solar.

E a idade da Lua? Uma reanálise recente de amostras de rochas trazidas pela missão Apollo 14 mostrou que a Lua é aproximadamente 140 milhões de anos mais nova do que se pensava e tem 4,51 bilhões de anos. Trinta milhões de anos mais jovem que a Terra, a nova idade da Lua se ajusta melhor ao tempo e à teoria que explica sua formação, como veremos adiante. Essa nova idade foi obtida por meio da análise de cristais de zircão perfeitamente preservados, diferentes das rochas muito alteradas comumente coletadas pelas missões anteriores.

Mas rochas alteradas também têm seu valor. No dia 11 de dezembro de 1972, os astronautas da missão Apollo 17 pousaram no vale Taurus-Littrow, próximo à margem leste do mar da Serenidade. Embora a datação das rochas vulcânicas da região tenha indicado uma idade de 3,89 bilhões de anos para a formação do grande mar, a idade para uma das 741 amostras coletadas pelos astronautas foi de 108 milhões de anos. Os cientistas acreditam que ela chegou à região de pouso da Apollo 17 arremessada pelo impacto causado pelo grande asteroide que abriu a cratera de Tycho, localizada próxima ao polo sul lunar, a 2,2 quilômetros de distância. O superaquecimento produzido pelo impacto fundiu as rochas da região da cratera e, ao mesmo tempo que zerou o relógio radiométrico com a idade do vulcanismo original, deu início a uma nova contagem, que data o momento da formação da cratera em 108 milhões de anos. Tycho é uma cratera lunar do tempo dos dinossauros.

COMPARTIMENTOS DO TEMPO

Empenhados em compreender o tempo geológico, os primeiros naturalistas e geólogos começaram a compartimentá-lo observando as rochas e os fósseis nelas contidos.

Assim como subdividimos o dia em quatro grandes turnos – madrugada, manhã, tarde e noite –, em horas, minutos e segundos, o tempo geológico também ganhou um calendário. Dos maiores aos menores intervalos, são eles: éons, eras, períodos, épocas e idades. Após duzentos anos de pesquisas, a escala do tempo geológico se encontra subdividida em centenas de intervalos que têm como base a distribuição dos fósseis, ou então idades absolutas, determinadas radiometricamente em milhões ou bilhões de anos, como a idade da Terra e a de rochas muito antigas que não possuem fósseis.

Os fósseis se tornam comuns nas rochas a partir de 541 milhões de anos atrás, no início do éon Fanerozoico, e durante esse tempo propiciam aos geólogos e paleontólogos a perspectiva de determinar o início e o fim das subdivisões do tempo geológico. Assim nasceram as eras, períodos, épocas e idades para a maioria dos intervalos fanerozoicos. Quase como uma regra, assim como grandes extinções provocavam o desaparecimento inexorável de espécies, alguns milhões de anos mais tarde a vida recuperava sua diversidade. Foi observando essas variações abruptas das espécies de animais e vegetais fósseis preservados nas rochas que as eras e a maioria dos períodos do éon Fanerozoico foram estabelecidas, como a era Mesozoica, a "Era dos Dinossauros". Mudanças radicais na distribuição dos fósseis, seguidas de episódios vulcânicos, impactos de asteroides e variações do nível do mar, ajudaram os geólogos do passado na determinação do início e do final de cada intervalo.

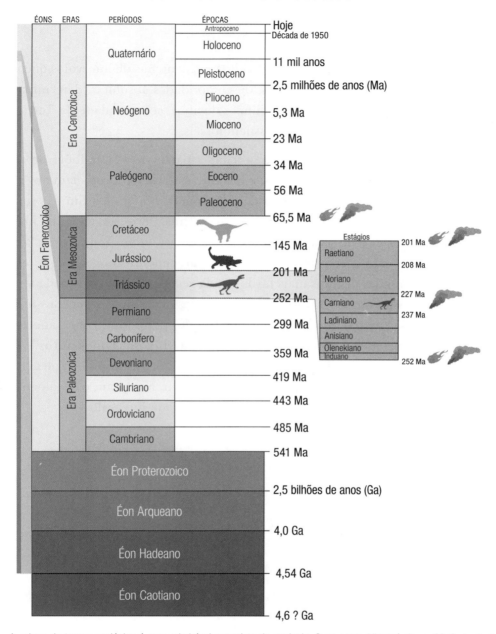

ESCALA DO TEMPO GEOLÓGICO

A coluna do tempo geológico é uma admirável conquista da geologia. Suas cores (disponíveis no QR Code deste livro e no verso da capa) seguem normas internacionais e, assim como nos mapas geológicos de todo o mundo, correspondem às diferentes idades. A barra lateral à esquerda respeita as proporções de algumas subdivisões do tempo. Repare que os éons Hadeano, Arqueano e Proterozoico ocupam 88% da história da Terra, tempo em que todas as manifestações da vida ainda eram microscópicas. Apenas 12% fazem parte do último éon, tempo em que os fósseis tornam-se mais comuns nas rochas. O Fanerozoico pode ser subdividido em vários períodos e épocas porque é um intervalo rico em fósseis. A era Mesozoica, a Era dos Dinossauros, corresponde a apenas 4% da idade da Terra. Lá estão os dinossauros e alguns dos fenômenos vulcânicos e astronômicos importantes da sua história. Um dos estágios do Triássico, o Carniano, delimita o tempo quando os primeiros dinossauros aparecem nas rochas, um intervalo muito bem representado no sul do Brasil. Os éons Caotiano e Hadeano, e a época Antropoceno, ainda em debate, não são reconhecidos oficialmente, mas discutiremos os importantes acontecimentos neles ocorridos.

ERA UMA VEZ 5 BILHÕES DE ANOS

O ÉON CAOTIANO: UMA HISTÓRIA CONCISA DO NASCIMENTO DO SISTEMA SOLAR

Quando você olha para as estrelas e para a galáxia, sente que não pertence apenas a um pedaço de terra em particular, mas ao Sistema Solar.

KALPANA CHAWLA, ASTRONAUTA NORTE-AMERICANA

Em 2010, um jovem astrobiólogo propôs o estabelecimento de um novo éon, o quinto, anterior aos quatro já consagrados, além de subdivisões em eras e períodos para o misterioso éon Hadeano. Chamado de Caotiano (do grego caos), estabelece a cronologia e organiza os acontecimentos imediatamente anteriores ao nascimento do Sistema Solar, em um intervalo de aproximadamente 30 milhões de anos. As ocorrências no Caotiano foram tão decisivas para a existência da vida na região onde a Terra se encontra no Sistema Solar, que é impossível não tratar desse intervalo se o objetivo aqui é contar a história da Terra e da vida.

DA NEBULOSA AO NASCIMENTO DA TERRA

Nebulosas são regiões do espaço interestelar ocupadas por hidrogênio, hélio, poeira cósmica e diferentes tipos de moléculas. Elas se formaram desde muito cedo na história do universo, durante explosões de grandes estrelas, fenômenos chamados de "supernovas", que espalhavam matéria pelo espaço. Somente na Via Láctea são conhecidas cerca de 3 mil nebulosas, algumas das quais imensas. Tarântula, por exemplo, se estende por 1,8 mil anos-luz (o Sistema Solar tem 3,2 ano-luz de extensão). Embora enormes, são muito rarefeitas. A quantidade de moléculas nas nebulosas pode variar entre 100 e 10 mil a cada centímetro cúbico. Para termos uma ideia do significado desses números, a atmosfera terrestre, mais familiar a nós, reúne cerca de 100 bilhões de bilhões de moléculas por centímetro cúbico. Um fragmento de nebulosa com o volume da Terra reúne uma quantidade de matéria suficiente para encher uma mochila escolar. É no interior de imensas nebulosas que novas estrelas e sistemas planetários se formam, quando alguma perturbação provoca o colapso gravitacional e o consequente adensamento da matéria nelas contida.

O Sistema Solar onde vivemos nasceu no pequeno braço espiral de Órion da Via Láctea quando o fragmento de uma nuvem molecular de 600 trilhões de quilômetros de extensão (20 parsecs, ou 65 anos-luz) se aglutinou. A separação ocorreu provavelmente com a chegada de um fluxo de energia de uma supernova próxima ou mesmo devido a um colapso gravitacional em uma região mais densa da própria nebulosa. Como resultado disso, um fragmento nebular de "apenas" 31 trilhões de quilômetros (1 parsec, ou 2,6 anos-luz) de extensão se destacou e da matéria nele contida nasceu tudo o que hoje conhecemos no Sistema Solar. Esse colapso marca o início do éon Caotiano.

Quase toda matéria contida nesse fragmento (99,8%) foi usada na formação de uma estrela, o Sol. Da minúscula fração restante (0,2%) formou-se um disco protoplanetário onde nasceu praticamente tudo o que até agora conhecemos do Sistema Solar, além do Sol: oito planetas, duzentas luas, cinco planetas-anões e trilhões de cometas e asteroides, hoje espalhados ao longo de um plano orbital com um raio de 15 trilhões de quilômetros (0,5 parsec, considerando o limite externo da nuvem de cometas que encerra o limite do Sistema Solar, a nuvem de Oort). Naquele fragmento nebular também se encontravam os elementos que desde sempre compõem a vida conhecida. É a nossa ligação cósmica com o Caotiano. Os átomos que hoje compõem seu corpo já formavam moléculas e poeira então espalhadas pelo disco protoplanetário.

Foi esse o fundamento para a célebre frase de Carl Sagan em 1973, que nos ajudou a repensar o modo como nos entendemos na história do universo:

> *Todo o material rochoso e metálico em que nos apoiamos, o ferro em nosso sangue, o cálcio em nossos dentes, o carbono em nossos genes foram produzidos bilhões de anos atrás, no interior de uma estrela gigante vermelha. Somos feitos de matéria estelar.*

Ainda no Caotiano, por cerca de 100 mil anos após o colapso da nebulosa, a protoestrela acumulou massa, temperatura e pressão suficientes para promover a união dos núcleos dos átomos de hidrogênio no seu centro. Da fusão nuclear, da qual se produziram novos átomos de hélio, emergiu a energia que iluminou pela primeira vez o ainda jovem Sistema Solar. O Sol nasceu de sua primeira e poderosa fase na evolução estelar, a T-Tauri. Além da primeira luz, a tempestade solar empurrou para as regiões distantes do disco protoplanetário à sua volta os elementos e moléculas mais leves, como hidrogênio, hélio, metano e vapor d'água. Desse material mais leve nasceram os quatro planetas gigantes gasosos – Júpiter, Saturno, Urano e Netuno –, os planetas-anões, além dos trilhões de cometas dos cinturões de Kuiper e da nuvem de Oort. Feitos praticamente de hidrogênio e hélio, esses gigantes só não deram origem a estrelas porque não possuem massa suficiente para gerar pressão e temperatura que produza a fusão nuclear no seu interior. Tivesse oitenta vezes mais matéria, hoje uma estrela-anã vermelha estaria no lugar de Júpiter e, provavelmente, a vida não teria se estabelecido na Terra.

Mais próximos ao jovem Sol, na parte interior do Sistema Solar, da reunião de elementos mais pesados, como ferro, oxigênio, silício, magnésio e enxofre – e uma pequena fração com todos os outros elementos químicos da tabela periódica, incluindo o hidrogênio e o hélio –, presentes no restinho de poeira que sobrou, nasceram os quatro planetas rochosos e os milhões de asteroides do cinturão. Nessa região a vida logo se estabeleceria. Entre 10 milhões e 15 milhões de anos se passaram desde a fragmentação da nebulosa até a formação dos planetas, incluindo a jovem e turbulenta Terra.

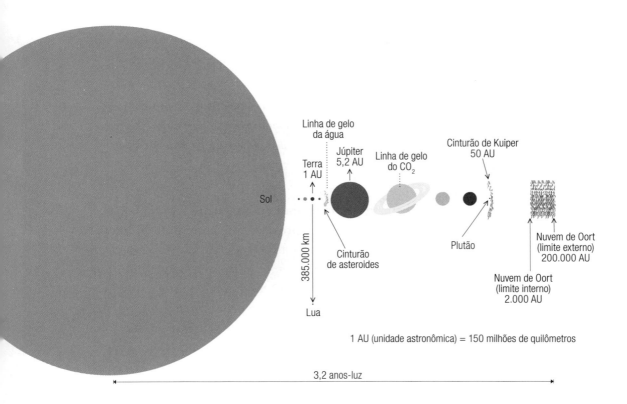

Sol, Mercúrio, Vênus, Terra e Lua, Marte, cinturão de asteroides, Júpiter, Saturno, Urano, Netuno, Plutão e Cinturão de Kuiper, e nuvem de Oort. Exceto pelos cinturões e pela nuvem de Oort, as escalas de tamanho são proporcionais. Somente a Terra e a Lua respeitam a distância relativa entre si, equivalente a 385 mil quilômetros. Estamos ali, 1 unidade astronômica (ou 1 AU [da sigla em inglês para *astronomical unit*] = 150 milhões de quilômetros) distantes do Sol. O Cinturão de Kuiper, do qual faz parte o planeta-anão Plutão (30% menor que a Lua), é cinquenta vezes mais distante do Sol que a Terra. A extensão da nuvem de Oort, lar de trilhões de cometas, com borda interna a 2 mil AU e externa a 200 mil, chega a quase quatro mil vezes a distância do Sol a Plutão. A sonda Voyager I, lançada em 1977 com recados para seres extraterrestres, viaja hoje a 60 mil quilômetros por hora e se encontra a 153 AU de distância do Sol. Ela precisará de mais trezentos anos para chegar à borda interna da nuvem de Oort e mais 30 mil para atravessá-la, para finalmente adentrar o espaço interestelar. Na região do cinturão de asteroides está a linha de gelo atrás da qual toda a água exposta na superfície dos astros encontra-se congelada. Não é incrível a dimensão do Sistema Solar? Seria preciso viajar durante 3,2 anos à velocidade da luz para deixar o seu limite.

O NASCIMENTO DO SISTEMA TERRA-LUA

Vários sistemas hoje em equilíbrio e organizados do Sistema Solar seguiram quase sempre acontecimentos radicais muito energéticos, dos quais invariavelmente resultaram luz, calor e destroços. Como muitos dos momentos gloriosos que estudaremos adiante, o nascimento da Lua se deu após uma grande catástrofe, mas, como sempre, dos escombros nasceu o mais fértil e acolhedor sistema conhecido para a vida.

Em torno do jovem Sol, em meio ao caos do disco protoplanetário, uma colisão de astros marcou o nascimento da Terra e da Lua. Theia, um planeta em formação do tamanho de Marte, vagava em sua órbita pelo disco protoplanetário até que se chocou com outro planeta em formação, Tellus, a proto-Terra. Chamada de "Hipótese do Impacto Gigante", essa ideia propõe que parte do material de Theia foi engolido por Tellus, dando origem à Terra. O material arremessado ao espaço após a colisão entrou na órbita terrestre, formando anéis de detritos que após alguns milhares de anos se aglomeraram dando origem à Lua. Alguns astrônomos apostam que duas luas se formaram após pelo menos dois grandes impactos, e que uma delas, bem menor, se fundiu à maior, o que explica a crosta da face lunar que não enxergamos, quase 20 quilômetros mais espessa que a face voltada para a Terra.

Por diversas razões, nossa existência está conectada aos episódios ocorridos no éon Caotiano. A posição do Sistema Solar na região mediana da Via Láctea é

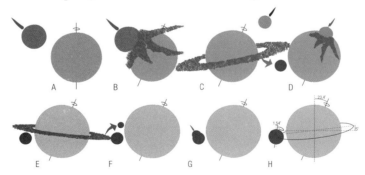

A e B: Theia se choca com Tellus, a proto-Terra; parte das rochas de Theia é incorporada à Tellus, enquanto outra parte é lançada ao espaço. C: um anel de detritos se forma enquanto outro corpo celeste se aproxima. D: a primeira nuvem de detritos dá origem a um grande satélite a cerca de 26 mil quilômetros da Terra, enquanto um novo impacto lança ao espaço uma segunda nuvem. E e F: o novo anel dá origem a um segundo satélite, de menor dimensão. G e H: o segundo satélite se funde ao primeiro, dando origem à Lua. A fusão deixa a face não visível da Lua cerca de 20 quilômetros mais espessa. Em B, o eixo terrestre é inclinado com a colisão. A órbita da Lua é levemente inclinada em 5 graus.

privilegiada para o desenvolvimento da vida, pois está distante do centro altamente radioativo da galáxia e da periferia empobrecida em elementos químicos pesados formadores de planetas rochosos. O Sol, como uma estrela de longa duração, já permitiu pelo menos 4 bilhões de anos de evolução biológica, com outros 5 bilhões ainda garantidos, embora as previsões afirmem que a vida complexa não será mais possível daqui a 1 bilhão de anos devido à exaustão do gás carbônico e ao desaparecimento dos oceanos. A combinação da posição da Terra na chamada "zona habitável", entre Vênus e Marte, com uma atmosfera densa o suficiente para provocar um efeito estufa capaz de manter a água no estado líquido desde a formação dos primeiros oceanos, é realmente única entre tudo o que conhecemos do Sistema Solar. O choque entre Theia e Tellus teve como resultado a inclinação do eixo terrestre, o que determinou as quatro estações do ano, promotoras da distribuição de calor e umidade na superfície terrestre através das correntes marinhas e atmosféricas.

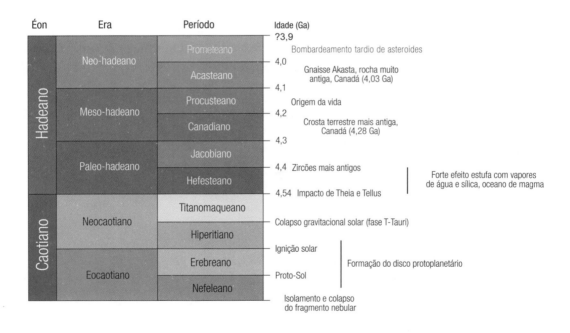

Proposta do novo éon Caotiano, eras e períodos para o Hadeano. Os eventos no Caotiano foram fundamentais para o desenvolvimento da vida na Terra, incluindo a presença de uma lua gigante na sua proximidade, o tipo de estrela que orbita, bem como sua posição no Sistema Solar e deste na Via Láctea. Fonte: Goldblatt, C.; Zahnle, K. J.; Sleep, N. H.; Nisbet, E. G. 2010. The eons of chaos and Hades. *Solid Earth*, 1(1):1-3.

LUA, LUA, LUA, LUA, A LUA

A Lua, como um satélite gigante, o maior do Sistema Solar em relação ao planeta que orbita, sempre teve grande influência sobre a Terra.

A gravidade lunar impulsionou continuamente o movimento das águas oceânicas. No início, as marés geravam a circulação das moléculas e nutrientes removidos das rochas submersas, favorecendo a evolução química nas águas, o que aumentava a possibilidade da origem e manutenção primordial da vida. As marés são ainda hoje essenciais para toda a vida costeira de águas doces, salobras e salgadas. Sem as marés, a vida dificilmente teria alcançado a imensa e complexa diversidade atual. E mais: o atrito das correntes de marés com a superfície terrestre freia, desde sempre, a velocidade da rotação terrestre. A cada século, a Lua deixa o dia terrestre 2 milissegundos (0,002 segundo) mais longo! Não faz diferença para nós, mas multiplique por 100, 300, 500 milhões ou 1, 2, 3 bilhões de anos e perceberá que muitos organismos do passado tiveram ciclos circadianos muito diferentes dos atuais. Pense no início da história da Terra, um mundo com dias que duravam apenas 4 horas!

A Lua ainda impede que o ângulo do eixo de rotação terrestre se incline demais. Entre os vários movimentos da Terra há o vai e vem da inclinação do eixo. Hoje, com 23,5 graus, pode variar em ciclos de 40 mil anos até um mínimo de 22,1 graus e um máximo de 24,5 graus. É essa inclinação a responsável por outro movimento terrestre, o da precessão, semelhante ao de um pião que balança em círculos quando começa a perder sua velocidade de rotação. A força da gravidade lunar impede que essa inclinação passe dos limites. Sem ela, o eixo poderia chegar a 50 ou 60 graus e ampliaria a precessão, como um pião prestes a parar de rodar. Muito inclinada, enquanto uma face polar permaneceria o verão inteiro voltada para o Sol, sem dia e noite, a outra ficaria na escuridão, congelando completamente. Se essas variações radicais na temperatura se sucedessem ao longo de milhões de anos, as calotas polares derreteriam e congelariam anualmente, o nível das águas oceânicas subiria e desceria em longos ciclos, avançando e recuando sobre extensas áreas continentais. De fato, teríamos um mundo com a geologia, a biologia e o clima muito diferentes.

O impacto gigantesco também adicionou material à Terra. Boa parte de Theia foi incorporada à Terra, o que a fez crescer e aumentar sua massa, o que deu a ela gravidade suficiente para reter a atmosfera, fundamental para a conservação da temperatura que, por sua vez, conserva a água no estado líquido. Seu núcleo maior, ampliado com o material de Theia, oferece o calor que mantém o escudo magnético e a tectônica de placas ativos há 4,54 bilhões de anos. Não importa o que pense ou acredite, de algum modo, ainda que desorganizados, somos parte de tudo isso. Já é hora de pararmos de olhar para a Lua sempre como se fosse a primeira vez, uma desconhecida que relutamos em compreender. E acredite: embora a nossa Lua ocupe um mero quinto lugar em tamanho no Sistema Solar, atrás de Ganimedes, Titã, Calisto e Io, considerando as dimensões relativas aos planetas que orbitam, faria todas as outras se confundirem com pequenos asteroides.

Júpiter/Ganimedes   Júpiter/Ganimedes   Lua/Terra

O Caotiano se estendeu por apenas pouco mais que três minutos antes do início do nosso dia geológico, mas todos os acontecimentos nele ocorridos foram fundamentais para que toda a história que se segue pudesse acontecer. Quantos trilhões de mundos do universo permanecem desolados e estéreis diante de estrelas gigantes ou anãs que os torram ou os deixam congelar? Ou porque, minúsculos, tiveram seu campo magnético desativado e, com baixa gravidade, não retém uma atmosfera que os aqueça. Já os gigantes gasosos, que por pouco não se tornaram estrelas, são frios o suficiente para que rios e lagos de metano ou amônia encharquem sua superfície.

A Terra é um mundo maravilhoso, perfeitamente construído para que a vida possa florescer de modo rico e exuberante.

Ganimedes, um dos 79 satélites de Júpiter, é considerado a maior lua do Sistema Solar, com quase o dobro do tamanho da Lua terrestre. No entanto, se reduzirmos Júpiter para o mesmo diâmetro da Terra, Ganimedes praticamente desapareceria se comparado com a Lua. Para a Terra, a Lua é um satélite gigante e sua influência gravitacional nas massas de água e na rotação terrestre foi fundamental para a manutenção e diversificação da vida ao longo de toda a história geológica.

A HISTÓRIA DA TERRA EM 24 HORAS

O ÉON HADEANO: DE 4,54 BILHÕES A 4 BILHÕES DE ANOS

Por cerca de três décadas, desde 1972, quando batizado para designar os primeiros 550 milhões de anos da história da Terra, o éon Hadeano era considerado como um tempo infernal. As condições iniciais superaquecidas pela acreção planetária e pela grande quantidade de impactos, lembrariam o Hades, submundo grego e representação bíblica do inferno onde nada vivo poderia existir. Embora ainda não reconhecido como intervalo oficial pela comunidade geológica, novas descobertas ocorridas nas últimas duas décadas mostraram que nem todo éon esteve desprovido de condições para a origem e acolhimento da vida. O inferno não era tão ruim quanto se pensava.

Com a origem da Terra, o relógio geológico é disparado para zero hora, 4,54 bilhões de anos atrás.

Durante o Hadeano, a superfície terrestre esfriou gradativamente, permitindo a formação de uma superfície rochosa. Nesse intervalo, a Terra se estruturou com um núcleo, manto e crosta primordiais, ganhou um escudo magnético, os primeiros oceanos, a vida, e forjou os primeiros continentes. Rochas formadoras de continentes, como os granitos, exigem a presença de oceanos. Sem a presença de água líquida, não existiriam os granitos e sem os granitos não haveria os continentes.

Evidências da existência de oceanos já no início do Hadeano foram descobertas na Austrália. São cristais do mineral zircão, um silicato de zircônio ($ZrSiO_4$) muito estável e resistente, os objetos mais antigos conhecidos da Terra (e também da Lua), de 4,46 bilhões de anos. Cristais como esses se formam a grandes profundidades, no interior de granitos, e por isso os geólogos concluíram que oceanos já cobriam a superfície terrestre.

Pelo menos duas eram as fontes prováveis de água: ela chegava à superfície na forma de vapor vinda do interior da Terra ou era trazida do espaço congelada por cometas ou como minerais hidratados que compunham os asteroides. Hoje, sabemos que a maior parte dos oceanos atuais chegou aqui pelos cristais hidratados presentes em asteroides condritos vindos de regiões distantes no Sistema Solar. O sinal dessa proveniência está no peso atômico do hidrogênio que compõe as águas oceânicas atuais comparado ao da água observada em outros corpos do espaço. Durante os momentos iniciais da formação do disco protoplanetário, o hidrogênio mais pesado (^2H, ou D), chamado deutério, se espalhou em proporções distintas nas diferentes regiões do Sistema Solar, dando origem a águas mais pesadas ou mais leves. Assim, a água presente nos oceanos terrestres, cometas, planetas, planetas-anões, asteroides e mesmo na nuvem molecular mostra diferentes percentuais de deutério, isto é, águas mais pesadas ou mais leves. Análises desses percentuais de vá-

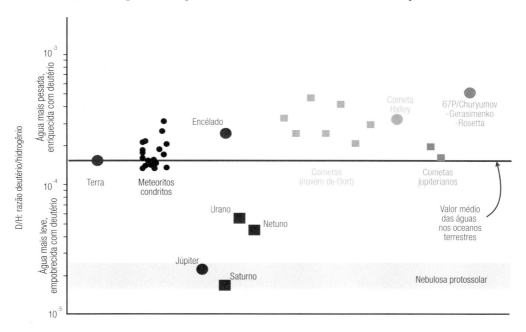

Variações da quantidade de deutério (D, ou ^2H) aferidas na água em diferentes corpos do Sistema Solar. Círculos indicam medições diretas realizadas a partir de amostras; quadrados apontam medições por outros métodos astronômicos. Note que as relações D/H em meteoritos condritos em grande parte sobrepõem a média das águas dos oceanos terrestres. Cometas possuem águas sempre mais pesadas, ao passo que a composição das águas de planetas gasosos se aproxima da constituição presente na nebulosa que deu origem ao Sistema Solar. Fonte: https://www.esa.int/ESA_Multimedia/Images/2014/12/Deuterium-to-hydrogen_in_the_Solar_System

rios corpos celestes revelaram que a água dos asteroides condritos vinda de regiões distantes da Terra tem percentuais de deutério praticamente idênticos ao das águas oceânicas. Conclusão: sim, você bebe água alienígena.

Não sabemos se os primeiros oceanos eram salinos, mas seguramente eram anóxicos. Aquecidos entre 50 °C e 80 °C, saturados de gás carbônico e ácidos, eram um laboratório natural onde ocorriam os primeiros experimentos químicos que dariam origem – ou acolheriam do espaço – à vida. São apenas 35 minutos do nosso dia geológico e o ambiente aquático para a vida se desenvolver já estava disponível.

00h35min:
os primeiros oceanos.

Protegida por um campo magnético ainda em formação, a atmosfera primordial retinha quantidades suficientes de gases de efeito estufa capazes de aprisionar o calor do jovem Sol, que era 30% mais fraco que o atual. Cerca de 40% de hidrogênio (H) e hélio (He) e 25% de nitrogênio (N_2) da nebulosa original ainda eram retidos pela gravidade, mas eram os gases de efeito estufa – 30% de amônia (NH_3) e metano (CH_4) e 5% de vapor de água – que possibilitavam aos primeiros oceanos manterem-se no estado líquido. O gás carbônico (CO_2) deveria estar presente, mas os modelos só apontam a aparição abundante desse gás pouco mais para a frente.

VIDA, ENFIM

Duzentos milhões de anos se passaram desde o aparecimento dos primeiros oceanos e só agora as rochas mostram os primeiros sinais da presença da vida. Evidências químicas como carbono orgânico (^{12}C) concentrado em rochas da Groenlândia e cristais de zircão da Austrália de idades entre 4,28 bilhões e 4,10 bilhões de anos sugerem a presença de organismos vivos. A vida prefere o carbono mais leve para a construção de suas células e organelas em detrimento do mais pesado (^{13}C). É mais fácil para as células manipularem o carbono mais leve. É a preguiça celular! Por isso, quando os paleontólogos encontram restos de carbono, normalmente grafita, enriquecidos com o isótopo mais leve (^{12}C), interpretam a amostra como de origem da atividade biológica.

A TERRA E A VIDA ATRAVÉS DAS ERAS

Estamos entre 1 hora e 30 minutos e 2 horas e 30 minutos da madrugada do nosso dia geológico. A vida foi precoce na Terra já nos primeiros 250 milhões de anos e é bem possível que, ao menos em seus estágios iniciais, tenha evoluído também em planetas onde havia água líquida, como Vênus, Marte ou mesmo Mercúrio. Mas não é impossível que a vida tenha chegado à Terra no interior de meteoritos provenientes desses planetas, ou mesmo de carona em cometas vindos de regiões distantes do Sistema Solar.

Os dois sinais químicos mais antigos conhecidos da presença de vida.

TEMPESTADE DE ROCHAS

A superfície já era rigorosa para a vida, mas existem evidências de que a chegada de asteroides se intensificou por um longo intervalo, entre 4,2 e 4,0 bilhões de anos atrás, o que deixou o nicho bacteriano ancestral um lugar mais próximo do inferno hadeano. Esse dilúvio de rochas é conhecido como "Intenso Bombardeamento Tardio de Asteroides". A longa sequência de impactos praticamente resetou o que a geologia e a biologia haviam construído nos primeiros 300 milhões de anos, como as crostas oceânicas e continentais, oceanos, vida e atmosfera, forçando um reinício dos sistemas físicos, químicos e biológicos superficiais. As marcas dessa grande tempestade foram apagadas pela dinâmica terrestre superficial ao longo de 4 bilhões de anos. No entanto, ainda as vemos nos milhões de crateras espalhadas pelas crostas fossilizadas há bilhões de anos de vizinhos como a Lua e Mercúrio.

Diferentemente da Lua moribunda, a Terra seguiu em frente. Com o que restou dos continentes e oceanos, a vida e a geologia nunca mais deixaram de transformar a superfície. O fim dessa tempestade também marca o final do Hadeano, 4 bilhões de anos atrás. Falta um minuto para as 3 da manhã no relógio geológico.

Nos 2 bilhões de anos seguintes, a vida modificou a química dos oceanos e multiplicou sua diversidade metabólica, respirando, na ausência de oxigênio, o que havia à disposição nos oceanos primitivos: sulfato (SO_4^{-2}), enxofre (S^0), gás carbônico (CO_2), ferro (Fe^{3+}), magnésio (Mg^{4+}), nitrato (NO^{3-}), urânio (U^{4+}) e cobalto (Co^{3+}).

39

A VIDA NA SUPERFÍCIE, UM FENÔMENO PLANETÁRIO

A espessura da crosta terrestre varia hoje entre um mínimo de 9 quilômetros sob os oceanos (a crosta oceânica) e um máximo de 80 quilômetros na cordilheira do Himalaia (a crosta continental). Essas camadas são relativamente tão finas quanto a casca dourada que reveste uma cebola e é sobre elas que a vida acontece. O calor acumulado no núcleo interno sólido se dissipa pela parte líquida do núcleo externo que o envolve. O resultado é o movimento da rocha fundida superaquecida em direção à superfície, onde o calor será novamente dissipado, dessa vez para as rochas da parte inferior do manto. Enquanto as correntes de rocha metálica líquida atravessam como um rio de calor o núcleo externo, a rotação da Terra impõe a elas um segundo movimento, dessa vez uma espiral. É exatamente esse movimento o gerador das correntes eletromagnéticas que chamamos de "campo magnético" e é ele quem protege a vida da superfície como um escudo invisível que desvia em direção ao espaço as radiações ionizantes do Sol trazidas pelo vento solar.

E a viagem continua. Ao atravessar o manto em direção à crosta, o mesmo rio de calor desde sempre deu vida às placas tectônicas e aos vulcões que despejam água e gases do efeito estufa na superfície.

No Hadeano também estão as rochas mais antigas conhecidas, o que nos mostra que já havia continentes primordiais feitos com o mesmo tipo de rochas ígneas que hoje compõem a crosta continental. Nesse intervalo, a Terra se estruturou em camadas, acumulou oceanos com águas desprovidas de oxigênio e superaquecidas pelas rochas em fusão e, destino de milhões de asteroides, recebeu moléculas orgânicas de praticamente todas as regiões do Sistema Solar.

A vida é, de fato, um fenômeno planetário. Não é possível compreender sua existência sem considerarmos a Terra em sua totalidade estrutural e histórica.

O suposto desfecho do Intenso Bombardeamento Tardio de Asteroides marca o final incerto do Hadeano, entre 4,0 e 3,9 bilhões de anos atrás, e o longo domínio microbiano ganha força na história da Terra.

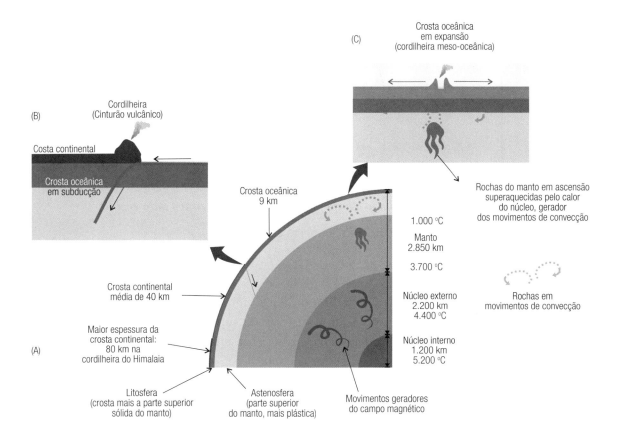

A: a estrutura da Terra com as espessuras das camadas (núcleo, manto e crosta) em escalas proporcionais. Repare como a temperatura das rochas diminui à medida que se afastam do núcleo. Rochas do manto superaquecidas sobem em direção à crosta. Quando perdem calor para a superfície, retornam ao fundo. É esse gradiente que gera as correntes de convecção que colaboram com a tectônica de placas. B: mais densa, a crosta oceânica é puxada para baixo dos continentes em subducção. C: na cordilheira meso-oceânica, as crostas oceânicas são empurradas em direções opostas. São nessas duas regiões vulcânicas que a maior parte dos gases do efeito que equilibram o clima terrestre chegam à superfície. Eles alimentam uma densa atmosfera e nutrem quimicamente os oceanos. São esses os dois principais motores da tectônica global que movimenta os continentes. A: correntes de rocha superaquecida do núcleo externo líquido dão origem ao campo magnético que protege a atmosfera, impedindo que seja varrida ao espaço pelo vento solar, além de desviar para o espaço partículas ionizadas, perigosas para a vida, vindas do Sol. Sem o calor interno e a tectônica global, a vida não seria possível. Nos últimos 2,5 bilhões de anos, a Terra esfriou de 6 ºC a 11 ºC a cada 100 milhões de anos. É o preço do funcionamento.

LUIZ E. ANELLI

O ÉON ARQUEANO: DE 4 BILHÕES A 2,5 BILHÕES DE ANOS

A construção de um império pelos estromatólitos trouxe consigo seu papel mais importante na história da Terra. Eles respiraram. Usando o sol como energia, produziram e aumentaram a quantidade de oxigênio da atmosfera em até 2%, dando o beijo da vida a tudo o que estava para evoluir.

BLOG PEOPLE, PLANET, PROFITS & PROJECTS

O Arqueano é um éon de 1,5 bilhão de anos, um tempo em que pelo menos quatro fatores marcantes mudaram a história da superfície terrestre: a origem da fotossíntese oxigênica, a diversificação da vida microbiana, a expansão dos continentes e o início da oxidação dos oceanos.

No Hadeano, a vida evoluiu sem a presença do oxigênio molecular (O_2) em microrganismos fotossintetizantes anoxigênicos, como bactérias púrpuras surfactantes e não surfactantes em ambientes completamente anóxicos. Como fazem ainda hoje, essas bactérias capturavam a luz solar e a armazenavam quimicamente sem liberar oxigênio (O_2). Com um pigmento similar à clorofila, a bacterioclorofila, precisavam da luz, mas não usavam a água como molécula doadora de elétrons e, ainda que interferissem nos ciclos geoquímicos reduzindo o carbono para a forma de matéria orgânica, não tinham o O_2 como subproduto. Porém, durante o Arqueano, as bactérias fotossintéticas oxigênicas evoluíram e começaram a produzir oxigênio, com a consequente oxidação dos oceanos. A fotossíntese oxigênica acelerou em cerca de vinte vezes a produção de matéria orgânica e, desde então, transforma radicalmente os sedimentos e as águas oceânicas, assim como bilhões de anos mais tarde também os ecossistemas terrestres.

Se pudéssemos caminhar pelas praias durante o Arqueano, perceberíamos que a vida fotossintética se manifestava macroscopicamente porque a atividade microbiana induzia a precipitação de edifícios rochosos e tapetes microbianos, conhecidos hoje entre os paleontólogos como estromatólitos. Rochas de todo o mundo de idades entre 3,5 bilhões e 0,6 bilhão de anos nos mostram que esses edifícios foram comuns nos mares rasos iluminados e são as mais frequentes evidências de que a vida estava presente nesse imenso intervalo.

Mas, enquanto o oxigênio deixava as células das cianobactérias para transformar a superfície terrestre para sempre, outra promessa para a manutenção da vida era cumprida em seu metabolismo, bem como no do exército de microrganismos anaeróbicos das camadas inferiores dos tapetes microbianos que revestiam os estromatólitos: a precipitação de sedimentos carbonáticos. Há pelo menos 3 bilhões de anos o metabolismo microbiano estimula a retirada do gás carbônico dissolvido nos oceanos, transformando-o em rochas. Esses microrganismos são os responsáveis por cerca de 70% das rochas carbonáticas ($CaCO_3$) que cobrem os continentes, o maior de todos os sumidouros e reservatórios de carbono da superfície terrestre. Não fosse assim, uma atmosfera repleta de gás carbônico funcionaria como uma densa estufa gasosa que manteria na forma de vapor toda a água que para aqui chegasse. É o caso de Vênus: sem oceanos, o gás carbônico não tem onde se dissolver e fica acumulado na atmosfera, superaquecendo a superfície venusiana até 462 °C. Sem os oceanos, a Terra seria só mais um planeta inóspito entre os bilhões que existem espalhados pela Via Láctea.

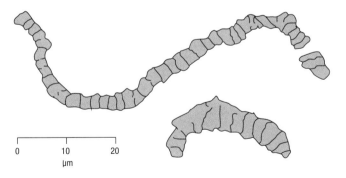

Desde 1993, quando foi oficialmente anunciada a descoberta do *Primaevifilum*, ainda não foram encontrados restos corporais de vida mais antigos. Dez vezes menores que um grão de pólen, os fósseis ganharam esse nome por causa de sua aparência atraente e delicada, uma clara alusão ao fato de terem sido descobertos quase perfeitos em rochas de 3,5 bilhões de anos, o sílex de Apex, na Austrália. O *Primaevifilum* retrocedeu em 2 bilhões de anos o que se conhecia sobre o registro da vida antiga até a época da sua descoberta.

Desde meados do Hadeano, todas as evidências de vida conhecidas até aqui são indiretas, ou seja, pela presença de concentrações de carbono orgânico em cristais de zircão ou pelos estromatólitos das rochas Isua, de 3,7 bilhões de anos, encontradas na Groenlândia. Porém, também de idade arqueana – 3,5 bilhões de anos –, o sílex de Apex encontrado na Austrália guarda as mais antigas evidências corporais da vida microbiana: os restos carbonizados de bactérias filamentosas ainda com suas subdivisões celulares.

A VIDA IMPULSIONOU A FORMAÇÃO DOS CONTINENTES

A química das águas dos oceanos, até então em constante equilíbrio com as rochas da crosta do fundo marinho, tornou-se instável devido à atividade fotossintética bacteriana. A nova composição das águas quebrou o equilíbrio químico com as rochas induzindo um "intemperismo", do qual nasceu um tipo de "solo" no fundo dos oceanos. Entre os novos compostos formados, havia minerais hidratados que seguiam para o interior da Terra em subducção até as camadas superiores do manto. Já nas profundezas, a água baixava o ponto de fusão das rochas aquecidas do manto, facilitando a formação de granitos e estes a formação de novas crostas continentais. A vida não apenas transformava os oceanos e a atmosfera como colaborava para a construção dos continentes. É por essa razão que planetas sem água líquida na superfície, além de não acolherem a vida, não possuem granitos nem continentes. Vaalbara, hoje dividido em dois fragmentos continentais como parte da África e da Austrália, foi um continente arqueano cuja existência se estendeu de 3,6 a 2,7 bilhões de anos atrás, até desaparecer unindo-se a outras massas continentais.

Vaalbara pode ter sido o primeiro continente da história da Terra.

O fim do Arqueano ocorreu há 2,5 bilhões de anos, com a composição da atmosfera, em números aproximados, de 40% de nitrogênio (N_2), 25% de gás carbônico (CO_2), metano (CH_4) e amônia (NH_3), e cerca de 0,001% de oxigênio.

São 10 horas e 52 minutos e a vida só se manifestou até aqui como bactérias e arqueas. No entanto, o Arqueano, além dos primeiros continentes, deixou o que talvez seja o legado mais transformador da superfície terrestre ao longo de todos os éons que se seguirão, a fotossíntese. Devemos muito às bactérias arqueanas e, se hoje podemos estudá-las, é porque transformaram quimicamente a superfície, bem como os primeiros quilômetros da crosta e do manto.

O ÉON PROTEROZOICO: DE 2,5 BILHÕES A 541 MILHÕES DE ANOS

Com quase 2 bilhões de anos, o Proterozoico reúne eventos marcantes para a história da atmosfera e da vida. Foi a partir de 2,5 bilhões de anos atrás que o mundo começou a deixar a exclusividade da vida bacteriana procariótica anaeróbica e passar para a modernidade de um mundo oxidante e eucariótico. Seu início, entre 2,45 bilhões e 2,32 bilhões de anos, foi marcado por uma elevação radical da concentração de oxigênio (de 0,000001% para 2% ou 3%), em virtude da explosão da fotossíntese nas cianobactérias, um fenômeno conhecido como "Grande Evento de Oxigenação" (GEO). Também chamado de "Catástrofe do Oxigênio", tornou inóspita uma imensa fatia dos ambientes até então ocupados pela vida anaeróbica. Por outro lado, estimulou a simbiose, na qual bactérias transformadas em mitocôndrias passaram a respirar o oxigênio no interior de outras células. Em seguida, uma extensa glaciação congelou integralmente a superfície terrestre – continentes e oceanos –, um gatilho que logo promoveu o segundo maior salto evolutivo da vida depois da evolução da fotossíntese: o aparecimento dos eucariontes. Um bilhão e meio de anos ainda restavam para o término do mais longo éon e o surgimento da multicelularidade e da vida animal.

O GRANDE EVENTO DE OXIGENAÇÃO (GEO)

Entre 2,3 bilhões e 1,5 bilhão de anos atrás, a região do equador terrestre foi ocupada por um novo continente, o Colúmbia. Nas baixas latitudes, as rochas basálticas derivadas de antigos vulcanismos eram destruídas pelo intemperismo tropical e imensas quantidades de minerais foram lançadas aos oceanos, o que resultou em dois efeitos principais.

Primeiro, o cálcio e o magnésio das rochas intemperizadas chegaram aos oceanos, onde se uniram ao gás carbônico dissolvido na água. Além do gás carbônico aprisionado nos estromatólitos pela atividade das cianobactérias, o cálcio e o magnésio trazidos dos continentes intensificaram a produção de rochas carbonáticas:

$$Ca(OH)_2 + CO_2 \rightarrow CaCO_{3\,(carbonato\,de\,cálcio)} + H_2O$$

O efeito estufa, já em queda devido à atividade fotossintética (matéria orgânica também é um reservatório de gás carbônico), despencou, baixando a temperatura global.

Segundo, o fósforo e outros nutrientes derivados do intemperismo das rochas nos continentes chegaram aos oceanos e fertilizaram suas águas. Como uma hidroponia fértil, as cianobactérias proliferaram, e com elas a fotossíntese, que bombeou o oxigênio para as águas e para a atmosfera. A porcentagem de oxigênio molecular também cresceu, pois o material resultante da degradação das rochas lançado ao mar como sedimentos soterrou a matéria orgânica derivada da superprodutividade microbiana, deixando livre o oxigênio que seria consumido na sua degradação. Assim, o oxigênio se elevou de praticamente zero para 2% ou 3%, mudando novamente a química dos oceanos e envenenando a vida anaeróbica das águas rasas, um episódio de extinção que ficou conhecido como a "Catástrofe do Oxigênio".

Mas o oxigênio molecular ainda foi o causador de outra tragédia. Sua presença na atmosfera provocou a oxidação do metano (CH_4) e da amônia (NH_3), poderosos gases do efeito estufa que, juntamente com o gás carbônico, mantinham amena a temperatura superficial da atmosfera:

$$CH_{4\,(metano)} + 2O_2 \rightarrow CO_2 + 2H_2O$$

$$4NH_{3\,(amônia)} + 5O_2 \rightarrow 4NO_2 + 6H_2O$$

Sem os três principais gases do efeito estufa, a temperatura caiu e geleiras cobriram completamente a superfície do supercontinente da época, o Colúmbia, e dos oceanos, em pelo menos três episódios ao longo de 150 milhões de anos. Foi esse o primeiro fenômeno global de esfriamento, conhecido pelos geólogos como "Terra Bola de Neve", a glaciação Huroniana.

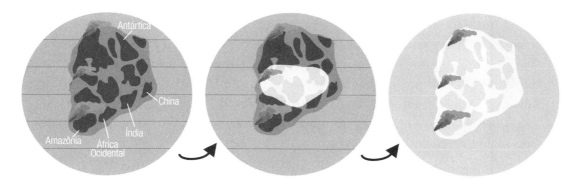

O supercontinente Colúmbia, com grandes áreas localizadas na região equatorial, favoreceu o intemperismo das rochas em sua superfície. Com a consequente remoção do gás carbônico da atmosfera, uma glaciação cobriu parte do supercontinente. Em virtude da redução do metano, a Terra mergulhou em uma longa glaciação. Mas as geleiras não impediam a atividade vulcânica e, com a reposição de gases do efeito estufa, a temperatura subiu, determinando o fim do intervalo glacial.

No tempo do Grande Evento de Oxidação, o oxigênio mudou a química dos oceanos também, pois removeu o ferro dissolvido nas águas, precipitando-o no que hoje são imensas ocorrências globais de minério, as chamadas "Formações Bandadas de Ferro":

$$Fe^{2+} + 1/4 O_2 + H_2O \rightarrow 1/2 Fe_2O_{3\,(hematita)} + 2H^+$$

As principais jazidas de ferro do mundo, e do Brasil – Carajás, no Pará, e o Quadrilátero Ferrífero, em Minas Gerais –, nasceram nesse intervalo. Era a vida transformando a superfície. Agradeça às cianobactérias todo o ferro que está à sua volta.

Essas camadas ricas em ferro são as evidências mais seguras e volumosas da evolução da fotossíntese em cianobactérias e aparecem em todo o mundo em rochas de 3 bilhões a 2 bilhões de anos. Com o esgotamento do ferro em solução nos oceanos, as águas e, pouco mais tarde, a superfície dos continentes tornaram-se oxidantes. E o oxigênio molecular mudou os rumos da história da Terra e da vida para sempre.

O_2

Com o oxigênio disponível das águas a vida aprendeu a usá-lo na respiração, o que turbinou a produção da energia celular. Enquanto apenas 2 adenosinas trifosfatos (ATP) resultavam da quebra da glicose durante a respiração anaeróbica, com a respiração de oxigênio molecular, as células procariontes podiam produzir 38 ATP por molécula de glicose. Assim, bactérias que aprenderam a absorver oxigênio molecular se tornaram supermicrorganismos no mundo em transformação envenenado pelo novo gás. A vida anaeróbica teve que se virar nos nichos desprovidos de oxigênio.

Foi a partir desse tempo que experimentos em parcerias simbióticas uniram bactérias capazes de respirar o oxigênio (alfaproteobactérias) no interior de outros microrganismos. As mitocôndrias estavam nascendo no éon Proterozoico e ainda hoje respiram para a manutenção da vida. Não pense que você não tem nada a ver com o Proterozoico, pois tem: cerca de 100 trilhões de mitocôndrias nas células do seu corpo!

Mas a vantagem energética da respiração oxidativa trouxe dificuldades que a vida resolveu de modo surpreendente, dando um de seus maiores passos evolutivos. A redução do oxigênio molecular (O_2) durante a respiração no interior das mitocôndrias tinha como resultado as ERO (Espécies Reativas de Oxigênio), os temidos radicais livres que, além de nos envelhecer, tornam o ambiente celular altamente oxidativo, causando quebras, mutações e lesões nas moléculas de DNA. Naquele laboratório global de experimentos biológicos, a evolução privilegiou células cujo material genético era envolto por uma membrana, protegido no interior de um núcleo. A evolução da membrana nuclear marcou o nascimento oficial dos eucariontes cerca de 2 bilhões de anos atrás. Além disso, a fim de restaurar o material genético danificado pelas ERO, a evolução também privilegiou mecanismos de reparo nas fitas de DNA e, com eles, a recombinação de gametas trouxe o sexo para a vida dos eucariontes, as meioses I e II. A vida resolveu seus fracassos em saltos evolutivos que nunca mais a deixaram.

Nos 2 bilhões de anos seguintes, os eucariontes foram aparelhados com cílios e flagelos, tornaram-se multicelulares, deram origem às plantas – dessa vez a simbiose ocorreu com as cianobactérias, hoje os cloroplastos –, fungos e animais. Em parceria com a tectônica de placas e com grandiosos impactos de asteroides, a vida diversificou e apagou incontáveis vezes sua anatomia, e das águas logo se arrastou pela lama dos rios e lagos para a superfície seca dos continentes (tabela 1) e, por fim, para os ares.

Entre os privilégios que tornam a Terra a maior obra-prima que conhecemos em todo o cosmos, o maior e mais decisivo é a abundância de água líquida que reveste sua superfície. Líquida e na superfície, pois a água líquida não é exclusividade ou abundante por aqui quando comparamos seu volume com o de outros astros do Sistema Solar. O fato de ter permanecido por cerca de 4,4 bilhões de anos na superfície terrestre em sua fase líquida, exposta à luz solar, fez toda a diferença. Esse líquido faz da Terra o único ambiente acolhedor para a vida no Sistema Solar, possivelmente de todo o universo, um privilégio que os astrônomos mais otimistas estimam acontecer em um a cada bilhão de planetas.

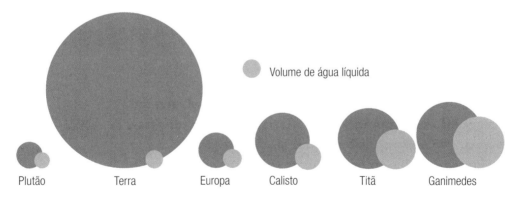

Ainda nos primórdios do Sistema Solar, o jovem Sol, em sua fase T-Tauri, soprou para trás da linha de neve quase toda a água dispersa pelo disco protoplanetário, deixando os planetas rochosos interiores (Mercúrio, Vênus, Terra e Marte) praticamente secos. Ganimedes, a grande lua de Júpiter, acumula quase oitenta vezes mais água líquida que a Terra. Até mesmo Plutão, o planeta-anão menor que a Lua, possui quase tanta água líquida quanto a que enche os oceanos terrestres. Porém, diferentemente da Terra, toda água líquida conhecida em outros corpos do Sistema Solar permanece escondida na escuridão sob espessas crostas de gelo. Fonte: www.businessinsider.com/water-space--volume-planets-moons-2016-10

O PRELÚDIO DA VIDA COMPLEXA

Como vimos, com o fim da glaciação e algum oxigênio dissolvido na água 2 bilhões de anos atrás, os ecossistemas microbianos revolucionaram suas relações com poderosas simbioses. Da provável união de células dos dois domínios procarióticos, Bacteria e Arquea, evoluíram as células eucariontes. Maiores, com material genético protegido no interior do núcleo e organelas simbiontes como as mitocôndrias (alfaproteobactérias), e capazes de realizar o sexo meiótico, as células eucariontes deram o segundo maior salto da história da vida. Estas células eram como sofisticados laboratórios para experimentos evolutivos de inovação metabólica e morfológica se comparadas aos caldeirões de druidas medievais procarióticos. Foram 2 bilhões de anos de experimentos até que a evolução elevasse a vida para outro nível de complexidade. Por tratar-se de uma simbiose, os eucariontes podem representar, de fato, apenas um mundo procariótico mais sofisticado. Esse fato também pode fazer a diferença para a Terra no estágio da vida em que abriga em todo o cosmos. É razoável pensar que algum tipo de vida próximo ao estágio procariótico que conhecemos na Terra tenha evoluído em milhões de outros planetas localizados em zonas habitáveis por todo o universo.

Em seguida, a Terra parece ter adormecido por 1 bilhão de anos. Rochas de 1,8 bilhão a 800 milhões de anos não mostram evidências de que muita coisa aconteceu na superfície terrestre. A atividade geológica, motor da tectônica de placas, da fertilização dos oceanos, da evolução biológica e das mudanças climáticas, por alguma razão engatou uma marcha que reduziu sua atividade. A vida eucariótica e fotossintética proliferava nos mares rasos oxigenados e iluminados sobre os continentes, bem como nas áreas úmidas emersas. No entanto, na vastidão do substrato oceânico sulfuroso e anóxico, era a vida procariótica anaeróbica surfactante que proliferava. Durante o Grande Evento de Oxidação, o oxigênio que escapou para a atmosfera oxidou imensas reservas de sulfeto de ferro (FeS_2, pirita) acumuladas sobre os continentes nos 1,5 bilhão de anos anteriores:

$$FeS_{2\,(pirita)} + 15/4 O_2 + 7/2 H_2O \rightarrow Fe(OH)_3 + 2SO_4^{-2}{}_{(sulfato)}$$

Levado aos oceanos, o sulfato resultante da oxidação da pirita alimentava bactérias surfactantes nos oceanos, enchendo as águas do venenoso e fedorento gás sulfídrico:

$$2CH_2O + SO_4^{-2} - \text{(bactéria surfactante)} \rightarrow H_2S_{\text{(gás sulfídrico)}} + 2HCO_3^-$$

A Terra não apenas passava pelo seu momento mais monótono como também o mais repugnante. O gás sulfídrico é aquele exalado por ovos estragados ou rios sufocados, poluídos pelo excesso de matéria orgânica. Foi o oceano de Canfield, batizado em homenagem ao cientista que propôs o modelo para sua formação, Donald Canfield.

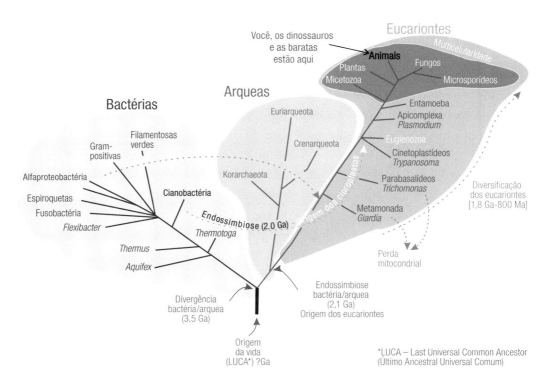

Os três grandes domínios da vida. Bactérias, arqueas e eucariontes são tudo o que conhecemos sobre a vida no universo. Juntos há cerca de 2 bilhões de anos após a gloriosa simbiose, estão tão intimamente ligados em suas relações fisiológicas, que é impossível imaginar a vida dos eucariontes desligada da das bactérias e arqueas. Os animais são de fato jardins bacterianos indissociáveis. Bactérias e arqueas são o substrato da vida complexa, sem o qual não seria possível a multicelularidade.

Embora considerado como o bilhão de anos mais tedioso da história da Terra, estudos recentes têm mostrado que esse longo intervalo não foi tão chato assim, ao menos no que diz respeito à biologia. Intervalos nutricionais e de oxigenação mais favoráveis à vida eucariótica ocorreram intercalados com momentos mais adversos ao longo desse tempo. Foi exatamente nos momentos mais desconfortáveis, em ambientes extremos, que os organismos exploraram as possibilidades para se adaptar e buscar soluções, evoluindo em pulsos que ampliaram a diversidade das primeiras linhagens de eucariontes. Foi o tempo da evolução do Urmetazoa, o flagelado hipotético ancestral dos primeiros animais que em breve surgiriam. Eram os antecessores dos organismos que logo adotariam a multicelularidade, a organização de tecidos, a digestão extracelular, um sistema nervoso, a mesoderme e a simetria bilateral da vida complexa das primeiras linhagens de animais.

O CLÍMAX BIOLÓGICO DO PROTEROZOICO

A sensação que temos de que nada muda na biologia, no clima e na geologia durante o tempo em que vivemos, ou mesmo nos milhares de anos conhecidos da história da cultura humana, é porque nossa existência é efêmera. Ainda que acelerássemos um milhão de vezes cada hora do dia, no final das 24 horas teriam se passado 2.777 anos. Ainda assim, nada teria mudado na biologia, na geologia e no clima. Ao longo de dez dias, presenciaríamos o pico do último período glacial ocorrido 27 mil anos atrás, a mudança radical do clima, extinção da megafauna, o avanço das florestas e a destruição da superfície devido ao deslocamento e recuo das geleiras. Mas, exceto pelas crostas formadas instantaneamente a partir do magma de erupções vulcânicas, ainda não haveria rochas formadas com os sedimentos produzidos durante esses milhares de anos. A geologia é mais lenta e por isso precisaríamos de mais tempo, milhões, dezenas de milhões de anos, para percebê-la tanto na reconstrução do relevo como pela variação dos fósseis guardados nas rochas. Por essa razão e pela biologia microbiana é que sempre demos longos saltos temporais até aqui a fim de reconhecer os passos da vida e a transformação geológica do mundo. A biologia também foi lenta nesses bilhões de anos, mas as coisas começaram a mudar. Nos últimos 260 milhões de anos do éon Proterozoico, entre 750 milhões e 541 milhões de anos, tudo se acelerou: geologia, clima e biologia.

Nesse intervalo, antigos supercontinentes se desfizeram e novos surgiram em amplas e vagarosas colisões que levantaram montanhas que nos milhões de anos seguintes se desfizeram em sedimentos em direção aos oceanos. Novas glaciações globais cobriram a superfície dos continentes e oceanos e grandes asteroides não falharam em perturbar de modo abrupto a monotonia da geologia.

Nesse longo intervalo, a superfície terrestre passou por pelo menos três fenômenos glaciais. Os dois primeiros, muito drásticos, congelaram continentes e oceanos sob camadas de gelo que nas águas tropicais podiam chegar a 10 metros de espessura. A primeira glaciação, chamada Sturtiana, se estendeu de 715 milhões a 665 milhões de anos. A segunda, Marinoana, mais curta, gelou o mundo de 650 milhões a 632 milhões de anos. Por fim, a Gaskiers, de curta duração, deu o último sopro glacial por alguns milhares de anos cerca de 579 milhões de anos atrás.

Sobrevivendo da energia do Sol que mantinha acesa sob o gelo a fotossíntese nas cianobactérias e na vida eucariótica, a produção primária nunca cessou, e a vida sobreviveu a mais essas catástrofes.

A MULTICELULARIDADE: UMA HERANÇA PROTEROZOICA

O tempo decorrido entre 750 milhões e 650 milhões de anos atrás é o intervalo em que as análises moleculares fincam a evolução da multicelularidade animal e de outras criaturas ainda enigmáticas para os paleontólogos. Os intervalos entre as glaciações lançavam para os mares as águas do degelo com a rica lama de fertilizantes das rochas trituradas sobre os continentes. Cálcio, potássio, fósforo inundaram os oceanos e deram à vida sobrevivente aquilo de que precisavam para proliferar. E proliferou! Como no tempo do Grande Evento de Oxidação, cianobactérias, dessa vez já acompanhadas de algas unicelulares, oxigenaram os oceanos e a atmosfera, um acontecimento conhecido como "Evento de Oxidação do Neoproterozoico" (EON). Um dos sinais geológicos desse episódio, novamente como no tempo do Grande Evento de Oxidação, é o maciço de Urucum, no Mato Grosso do Sul, onde jazidas ricas em ferro oxidado foram depositadas com a grande expansão da fotossíntese nos milhares de anos seguintes aos grandes fenômenos glaciais.

Embora a discussão sobre o que permitiu a evolução da multicelularidade permaneça aberta, para alguns cientistas um dos principais fatores foi a elevação da quantidade de oxigênio para até 15%. A maior pressão de oxigênio é uma facilitadora para a multicelularidade, pois permite aos organismos crescer e sintetizar carapaças rígidas. No entanto, antes de os animais crescerem, formas de vida macroscópicas, desprovidas de carapaças rígidas e muito estranhas em suas formas e modos de vida, evoluíram sobre os tapetes microbianos que revestiam os substratos marinhos iluminados, a tão misteriosa quanto espetacular Biota de Ediacara.

A BIOTA DE EDIACARA

Entre 610 milhões e 542 milhões de anos, esse grupo de organismos sésseis, desprovidos de partes rígidas, filtradores, absorsores, osmotróficos, fotossimbiontes, saprofíticos e sem evidências de cefalização, apêndices, boca, intestino e ânus, evoluíram em praticamente todo o mundo associados aos tapetes microbianos que lhes serviam de apoio. As relações de parentesco de boa parte das espécies ediacaranas conhecidas com alguns dos 35 filos de animais viventes estão há décadas em uma interminável discussão. Mais recentemente, evidências como vestígios químicos de colesterol, capacidade de deslocamento, cavidade intestinal e partes rígidas, permitiram aos paleontólogos incluir várias das cerca de 200 espécies em grupos muito antigos como esponjas, cnidários, moluscos, artrópodes e equinodermos.

Após cerca de 3,5 bilhões de anos imersa na timidez morfológica da biologia microscópica, a vida finalmente se manifestou macroscopicamente, deixando seus primeiros vestígios nas rochas. Não pense que os genes que controlavam a existência dessas criaturas não chegaram até você. Temos muito mais em comum com eles do que podemos imaginar. Eram os primeiros momentos da evolução do tamanho e modos de vida que as fariam aparecer abundantemente nas rochas nos 570 milhões de anos seguintes.

O NASCIMENTO DO GONDWANA E DOS PRIMEIROS ECOSSISTEMAS COMPLEXOS

Seiscentos milhões de anos atrás, após uma gestação geológica de cerca de 150 milhões de anos, nasceu dos pedaços de Rodínia, no hemisfério sul, um dos mais famosos supercontinentes, o Gondwana. Reunindo as atuais Américas, África,

Antártica, Índia e Austrália, incluía em seu interior as futuras terras brasileiras. Sobre estas, a geologia guardou restos de organismos que registram parte do primeiro pulso de diversidade da vida macroscópica, uma fotografia do mais antigo ecossistema conhecido em fundo marinho de terras gondwânicas. Chamada de "Explosão Avaloniana", essa eclosão da vida complexa deixou nas rochas fósseis com cerca de 570 milhões de anos de idade na península de Avalon, no Canadá, e na Inglaterra, regiões que na época se encontravam em baixas latitudes, nas cercanias da linha do equador. A vida deu seu quarto maior passo – depois da fotossíntese, da ascensão dos eucariontes e da multicelularidade –, desta vez em direção à complexidade da anatomia e modos de vida. E foram encontradas também no Brasil.

Em 2020, paleontólogos brasileiros anunciaram a descoberta, no Estado de Santa Catarina, de fósseis que registram esse momento em rochas 7 milhões de anos mais jovens, as mais antigas evidências de vida multicelular conhecidas nos continentes que então ocupavam o hemisfério sul. Era o mundo submarino de *Aspidella*, *Nimbia* e *Palaeopascichnus*, que deixaram as marcas de sua existência nos tapetes microbianos que revestiam os sedimentos da extremidade de um grande delta formado por rios que drenavam o interior do Gondwana 563 milhões de anos atrás. Eram a versão tupiniquim da biota ediacarana.

"GUERRA ARMAMENTISTA"

Em 2017, aqueles mesmos paleontólogos da Universidade Federal de São Carlos já haviam anunciado outra grandiosa descoberta sobre essa história em rochas nascidas 20 milhões de anos depois do estabelecimento do mundo de *Aspidella* e *Nimbia*. Os animais ediacaranos já estavam revestindo o corpo com carapaças, outra conquista monumental da evolução. Partes rígidas feitas de carbonato de cálcio e quitina pela primeira vez facilitaram a fossilização e foi exatamente por esse momento que os paleontólogos existem! Mas o mais extraordinário é que essas carapaças possuem perfurações que indicam que já estavam sendo atacadas por durófagos, isto é, predadores, os primeiros da história do mundo animal.

O surgimento de predadores nos mostra que em poucos milhões de anos os ecossistemas já haviam evoluído muito sobre o Gondwana, marcando o início da pirâmide alimentar, que desde então só cresceu e impulsionou a evolução de bilhões de espécies com armas e escudos, estratégias de caça e defesa, que marcou a explosão de disparidade morfológica no éon seguinte e pelos 541 milhões de anos até os dias atuais. Dezenas de classes de animais surgiram nos mares entre os cerca de trinta filos evoluídos do final do Proterozoico. Pense no significado desse acontecimento para a história da vida, uma vez que ainda hoje não há quem escape da maior de todas as regras entre os animais: caçar e evitar ser caçado. Sim, começou nesse tempo e ficou registrado em rochas do Brasil. A chamada "Guerra Armamentista" é um dos motores da disparidade e da diversidade biológica.

Embora raramente falemos desse assunto fora das universidades ou dos grandes congressos científicos, esse tema é considerado um dos principais da paleontologia, biologia e geociências modernas. Era o prelúdio da vida animal, quando nossas raízes genéticas, e de todos os outros animais, se uniam em novíssimos ecossistemas após bilhões de anos aprisionados no interior de criaturas microscópicas.

O FIM DO MUNDO EDIACARANO

A complexidade logo cobrou seu preço. Ecossistemas mais sofisticados e interdependentes são mais sensíveis a mudanças, e a biota ediacarana se foi para nunca mais retornar, se não geneticamente, ao menos nos modos de vida e ecologia. Quem sabe algumas sequências de genes ainda estão entre nós disfarçadas em outra anatomia ou então desligadas e inativas.

As explicações mais simples e diretas de sua extinção estão quase sempre ligadas ao desaparecimento dos tapetes microbianos sobre os quais viviam. Entre as possíveis razões para o sumiço das camadas microbianas estão a evolução dos animais e da esqueletogênese e o bombardeio cósmico de radiação ultravioleta.

RÁDULA

Entre os animais que cresceram com o aumento do oxigênio estavam os moluscos. Embora ainda sem conchas de proteção, possuíam na boca uma das estruturas que dão ao ancestral molusco a identidade de um molusco, a rádula. Não era exatamente a esqueletogênese, mas uma esteira interna de dentes feitos de queratina que seguramente foi o primeiro e mais assustador aparato inventado pela vida em 3,5 bilhões de anos de história. As evidências são marcas deixadas por um animal de corpo mole, o *Kimberella*, associadas a vestígios, o *Radulichnus*, de que alguém raspou os tapetes microbianos. Para se alimentarem, estes prováveis moluscos devoraram aquele "pasto" microbiano que por dezenas de milhões de anos funcionou como apoio para os organismos ediacaranos, os quais, sem chão, desapareceram.

LIXA 20

Com a esqueletogênese, a produção de carapaças e conchas de quitina e carbonato de cálcio deve ter colaborado para o sumiço dos tapetes microbianos. Bilhões de fragmentos passaram a ser lançados anualmente nas correntes de maré das regiões costeiras e mares rasos onde as cianobactérias prosperavam sob a luz das áreas mais rasas. Com o vai e vem das marés, elas funcionaram como lixas que desgastaram o substrato microbiano e assim removeram a ancoragem dos organismos ediacaranos.

UV

Causas astronômicas estiveram presentes em grandes viradas dos rumos da evolução da vida e, algumas vezes, até mesmo da geologia. Os últimos 10 milhões de anos do Proterozoico registraram inversões mais rápidas da polaridade magnética terrestre. Embora ainda não saibamos por que as inversões ocorrem, conseguimos percebê-las na orientação de minerais metálicos como a magnetita, que até determinada temperatura durante sua formação nas rochas, respondem às variações da polaridade magnética como a agulha de uma bússola. Se a polaridade invertesse hoje, a ponta da agulha de uma bússola apontaria para o centro da Antártica. Mas o problema é que durante as inversões o escudo magnético terrestre que desvia o vento solar carregado de radiações ionizantes torna-se mais estreito. Inversões da polaridade normalmente ocorrem cerca de dez vezes a cada milhão de anos, mas no final do Proterozoico algumas rochas registraram até 24 inversões. Como resultado dessa hiperatividade, também ainda sem explicações, a face do escudo magnético voltada para o Sol teve a espessura do seu campo ativo reduzida de 120 mil para apenas 20 mil quilômetros.

Com o campo magnético enfraquecido, partículas ionizadas pelo vento solar, e enquanto o Sistema Solar atravessava nuvens moleculares, adentraram a alta atmosfera provocando a destruição de parte da camada de ozônio. Justamente a proteção do ozônio, que há bilhões de anos havia permitido a ocupação das águas rasas iluminadas, e impedido a chegada de um dos maiores inimigos do DNA, os raios ultravioleta (UV). E a vida exposta foi dizimada.

Em todo o mundo, os fósseis dos estranhos organismos ediacaranos desaparecem das rochas e o que vemos em seguida são respostas adaptativas perfeitas aos efeitos do aumento da intensidade dos raios ultravioleta para evitar predadores. Num episódio que ficou conhecido como "Revolução Cambriana do Substrato" ou "Revolução Agronômica", marcas de tubos e escavações verticais aparecem pela primeira vez e se tornam comuns porque os animais passam a se abrigar dentro da lama marinha. Carapaças rígidas feitas de carbonato de cálcio ou quitina, ou os dois, para proteção das partes moles, aparecem em rochas de todo o mundo. Estruturas sensíveis à luz evoluíram em animais que buscaram águas mais profundas para viver. Foi a reposta evolutiva da vida à incidência de raios ultravioleta.

E os éons da vida microbiana terminaram com uma tentativa frustrada da vida macroscópica, mas a anatomia e os modos de vida ediacaranos não permitiram que ela prosperasse. Escondidos na lama, no entanto, estavam minúsculos animais que acabavam de ganhar carapaças e um mundo sem tapetes microbianos para explorar. Entre eles, alguns sobreviventes ediacaranos que atravessaram a grande crise e, seguramente, seus genes ainda circulam por aí disfarçados no corpo dos animais.

ALGUNS DOS PRINCIPAIS EPISÓDIOS DA HISTÓRIA DA VIDA

4,54 bilhões
Nascimento da Terra. A Lua nasce 50 milhões de anos mais tarde.

00h00min
Meia-noite. O dia começa com você na cama.

A TERRA E A VIDA ATRAVÉS DAS ERAS

4,46 bilhões
Primeiros oceanos. Cerca de 80 milhões de anos se passaram e a Terra já tem oceanos onde a vida pode surgir e evoluir.

00h35min
Zzzzzzz... Sono profundo. Com água líquida, a janela para a origem da vida é aberta na Terra.

4,28 bilhões
4,10 bilhões
Mais antigas evidências químicas de vida.

01h30min, 02h30min
Ainda sonhando profundamente, falta muito para o seu café da manhã. A vida primitiva deixou nas rochas sinais químicos da sua presença.

3,5 bilhões
Restos carbonizados de bactérias filamentosas. As mais antigas evidências corporais de vida.

05h37min
Hora de levantar para ir à escola. Bactérias estavam presentes em praticamente todos os ambientes marinhos.

2,5 bilhões
Grande Evento de Oxidação (GEO) – As cianobactérias expandem a fotossíntese nos oceanos, promovendo o Grande Evento de Oxigenação dos oceanos.

10h52min
Os dois intervalos na escola já se foram e só agora o oxigênio começa a precipitar as futuras jazidas de ferro nos mares e sobre os continentes.

2,1 bilhões
Aparecimento dos eucariontes, as células com núcleos. As bactérias seguirão pelo caminho dos procariontes.

12h58min
Fim das aulas por hoje. Hora de voltar para casa. Mais da metade da história da Terra se passou e a vida ainda é unicelular e só agora ganhou um núcleo.

59

1,6 bilhão
Aparecem nos oceanos as primeiras plantas: as algas filamentosas.

15h36min
Hora do lanche da tarde antes das tarefas da escola. As primeiras plantas unicelulares acabam de nascer nos oceanos.

---

600 milhões
O fóssil mais antigo de um animal pertenceu à esponja *Eocyathispongia*, encontrada em rochas na China. É possível que os animais já existissem 100 milhões de anos antes.

20h51min
Hora de arrumar a mochila para a aula do dia seguinte. São quase 9 horas da noite! Somente agora a vida dá início, nos oceanos, aos projetos com a vida multicelular animal.

---

535 milhões
Explosão Cambriana: agora, sim, os mares estão cheios de animais e aparecem os mais antigos ancestrais dos vertebrados.

21h11min
Quase na hora de dormir, e uma grande variedade de fósseis aparece nas rochas. Nos próximos 30 milhões de anos, praticamente todos os filos conhecidos – das esponjas aos cordados – aparecerão fossilizados nas rochas.

Antes de entrarmos no último éon, porém, vamos tratar de um dos pujantes motores que farão brilhar a vida com o mais faustoso esplendor da glória pelos próximos 541 milhões de anos: o movimento das placas tectônicas.

A TERRA EM MOVIMENTO
UMA DÁDIVA PARA A VIDA

Planetas que atualmente não apresentam placas tectônicas, tal como Vênus e Marte, dificilmente são habitáveis. As placas tectônicas são uma exigência para qualquer mundo que aspire por uma rica diversidade biológica.

SETH SHOSTAK, ASTRÔNOMO NORTE-AMERICANO

Desde sua origem, a Terra sempre apresentou atividade geológica, registrada nas rochas como uma superfície dinâmica, "viva", diferente da condição atual dos outros planetas rochosos como Mercúrio, Vênus e Marte, da Lua, e de qualquer outra lua e planetas-anões que tenham uma superfície rígida. Em nossos vizinhos, as atividades podem ter cessado superficialmente há bilhões de anos, ou são hoje apenas discretas, com algum vulcanismo aqui e ali. Em Marte, o monte Olimpo, o maior vulcão do Sistema Solar, teve o pico da sua atividade cerca de 150 milhões de anos atrás, no auge da história dos dinossauros aqui na Terra, mas encontra-se extinto há milhões de anos. E, assim como Vênus, que exauriu sua água liquida há cerca de 750 milhões de anos, por razão distinta, a superfície de Marte também secou, e não existem sinais de que a tectônica de placas algum dia tenha ocorrido por lá. No entanto, sua superfície é muito diferente da encontrada na Lua e em Mercúrio, que são repletas de crateras, o que mostra que a atividade superficial vulcânica ou mesmo sedimentar, repavimentou a superfície marciana após o intenso bombardeamento tardio de asteroides.

Além do calor interno, a água líquida é a maior facilitadora do movimento das placas, e a ausência de oceanos praticamente determinou a morte geológica da superfície dos outros três planetas rochosos e da Lua, bem como a ausência de continentes. Surpreendentemente, fotografias da superfície de Mercúrio mostraram falhas geológicas, escarpas muito novas, sem crateras de impacto, e sinais de contração da sua crosta, que indicam que algum tipo de tectônica muito recente ocorreu por lá nos últimos milhões de anos. Como a Terra, Mercúrio ainda mantém um núcleo líquido e, à medida que esfria e encolhe, todo o planeta contrai, provocando falhas e escarpas em sua superfície craquelada. De fato, é uma "tectônica" muito discreta e de natureza distinta da terrestre.

Na Terra, o calor produzido pelos impactos dos asteroides varridos na ainda imunda órbita terrestre no início da história do Sistema Solar, e pelo atrito das rochas que viajaram em direção ao centro no tempo da sua formação, resultou num interior superaquecido, que é o coração de qualquer superfície geologicamente ativa. A temperatura do núcleo terrestre varia de 4.400 °C a 6.000 °C, ainda mais quente que a superfície do Sol, que é de 5.500 °C. Esse calor, alimentado ainda hoje pelo decaimento de nuclídeos radioativos – principalmente potássio, urânio e tório, que fazem com que o interior terrestre funcione também como uma grande usina nuclear –, e a presença constante de água líquida superficial desde os primeiros oceanos, 4,4 bilhões de anos atrás, permitiram a formação dos continentes, e com eles o privilégio terrestre da tectônica global. Dissipado através da camada externa líquida do núcleo, esse calor é a energia que mantém ativas as correntes que colaboram para o movimento das rochas da espessa camada superior, o manto. Muito flexíveis, as rochas do manto têm alguma colaboração para o lento e gradual deslocamento das placas tectônicas, promovido pelos empurrões nas cordilheiras oceânicas e pelos puxões gravitacionais das placas oceânicas em subducção sob os continentes.

Num balé incansável, enquanto continentes colidiram fechando oceanos e zonas costeiras ricas em diversidade, outros nasceram e deram origem a novas áreas litorâneas rasas e iluminadas, onde a evolução fez a festa. Ao mesmo tempo, os continentes migraram do equador em direção aos polos, transformando florestas em desertos gelados, enquanto mares inundaram amplas regiões continentais, trazendo a vida marinha para os continentes. Fundos oceânicos, por sua vez, foram devorados sob os continentes e reincorporados ao manto, e cadeias de montanhas se elevaram por quilômetros de altitude. Uma delas, a cordilheira andina, ainda está em ascensão ao longo de 7.242 quilômetros devido à colisão da crosta continental sul-americana, empurrada para oeste, com a crosta oceânica de Nazca, que vem em nossa direção no fundo do oceano Pacífico. Na Ásia, o caso é diferente: 120 milhões de anos atrás, a Índia deixou a Antártica, no polo sul, e atravessou o Índico, até colidir com a Ásia, cerca de 50 milhões de anos atrás. Naquela região, não há subducção, como a placa de Nazca que penetra sob a América do Sul. No Himalaia, são duas crostas continentais que se chocam e se esmagam, o que resulta na mais alta cadeia de montanhas da Terra.

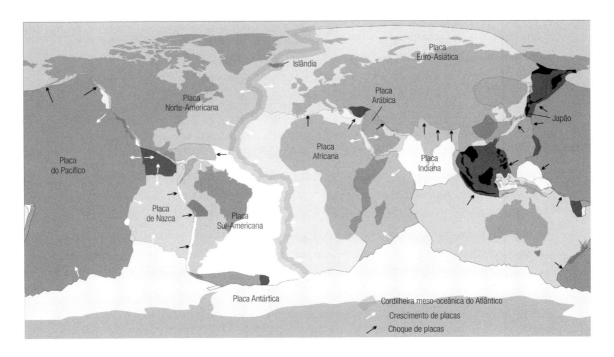

As principais placas tectônicas que compõem a crosta terrestre. As áreas de maior tensão estão sempre sobre as linhas onde as placas se chocam. Repare como o Brasil está distante dessas linhas, o que nos permite viver atualmente em constante calmaria geológica. Se quiser conhecer vulcões ativos e experimentar terremotos, a costa oeste sul-americana é a opção mais próxima de nós, brasileiros. O choque da Placa Indiana com a Ásia é responsável pelo soerguimento da cordilheira do Himalaia. As placas Africana e Arábica, que se afastam, abrem o espaço já ocupado hoje pelo mar Vermelho. A Islândia é um país situado no topo da cordilheira vulcânica submarina do Atlântico. Não por acaso, terremotos são frequentes no Japão, América Central e Indonésia, que se encontram sobre uma região com choque de placas que se deslocam em várias direções.

É impossível imaginar a manutenção e a continuidade da evolução biológica sem a tectônica global. O calor vindo do núcleo da Terra é a fonte que anima esses movimentos colossais e estimula a diversidade da vida na superfície. Atualmente, os geólogos concebem a existência de 159 placas tectônicas, 12 delas consideradas as principais.

A crosta terrestre é mais complexa do que aquilo que conseguimos enxergar. A compreensão da sua dinâmica custou décadas, desde a publicação, em 1915, das primeiras ideias do geofísico e meteorologista alemão Alfred Wegener no livro *A origem dos continentes e oceanos*, segundo as quais os continentes sempre estiveram em movimento. O perfeito encaixe geográfico entre a América do Sul e a África e as evidências fósseis não deixavam dúvidas. Mas Wegener não explicou corretamente o mecanismo porque acreditava que os continentes deslizavam sobre as rochas da crosta oceânica, e por isso sua teoria ficou desacreditada por vários anos. A partir de 1960, as evidências corretas emergiram graças aos novos equipamentos desenvolvidos anos antes da Segunda Guerra Mundial para a procura de submarinos e minas no fundo oceânico. Na cordilheira submarina situada no meio do oceano Atlântico, também chamada de "dorsal meso-atlântica", a maior estrutura geológica da superfície terrestre, as placas sul-americana e africana crescem do magma que brota ao longo de toda a sua extensão, empurrando-as para lados opostos. Os continentes, de fato, se movimentam com elas. Em regiões onde as placas se chocam, chamadas de "zonas de subducção", as crostas oceânicas penetram sob os continentes. Duas crostas continentais se chocam em outras regiões, o que acontece também com as crostas oceânicas. Enquanto o interior da Terra superaquecer as rochas do manto e a água estiver disponível, a geologia reconstruirá fundos oceânicos e continentes, como vem fazendo há pelo menos 4 bilhões de anos.

O resultado de tanta água líquida na superfície e o calor interno constituem a origem da maior parte das rochas que compõem a crosta dos continentes, do seu crescimento e movimentos contínuos. Como vimos, sem oceanos, nada de granitos e, sem granitos, nada de continentes. Desses movimentos, nasceu a diversidade de bilhões de espécies de animais e plantas, bem como a inteligência, nos últimos 541 milhões de anos.

O ÉON FANEROZOICO: DE 541 MILHÕES DE ANOS ATÉ HOJE

Esse último éon compreende um intervalo de 541 milhões de anos, um tempo materializado nas rochas mais amadas pelos paleontólogos há quase duzentos anos. Fanerozoico deriva do grego *faneros*, que significa "visível ou evidente", e *zoico*, se refere à vida animal. A menos que você esteja caminhando sobre as raríssimas rochas que guardaram as marcas da biota ediacarana, é só a partir desse momento da história da Terra que poderá andar por aí à procura de fósseis usando apenas seu olhar atento.

Crescida, com anatomia simétrica e complexa, protegida por carapaças, e não raro de aparência muito esquisita, a vida passou a deixar restos ou marcas que se destacam na textura quase sempre monótona das rochas sedimentares. E são muitas as espécies fósseis oficialmente conhecidas. Até 2013, haviam sido descritas cerca de 250 mil.

Mas conhecer a diversidade total dos últimos 541 milhões de anos exigiria algum tipo de ajuda sobrenatural. São tantas as variáveis geológicas, climáticas e biológicas, e tão imperfeito o registro geológico, especialmente de espécies de protozoários, animais e plantas que viveram sobre os continentes, envolvendo um tempo quase infinito, que jamais saberemos muito mais do que quase nada. Até mesmo para espécies vivas com as quais dividimos o mundo atual, as estimativas chegam a resultados grosseiros. Em 2011, um estudo apontou 8,7 milhões de espécies viventes de eucariontes, com uma margem que pode variar de 1,3 milhão de espécies para mais ou para menos. Um texto de 2007 da *Enciclopédia da biodiversidade* sugere que o número de espécies de animais e plantas da atualidade representa entre 1% e 2% do total dos últimos 600 milhões de anos. Também de modo pouco preciso, esses números nos ajudam a estimar com certa convicção que um mínimo de 500 milhões de espécies tenham animado todo o Fanerozoico. Fosse assim, com 250 mil espécies fósseis conhecidas, chegamos a 0,05% do que pode ter existido. A diversidade plena da vida fanerozoica nos será sempre insondável e, quem sabe, custará mais cinquenta anos aos paleontólogos conhecer 0,1% do que já existiu.

Assim como vemos hoje no mundo selvagem, a vida sempre foi exuberante e animada durante o Fanerozoico. Pode não parecer muito, mas o que conhecemos é suficiente para nos ensinar muito do que precisamos sobre a fragilidade do clima e da vida, bem como acerca do respeito que devemos ter para com todos os sistemas naturais.

Vamos seguir com momentos fundamentais dessa vasta história, perscrutar como chegamos até aqui e descobrir por que precisamos conhecer a pré-história deste mundo.

A ERA PALEOZOICA: DE 541 MILHÕES A 251 MILHÕES DE ANOS

O PERÍODO CAMBRIANO E A EXPANSÃO MORFOLÓGICA DA VIDA

Uma revolução da vida dos animais ocorreu entre 535 milhões e 505 milhões de anos atrás e é chamada pelos paleontólogos de "Explosão Cambriana". Nesse intervalo, a vida eucariótica assumiu de vez a multicelularidade, crescendo e multiplicando a disparidade de formas e arquiteturas corporais – os filos e as classes da biologia –, modos de vida fora ou dentro do substrato, além de estratégias para captura de alimento e de presas, bem como artimanhas para evitar predadores. Foram cerca de 150 milhões de anos de evolução microscópica naquele tempestuoso mundo ediacarano, mas é só a partir desse momento que as rochas ganham o recheio dos fósseis como nunca havia ocorrido nos 3,5 bilhões de anos passados. E quem não gosta de um recheio? Começou o último éon, o Fanerozoico, organizado em três eras: Paleozoica, Mesozoica e Cenozoica, e estas em doze períodos.

O aparecimento relativamente abrupto de fósseis em camadas de rochas cambrianas é um dos episódios mais marcantes da história da vida. Mas por que isso aconteceu e quais foram os fatores causadores dessa explosão?

Ao que tudo indica, a Explosão Cambriana se deu em decorrência de vários motivos, tais como a ocupação do novo nicho que se abriu no interior do substrato marinho, o aumento do oxigênio e a expansão de predadores evoluídos nos oceanos pré-cambrianos.

TOCAS E TÚNEIS

O novo nicho subterrâneo ofereceu diversas opções para a bicharada, mas colonizá-lo exigiu novos equipamentos, como músculos e aparatos para escavação, sensores químicos para percepção do que se passa na superfície, glândulas secretoras de mucos para estabilização das paredes das tocas e dos túneis, bombas para sucção da água que traz o alimento e o oxigênio, bem como para ejeção dos detritos do metabolismo. Do mesmo modo, a evolução dispensou o supérfluo. Pernas, braços, pinças, carapaças, antenas e outros badulaques desapareceram, sugados pela seleção natural.

O_2

O nível de oxigênio molecular elevou-se até cerca de 15% (atualmente, temos 21%), permitindo aos animais a síntese de colágeno, um componente da matriz, ou "cimento", que mantém nossas células unidas, o que resultou na expansão da multicelularidade. Os animais também cresceram dando chance para a evolução de novas formas e estratégias de vida. Turbinados e crescidos com o O_2 aprenderam a evitar predadores, escavar, sintetizar substâncias repelentes, construir carapaças, espinhos, e se camuflar.

Foi por isso que durante os 30 milhões de anos da Explosão Cambriana as várias linhagens conhecidas do reino animal se tornaram visíveis e fossilizáveis. Novos e grandes modelos da vida animal desfilavam loucamente suas carapaças e apetrechos régios pela passarela da evolução. Hoje, conhecemos 36 dessas grandes linhagens, os filos, das quais as mais famosas são as esponjas, os cnidários – medusas e corais –, os moluscos, os anelídeos, os artrópodos – os mais bem-sucedidos –, os equinodermos e o filo ao qual pertencemos, o dos cordados. Um ou dois – Vetulicolia e Agmata – tropeçaram na passarela e foram extintos ainda no Cambriano. Não por acaso, os filos mais conhecidos do registro são aqueles cujos animais cresceram e desenvolveram esqueletos rígidos calcários, silicosos ou quitinosos, facilitadores da fossilização. Essa explosão de disparidade iniciou bem perto do final do dia, as 21 horas e 11 minutos.

É daquele pequeno trecho que ainda resta do nosso dia geológico que vivem 99% dos paleontólogos do mundo. Ali começa a grande festa dos animais fossilizados nas rochas, incluindo os primeiros vertebrados.

Já estávamos indo para a cama e a vida animal multicelular complexa, agora visível, passou a deixar seus restos guardados nas rochas.

Algumas aquisições para a vida cambriana na interface substrato/superfície nos dizem respeito diretamente: um corpo esguio para se esconder em tocas, uma longa nadadeira dorsal, uma carreira de feixes musculares distribuídas pelo corpo – a primeira versão do tanquinho abdominal almejado por muitos –, um cordão nervoso dorsal e uma notocorda flexível que deu estrutura ao corpo para locomoção tanto no interior do substrato como nas primeiras decolagens na água. E mais: um cérebro e fendas branquiais que deram fôlego à respiração, colocaram os primeiros rascunhos dos vertebrados em vantagem sobre muitos organismos. *Yunnanozoon* é o seu nome. Ele foi encontrado em rochas descobertas na China de 535 milhões de anos e nos dá os nossos mais poderosos sobrenomes, Cordado e Vertebrado, filo e classe aos quais pertencemos. Quem imaginaria nossa raiz fincada no fundo lamacento de um mar que cobria parte da China bem no comecinho do Cambriano?

Somente 300 milhões de anos mais tarde brotarão os primeiros dinossauros. Não é surpreendente que só a essa hora do dia geológico nossos ancestrais ganharam o *status* de vertebrados?

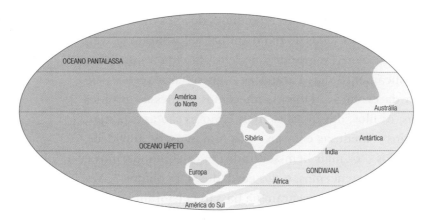

Repare a posição do atual território brasileiro perto do polo sul durante o Cambriano, 510 milhões de anos atrás. A Austrália e a Antártica estavam na linha do equador. As áreas mais claras representam regiões continentais cobertas por mares rasos. Nesses mares, depositaram-se os sedimentos onde viveram e se fossilizaram os primeiros representantes da "Explosão Cambriana". Distantes dos mares, e nas altas latitudes, restaram-nos apenas rochas de origem glacial completamente afossilíferas.

NOVA EXPLOSÃO: O GRANDE EVENTO DE BIODIVERSIFICAÇÃO ORDOVICIANO (GEBO)

A vida produziu os modelos de animais fossilizáveis durante o Cambriano, um episódio de disparidade de anatomias que deu origem aos projetos corporais que hoje reunimos em 35 filos. Mas foi no período Ordoviciano, entre 485 milhões e 460 milhões de anos atrás que a vida se diversificou em ordens, famílias e gêneros, um acontecimento evolutivo que a maioria dos paleontólogos considera como o mais importante e criativo da história da vida marinha.

Esse pulso evolutivo efervescente ocorreu como resposta a uma série de fatores ligados à disposição dos continentes, ao nível muito alto dos oceanos, ao clima e a um verdadeiro banquete posto à mesa nas águas.

Como sempre, a geografia favorável à vida marinha estava no centro das causas que dispararam o Grande Evento de Diversificação Ordoviciano. Continentes e microcontinentes nasceram dos restos do Rodínia e, localizados na região tropical, tinham suas margens inundadas por mares rasos de águas quentes e iluminadas, tudo o que a vida marinha mais deseja. Em toda a história da Terra, nunca houve tantos mares como esses nas regiões tropicais. Ainda hoje, essa é a razão que determina a grande diversidade observada nas ilhas da Oceania e caribenhas.

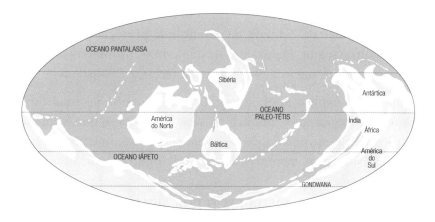

Foi nesses arquipélagos e mares tropicais que a vida complexa deu seu primeiro grande salto em diversidade, quando ainda estava confinada nas águas. O Gondwana vinha firme desde sua formação no finalzinho do Ediacarano. Mais 100 milhões de anos e ele sumirá, amalgamado ao restante dos continentes, dando origem ao Pangea.

Com cerca de quinze vezes mais gás carbônico na atmosfera (0,6%) que na atualidade (0,04%), a maior taxa conhecida nos 541 milhões de anos fanerozoicos, turbinados pelo efeito estufa, os mares ordovicianos inundaram os continentes cerca de 200 metros acima do nível atual, produzindo amplos mares rasos e muito produtivos. Nesses mares iluminados, o fitoplâncton e o zooplâncton explodiram em diversidade e produtividade, ampliando a disponibilidade de alimento para animais filtradores e para aqueles que aprenderam a nadar. Tanto o aumento da pressão de gás carbônico quanto a fertilização dos oceanos foram provocados pela maior atividade vulcânica conhecida durante todo o éon Fanerozoico. A geologia explica os caminhos da vida, e vice-versa.

Foi durante o Grande Evento de Biodiversificação Ordoviciano que outra novidade evolutiva mudou a história da biologia. Dos arcos que sustentavam as brânquias dos peixes nasceram as mandíbulas dos vertebrados e, com elas, a matança que já ocorria no mundo dos invertebrados evoluiu também entre nossos ancestrais. Ela continua com você. A evolução já tirou de tudo da anatomia dos vertebrados – membros, olhos, dentes, aparatos reprodutores –, mas as mandíbulas, essas nunca!

Essa grande explosão de diversidade foi também o pano de fundo para a segunda maior e mais catastrófica extinção conhecida nesse éon, quando 60% das espécies desapareceram nos oceanos no final do Ordoviciano. Entre as causas aventadas está o bombardeio de raios gama originado da explosão de uma estrela localizada 6 mil anos-luz de distância da Terra. Com a duração de 10 segundos, varreu parte da camada de ozônio que protegia as faunas de águas rasas dos raios ultravioleta. Habitantes de águas mais profundas sobreviveram a esse fenômeno e deram início à recolonização durante o Siluriano.

Uma supernova explica também a glaciação ocorrida no final do período. Os raios gama estimularam a química na alta atmosfera, o que favoreceu a formação de dióxido de nitrogênio (N_2O), uma gás escuro, que impediu que a luz solar chegasse à superfície terrestre, derrubando rapidamente a temperatura.

O VIGOR DAS PLANTAS E A VIDA EM TERRA FIRME

No Ordoviciano, as plantas já enchiam os oceanos iluminados como algas há pouco mais de 1 bilhão de anos. Elas evoluíram durante o *Boring Billion* geológico, cerca de 1,6 bilhão de anos atrás, a partir de ancestrais flagelados que ganharam parede celulósica, trocaram as ficobilinas das cianobactérias pelas clorofilas *a* e *b* em seus cloroplastos e passaram a estocar energia na forma de amido. Elas são hoje chamadas *Viridiplantae* e incluem as clorófitas (algas verdes, com maioria das linhagens unicelulares e marinhas), as carófitas (algas multicelulares que migraram para a água doce) e as embriófitas, que incluem todo o restante do mundo verde que cobre os continentes.

Foi também durante o grande evento de biodiversificação e o início do Siluriano que carófitas ancestrais iniciaram sua marcha em direção aos continentes, onde transformaram o mundo para sempre como embriófitas não vasculares – hepáticas, musgos e antóceros – e então como plantas vasculares – riniópsidas, licófitas, lepidodrendales, equisetópsidas, samambaias, gimnospermas e angiospermas.

Sobre os continentes, a evolução resolveu o problema da vida das plantas fora da água: equipou-as com camada de cera para impermeabilizar os tecidos, abriu estômatos para captura do gás carbônico, células vasculares e vários tipos de vasos condutores, proveu-os de raízes que, como brocas, perfuraram o solo em busca de água e, bem mais tarde, de folhas, esporos, pólen, sementes, flores e frutos.

Foi assim que ampliaram a espessura do solo, mudaram a atmosfera, absorvendo gás carbônico e liberando oxigênio, e criaram condições para que os animais arriscassem a vida em terra firme. Há 380 milhões de anos, já no Devoniano, as primeiras florestas haviam se estabelecido, com raízes profundas, folhas, troncos espessos e sementes. Elas escalaram montanhas e já ofereciam aos animais alimento, sombra, umidade e proteção.

As plantas compõem hoje 82% de toda a biomassa que energiza a superfície terrestre e, com cerca de 320 mil espécies, ainda hoje são a principal fonte de alimento para a vida complexa. Essa imensa quantidade de espécies de plantas é ainda a principal responsável pela diversidade dos continentes, quatro vezes superior à encontrada na vastidão dos oceanos. Dos 8,7 milhões de espécies estimadas na atualidade em toda a Terra, 6,5 milhões devem ocupar os ecossistemas continentais. Por isso é sempre trágico quando eliminamos biomas inteiros em troca do desejo humano excessivo de carne vermelha.

É impressionante o tempo consumido pela vida vegetal antes de poder viver fora da água. Pouco mais de um bilhão de anos custou a construção da estrutura celular, multicelularidade, esqueletos e fisiologia adequada para lidar com a escassez hídrica, bem como uma atmosfera adequada que lhe permitisse viver exposta ao sol.

Em meados do Siluriano, artrópodes semelhantes a miriápodes e aranhas foram os primeiros a deixar definitivamente a água, e em terra firme reviravam o solo em busca de matéria orgânica, bactérias, fungos e outros pequenos invertebrados que lhes servissem de alimento. Dez da noite e, graças às plantas, a vida complexa veio de vez para a terra firme.

No Devoniano, os vertebrados já infestavam as águas como os principais grupos de peixes: agnatos, placodermos, tubarões, peixes ósseos e entre estes as primeiras linhagens de tetrápodos. A terra firme, por sua vez, era praticamente livre de grandes predadores, estava protegida pelas sombras das florestas, rica em oxigênio e repleta de alimento vivo. Nesse tempo, para um vertebrado sobreviver era preciso crescer ou deixar a água. Foi o que fez uma linhagem de peixes ósseos, a dos sarcopterígios.

MOMENTO DE TRANSIÇÃO

No final do Devoniano, a linhagem dos vertebrados – até então exclusivamente representada pelos peixes – já tinha uma história evolutiva de 155 milhões de anos desde o *Yunnanozoon*, mas ainda estava confinada às águas. Com os peixes, os vertebrados já haviam desenvolvido o cérebro, olhos, ossos, olfato, mandíbulas, dentes com esmalte, pulmões, narinas, pescoço, cinturas e os quatro membros – as raízes de nossos braços e pernas –, ainda sem os dedos. Volte alguns milhões de gerações na sua genealogia e se encontrará com alguns de seus tataratataratataratataravós aquecendo o corpo ao sol em uma linda e exuberante margem fluvial do final do Devoniano.

Foi nesse momento, cerca de 385 milhões de anos atrás, que os peixes desenvolveram dígitos nas extremidades dos membros, o que lhes permitiu locomoverem-se sorrateiramente entre troncos e galhos no fundo dos rios e lagos. Sem planos evolutivos para deixar a água ou fazer qualquer outra coisa com os dedos, a seleção natural finalizava o protótipo dos primeiros vertebrados que a evolução logo empurraria para fora da água: o *Acanthostega gunnari*.

Nesse momento, os vertebrados não apenas nadavam, mas caminhavam no fundo dos rios e lagos e, com dedos na extremidade dos membros, recebem um novo nome, tetrápodos.

Em 1987, foi descoberto o esqueleto mais completo do *Acanthostega gunnari* em rochas da Groenlândia de 365 milhões de anos. Ainda sem costelas e com cinturas e membros delicados, embora vislumbrasse o ambiente terrestre com os olhos no topo da cabeça achatada, não se aventurava fora d'água. No entanto, esse era o protótipo dos primeiros tetrápodos que logo levariam os vertebrados para os continentes. Nas células do *Acanthostega* estavam os genes que hoje comandam a formação dos seus membros com dedos, as cinturas, além de tudo o que ele já havia herdado dos peixes.

TERRA À VISTA

Com esses quadrúpedes, os vertebrados logo deram início à conquista do ambiente terrestre. Após o *Acanthostega*, ainda na Groenlândia, rochas 15 milhões de anos mais novas, de 370 milhões de anos, nos apresentam o primeiro tetrápodo capaz de se aventurar em terra firme: o *Ichthyostega stensioei*. Já são 22 horas e 5 minutos, faltam pouco menos de duas horas para o final do dia geológico e só agora seus mais antigos ancestrais começam a deixar a água. Uma hora e 55 minutos é o tempo que resta para o aparecimento dos amniotas, incluindo todos os répteis e os mamíferos, as plantas com flores, bem como todos os continentes e oceanos que hoje conhecemos. No entanto, até esse tempo, nenhum ovo com casca havia sido posto fora da água, e o Pangea, de onde nascerão todos os continentes que conhecemos, ainda não existia. A geologia e a vida aceleraram o passo daqui para a frente, obviamente por causa da conquista dos continentes pelas plantas.

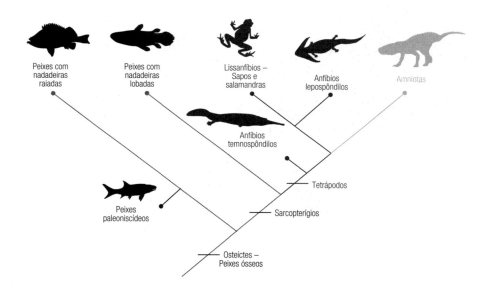

Não há o que discutir: somos todos peixes ósseos sarcopterígios amniotas – 365 milhões de anos atrás, nossos ancestrais aquáticos deixaram as águas levando os vertebrados para um novo capítulo da sua história, dessa vez em terra firme.

Mas a vida em terra firme é muito diferente daquela que se leva na água. Foi necessário um *kit* de sobrevivência, pois a mudança de ambiente foi tão radical quanto se hoje tivéssemos que viver submersos num rio. Pense como seria diferente para você viver em uma ambiente dez mil vezes mais denso que o ar, o que implicaria sérios problemas de locomoção, visão, audição e olfato, e respirar em uma ambiente com 34 vezes menos oxigênio. De fato, vários animais já fizeram o caminho de volta à água, pois com tempo à disposição a evolução é capaz de quase tudo. Nesse tempo, no entanto, os vertebrados deixaram a água, pois a terra firme lhes oferecia diversas oportunidades. Nichos vazios, alimentos animal e vegetal vivos e refúgio compensariam as exigências adaptativas.

Assim, a evolução privilegiou tetrápodos que decidiram viver fora da água, possivelmente porque o alimento era menos concorrido. Eles logo adquiriam uma pele impermeável, membros e coluna vertebral capazes de sustentar o corpo fora da água. Glândulas lacrimais evoluíram e lubrificaram os olhos, os ouvidos se aperfeiçoaram para captar ondas sonoras que viajavam pelo ar, além de muitos outros ajustes. Agradeça a esses primeiros tetrápodos pela sua língua muscular, herança de parte das adaptações para captura e manipulação do alimento fora da água.

Chamados anfíbios por estarem adaptados para viver tanto em terra quanto na água, ainda dependiam dos rios e lagos para se reproduzir, pois a fecundação dos óvulos, bem como o desenvolvimento das larvas, só era viável dentro da água. Eles ainda se reproduziam como peixes. As fêmeas depositavam os óvulos e em seguida o macho espalhava os espermatozoides sobre eles. Afastar-se da água em busca de espaço, abrigo e alimento ainda comprometia a reprodução.

SEMPRE ELES: O GÁS CARBÔNICO E O OXIGÊNIO

Já no Carbonífero, a diversidade vegetal e a atividade geológica resultaram num longo e considerável soterramento de florestas pantanosas, hoje preservadas como espessas camadas de carvão mineral, especialmente nos continentes do hemisfério norte e na Austrália. O sequestro do gás carbônico, incorporado ao tecido das plantas e mais tarde armazenado nas rochas, disparou um efeito estufa inverso –, o mesmo desejado atualmente pela preservação e recuperação das florestas a fim de evitar o aquecimento global. Com menos gás carbônico livre na atmosfera, o clima esfriou. Parte do Gondwana, formado pela América do Sul, África, Austrália, Índia e Antártica, congelou durante pelo menos 40 milhões de anos. Rochas de origem glacial desse tempo estão espalhadas por várias regiões do sudeste e sul do Brasil. Em virtude do frio que imperava por aqui naquele tempo, grandes florestas praticamente não existiram e hoje temos apenas minúsculas jazidas de carvão mineral em Santa Catarina e no Rio Grande do Sul.

No hemisfério norte, essas camadas de carvão já eram exploradas pelo homem há 10 mil anos, pelos chineses inicialmente. Mais tarde, no ano 200 d.C., pelos romanos. O gelo dessa idade da Groenlândia guarda camadas com a fuligem das atividades romanas. Atualmente, seu uso é extenso nos países frios do hemisfério norte em usinas termoelétricas, para gerar energia para aquecer a água e com isso girar turbinas que produzem energia elétrica para aquecer casas, *shopping centers* e fornos industriais. É a energia do sol capturada pelas plantas, armazenada em longas cadeias de carbono de seus tecidos durante os períodos Devoniano e Carbonífero. É às custas dessa energia que as atividades humanas repõem o gás carbônico paleozoico

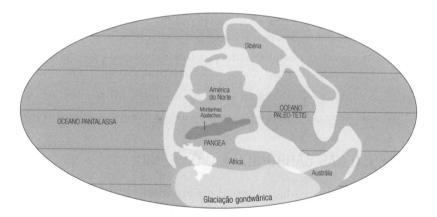

Durante o Carbonífero, 300 milhões de anos atrás, um mar epicontinental avançou pela costa oeste da parte sul do recém-nascido Pangea, cobrindo a hoje região Norte do Brasil. Foi estudando os fósseis de moluscos que viveram nesses mares que me tornei mestre e doutor em paleontologia. Enquanto isso, uma extensa glaciação congelava a região sul polar onde estava boa parte da América do Sul, incluindo terras brasileiras. A mancha mais escura representa a cordilheira que se elevou por causa da colisão entre o Gondwana e a América do Norte, hoje as montanhas Apalaches, localizadas no leste da América do Norte, e a cordilheira do Atlas, no noroeste da África.

na atmosfera, aumentando o efeito estufa como o conhecemos, colaborando decisivamente para a elevação da temperatura na superfície terrestre e para as mudanças climáticas. Os ecossistemas e os reservatórios de calor, como os oceanos e a atmosfera, compensarão o desequilíbrio climático derretendo geleiras, aquecendo as águas, variando a direção e intensidade dos ventos e chuvas, redistribuindo o calor global, enfraquecendo as correntes marinhas, diminuindo a solubilidade do oxigênio, o que provocará a anoxia nas regiões mais profundas dos oceanos. O gás carbônico, por sua vez, em excesso na atmosfera, vai se solubilizar nos oceanos, acidificar as águas e dissolver conchas e corais. É uma tragédia em gestação, o problema humano mais sério a ser resolvido na atualidade. No futuro, esse carvão ainda traria uma catástrofe ainda maior para a vida. Mais 100 milhões de anos e chegaremos lá.

Mas enquanto a geologia engolia as florestas e o gás carbônico, o oxigênio produzido durante a fotossíntese se acumulava na atmosfera. Com toda aquela matéria vegetal armazenada nos sedimentos, o oxigênio deixou de ser consumido na oxidação da matéria orgânica e se acumulou na atmosfera, chegando a 35% (hoje, temos 21%). Embora ainda exista alguma incerteza sobre a razão pela qual os animais cresceram – se foi em virtude da difusão do oxigênio até os tecidos facilitada pela maior pressão ou então para evitar a toxicidade do oxigênio –, o fato é que muitos invertebrados em terra chegaram a atingir até 1 ou 2 metros de comprimento. Centopeias, baratas e libélulas e vários anfíbios cresceram assustadoramente. O oxigênio também estimulou a evolução do voo nos insetos porque o ar tornou-se mais denso. De modo indireto, o soterramento da matéria orgânica deu asas aos artrópodes. Foi assim que os continentes tornaram-se um ótimo nicho para ser explorado pelos vertebrados, pois, além das plantas, havia muito alimento vivo de origem animal. Mas faltava algo para os vertebrados, que a vida mais uma vez resolveu de forma criativa e eficiente e novamente graças ao oxigênio.

O OVO AMNIÓTICO: A CONQUISTA DEFINITIVA DOS CONTINENTES

Por volta de 350 milhões de anos atrás, em meados do Carbonífero, surgiu nos tetrápodos uma estrutura aperfeiçoada a partir do ovo simplificado dos anfíbios, com importantes novidades. O ovo ganhou acessórios ainda hoje usados pelos vertebrados e recebeu um novo nome: ovo amniótico, designação que deriva de uma das novas membranas evoluídas nesse tempo, o âmnio. As novidades dizem respeito à membrana amniótica, que mantém o embrião ainda imerso num mundo aquático, o alantoide, que permite a troca de gases na respiração do embrião e armazena fluidos do metabolismo, o córion, membrana que oferece proteção extra ao embrião e, claro, uma casca protetora porosa, inicialmente coriácea e flexível. Somente o saco vitelino e a albumina estavam presentes nos ovos dos peixes e anfíbios.

A larva podia agora se desenvolver em um microambiente que mimetizava os antigos rios e lagos. Esse ovo rompeu com a dependência do ambiente aquático para a reprodução. A terra firme foi ocupada de forma definitiva pelos vertebrados. Esses animais, chamados amniotas, deram origem a todos os tetrápodos terrestres que conhecemos e que hoje chamamos de répteis e mamíferos. No final do Carbonífero, a concentração mais alta de oxigênio na atmosfera também teve seu papel no sucesso dessa nova estrutura. Respirar através de uma casca exigia um pouco mais de pressão do oxigênio e, com isso, a evolução empurrou de vez os vertebrados para fora da água. Era a vida e a geologia mais uma vez impulsionando a evolução.

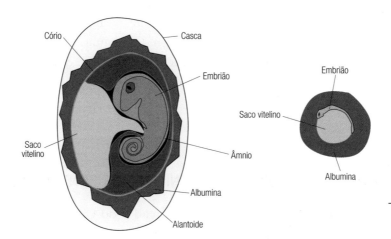

Olha a hora: 22 horas e 9 minutos! E só agora os tetrápodes passaram a ocupar os continentes como amniotas. Cento e vinte milhões de anos ainda os separam dos primeiros dinossauros. Falta apenas 1 hora e 51 minutos para o final do dia geológico.

PANGEA, O SUPERCONTINENTE

Desde o início do Cambriano, as terras emersas eram formadas por uma grande massa continental do hemisfério sul, o Gondwana, e fragmentos de placas parcialmente inundadas por mares da região tropical do hemisfério norte. Duzentos milhões de anos mais tarde, em meados do Carbonífero, o vagaroso e inevitável movimento tectônico havia unido os quase 150 milhões de quilômetros quadrados de áreas continentais em uma única e gigantesca massa continental, o Pangea. Com a forma aproximada de uma enorme letra C, suas praias externas eram banhadas pelo colossal oceano Pantalassa e o seu interior, pelas águas do oceano Paleotétis. Naquele tempo, era possível viajar por todas as partes do mundo continental, o que foi feito por animais de várias linhagens nos 170 milhões de anos de sua existência, incluindo os primeiros dinossauros.

O ovo amniótico transformou a vida dos vertebrados durante pelo menos 300 milhões de anos antes de o primeiro galináceo nascer. Esse avanço ocorreu cerca de 80 milhões de anos após a evolução das sementes nas plantas, quando estas deram seu passo definitivo para a conquista dos continentes. Não é possível entender a história da vida se as conexões de acontecimentos entre os diferentes reinos da biologia e a geologia não estiverem sempre à mesa. Sem as sementes das plantas, o ambiente que permitiu a evolução do ovo amniótico jamais teria se desenvolvido sobre os continentes.

No entanto, essa reunião colossal dos continentes teve consequências não tão favoráveis à diversidade. Em terra firme, o clima tornou-se mais seco e no seu interior, aonde a umidade proveniente dos oceanos não chegava, vastos desertos se formaram. Nas atuais terras brasileiras, os mares continentais perduraram somente até o final do Permiano, cerca de 251 milhões de anos atrás, e praticamente não mais voltaram, exceto nas vizinhanças das regiões litorâneas quando nossas praias começaram a nascer, em meados do período Cretáceo.

Mas a vida mandou ver! Por volta de 300 milhões de anos, os amniotas deram origem a dois grandes e famosos ramos dos tetrápodos: os sinápsidos, linhagem de animais dominantes durante todo o Permiano e da qual evoluíram os mamíferos, e os saurópsidos, popularmente chamados de répteis, que reinam absolutos em diversidades há 250 milhões de anos. Desde o início da era Mesozoica até os dias atuais, os répteis podem ser considerados os vertebrados terrestres de maior sucesso, incluindo também uma imensa variedade de animais aquáticos e voadores já extintos. De fato, não foi sempre assim. No Permiano, sob o domínio ecológico de sinápsidos terapsídeos e anfíbios temnospôndilos, os saurópsidos sobreviveram somente como pequenos animais semelhantes aos lagartos.

Durante o Permiano, a vida tornou-se difícil no interior do Pangea devido à formação de várias regiões desérticas. A escassez hídrica no interior do supercontinente causou o desaparecimento das florestas pantanosas que cobriam as regiões tropicais do mundo carbonífero. Enquanto as equisetales e as licopsidas recuavam em diversidade, coníferas, cicadáceas, ginkgos e as já extintas samambaias com sementes, glossopterídeas e cordaitales, prosperavam no mundo permiano. Com alimento vegetal disponível, foi nesse tempo que, na história dos animais, evoluiu o grupo de maior sucesso no quesito diversidade, os coleópteros, que durante a era Mesozoica engataram uma parceria com as plantas com flores.

QUASE RÉPTEIS

Ainda no Permiano, seguindo o final da glaciação gondwânica, um imenso lago-mar pantanoso se formou no Pangea, cobrindo o que hoje são terras do centro-oeste, sudeste e sul do Brasil e partes do Paraguai e Uruguai. Suas águas hipersalinas, anóxicas e fétidas, abrigaram baixa diversidade animal e vegetal nos poucos milhões de anos em que existiu. As rochas que nasceram do seu fundo lamacento rico em matéria orgânica são chamadas pelos geólogos de Formação Irati. Raros peixes e camarões, alguns troncos que flutuaram das margens e restos microscópicos de algas e bactérias quebraram a monotonia dos paleontólogos que, ao longo de anos de visitas às pedreiras para aulas de campo, já encontraram centenas, se não milhares, de ossos e, mais raramente, esqueletos completos de pararrépteis mesossaurídeos pra lá de esquisitos: *Mesosaurus tenuidens* e *Stereosternum tumidum*.

Esses mesossaurídeos não apenas são os mais antigos tetrápodos amniotas conhecidos em rochas do antigo Gondwana como são os mais antigos répteis que buscaram um retorno para a vida aquática 100 milhões de anos após o *Ichtyostega* dar seus primeiros passos fora da água, no final do Devoniano.

Suas afinidades com a água são comprovadas pelo fato de milhares deles serem encontrados fossilizados nas rochas formadas no fundo do lago-mar, pelas pegadas deixadas na lama enquanto nadavam e pela pele fossilizada entre os dedos, que evidencia membranas interdigitais para locomoção na água. A forma alongada de até 1 metro de comprimento, o espessamento dos ossos da costela que aumentavam sua densidade, comprovam que gostavam de um mergulho. Sua predileção pela água está também nos coprólitos e estômagos fossilizados repletos de restos de camarões que lhes serviram de alimento.

Mas as coisas começaram a mudar quando exemplares de até 2 metros de comprimento foram encontrados nas mesmas rochas no Uruguai, chamadas pelos geólogos uruguaios de "Formación Mangrullo". Muito raros e sempre mal preservados e desarticulados, esses grandes mesossaurídeos parecem ter ficado expostos às intempéries por um longo tempo após a morte antes de serem levados para os lagos. Provavelmente, eles passavam a maior parte do tempo, quando adultos, em terra firme, onde também morriam. Seu tamanho e suas condições de preservação parecem dizer que apenas os jovens, menores e mais numerosos, é que gostavam da vida na água, por isso são encontrados aos milhares.

Outra descoberta surpreendente é o fato de alguns mesossaurídeos serem encontrados com restos de ovos e embriões fossilizados na cavidade abdominal.

Se for uma característica antiga preservada na linhagem, pode indicar que o ovo amniótico se originou de animais aquáticos ou semiaquáticos como estratégia para evitar a ação de peixes ou anfíbios predadores.

Mas os mesossaurídeos ficaram famosos porque são encontrados em rochas de mesma idade do outro lado do Atlântico, na África do Sul e na Namíbia, lá chamadas pelos geólogos sul-africanos de "Whitehill Formation". O pantanoso lago-mar fétido e hipersalino estendia suas águas para cima da África porque aquele era o mundo "pangeico". As rochas e os esqueletos de um e outro lado do Atlântico entraram para a lista de argumentos usados por Alfred Wegener na elaboração da teoria sobre a deriva dos continentes. Pouco antes, em 1912, o mesmo Wegener havia batizado o famoso supercontinente, o Pangea. Wegener faleceu em 1930, aos cinquenta anos, quando retornava de trenó puxado por cães de uma expedição que levou mantimentos para pesquisadores acampados sobre a calota de gelo na Groenlândia. Seu companheiro de viagem, Rasmus Villumsen, um jovem de 23 anos, marcou com esquis sua sepultura no gelo, onde se encontra ainda hoje, após quase cem anos da sua morte, sob pelo menos 100 metros de gelo e neve.

THE END

O final do Permiano foi marcado por uma extinção em massa que por pouco não pôs fim à vida animal nos continentes e oceanos. Diferentemente destes, as plantas não sofreram tanta perda. Elas tiveram melhor sorte porque seus esporos, sementes e estruturas subterrâneas, como raízes e talos, sobrevivem por décadas no solo de ecossistemas destruídos. Ainda assim, esse apocalipse foi a maior e mais profunda crise que a vida experimentou em toda a sua história, tão forte que os sinais deixados por ela nas rochas sinalizam, para a geologia, o fim da era Paleozoica.

São várias as causas que levaram ao colapso quase total dos ecossistemas permianos. No entanto, os gatilhos que as dispararam podem ter sido apenas dois:

um, no hemisfério sul do Pangea, em terras hoje brasileiras, e outro, no extremo norte, na atual Sibéria.

O IMPACTO DE ARAGUAINHA

Existem evidências incontestáveis do impacto de um asteroide em terras brasileiras em fins do período Permiano, cerca de 253 milhões de anos atrás. Uma delas é a cratera de Araguainha, localizada no Estado do Mato Grosso, de 40 quilômetros de diâmetro. Rochas a quase mil quilômetros de distância, no Estado de São Paulo, registraram a força dos terremotos desencadeados pelo impacto que chacoalhou os sedimentos lamacentos acumulados no fundo de um mar que cobria boa parte da região sudoeste do Pangea, exatamente sobre o lago-mar Irati. A 800 quilômetros da cratera, geólogos brasileiros encontraram rochas formadas por sedimentos trazidos pelo tsunâmi causado pelo impacto. A cratera praticamente desapareceu pela erosão e só um mapa geológico pode ajudar a percebê-la, bem como o domo central elevado pelo impacto, hoje a serra da Arnica, no Mato Grosso.

Com 3,5 quilômetros de diâmetro e aterrisagem a uma velocidade de 70 mil quilômetros por hora, provocou destruição instantânea. Ondas de pressão e temperaturas de até 2.000 °C, furacões, terremotos e material incandescente ejetado em todas as direções aniquilaram milhões de animais e plantas situados pelo menos a mil quilômetros de distância.

Mas o drama maior veio mesmo da pré-história guardada sob a região do impacto. Cerca de 20 milhões de anos antes, o imenso e fedorento pantanal Irati cobria toda a metade sul do Brasil. Naquele brejo, o fundo lamacento desprovido de oxigênio acumulava toda a matéria orgânica da vida microscópica que proliferava nas águas superficiais iluminadas. No tempo do impacto, ainda a alguns metros da superfície, aqueles sedimentos quase transformados em rochas, como um colossal biodigestor, transformaram toda aquela matéria orgânica em óleo e gases, como o metano.

Medindo a quantidade de matéria orgânica guardada nas rochas em diferentes pontos e distâncias do local do impacto, cientistas calcularam que, em poucas semanas, cerca de 1,6 bilhão de toneladas de metano deixaram aquelas rochas pelas fraturas e terremotos provocados pelo impacto. Gás do efeito estufa trinta vezes mais poderoso que o gás carbônico, essa quantidade de metano representa quase 3 mil vezes o que as atividades humanas vêm lançando para a atmosfera anualmente (cerca de 570 milhões de toneladas).

O VULCANISMO SIBERIANO

Cerca de 2 milhões de anos após o impacto de Araguainha, um vulcanismo continental se iniciou no norte do Pangea. Durante um milhão de anos, milhares de condutos verticais trouxeram para a superfície rocha fundida com temperaturas que variavam de 750 °C a 1.200 °C. Os derrames cobriram uma região de aproximadamente 7 milhões de quilômetros quadrados, com camadas que hoje chegam a 3,5 mil metros de espessura.

Vulcanismos como esse são mais danosos devido à erosão térmica causada pelos rios de magma que atravessam os diferentes tipos de rochas que compõem os continentes. Com as rochas fundidas chega à superfície maior e mais variado coquetel de gases que vão interferir na química atmosférica, no clima e, consequentemente, nos biomas continentais e marinhos.

Porém, também dessa vez, a tragédia veio da pré-história guardada nas rochas sob a região dos derrames. Com o estabelecimento das primeiras florestas sobre os continentes no Devoniano e as florestas pantanosas engolidas pelas rochas durante o Carbonífero, espessas camadas de carvão estavam armazenadas em subsuperfície. Antes de chegar à superfície, o magma atravessava o carvão, trazendo consigo um coquetel de gases derivados da matéria orgânica que contaminaram a atmosfera e provocaram incêndios por toda a região. Cerca de 1 trilhão de toneladas de gás carbônico, dióxido de enxofre, metano e outros gases chegaram à superfície, deteriorando todos os ecossistemas.

Os dois gatilhos, disparados pelo asteroide e pelo vulcanismo, desencadearam uma cascata de tragédias atmosféricas, continentais e marinhas que levou à morte 80% da fauna terrestre e 96% das espécies marinhas.

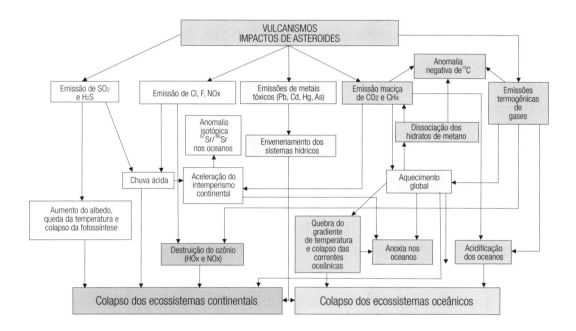

Grandes episódios vulcânicos e diversas quedas de asteroides dispararam fenômenos geológicos que de modo drástico romperam com o equilíbrio dos ecossistemas. Interferências bruscas no ciclo do carbono e do enxofre sempre acabarão em tragédia para a vida porque rompem o equilíbrio climático e químico dos oceanos e dos continentes.

As consequências de fenômenos combinados como esses abrangem a queda brusca da temperatura, seguida de forte efeito estufa e superaquecimento, chuva ácida, destruição da camada de ozônio, degradação do solo e da água dos rios e lagos, anoxia nos oceanos e consequente ruptura das cadeias alimentares globais. É assim que se termina com uma longa era.

Os continentes e os oceanos tornaram-se desolados, e apenas uma pequena parte das linhagens sobreviveu. Todos os ecossistemas terrestres e marinhos perderam a maioria das espécies animais. Com a superfície terrestre desocupada, a diversidade da vida sobrevivente acelerou com novos modelos morfológicos e estilos de vida nos 20 milhões de anos seguintes.

Assim, uma nova temporada de criatividade biológica se iniciou, bem como uma nova era, a Mesozoica, a famosa "Era dos Dinossauros". São 22 horas e 41 minutos em nosso relógio geológico, 252 milhões de anos atrás. Estamos bem próximos do final do dia (falta apenas 1 hora e 19 minutos) e somente agora chegamos à era dos poderosos dinossauros, e ainda restam seis minutos no relógio para a aparição deles.

A ERA MESOZOICA: DE 252 MILHÕES A 65,5 MILHÕES DE ANOS

A abertura da era Mesozoica tem início com o período Triássico. A extinção anterior dizimou a vida terrestre nos ecossistemas de um polo ao outro, do pico das montanhas às regiões costeiras e desérticas, e mais terrivelmente nos oceanos. Com a temperatura média na superfície acima dos 25 °C, o oceano Pantalassa tornou-se uma imensa poça estagnada e anóxica, e foi assim que perdeu cerca de 95% das espécies que lhe davam vida. O Pangea ainda era o mundo emerso e o clima global, mais árido que nunca. Vinte milhões de anos se passaram para que a vida recuperasse a diversidade dos tempos anteriores à extinção, agora com novas anatomias e estilos de vida. O mundo e a vida paleozoica já eram!

O Pangea também se foi. Em meados do Jurássico, ele se partiu em dois, depois em quatro, finalizando a era Mesozoica com sete massas continentais. A Índia se descolou da Antártica, deixou Madagascar pelo caminho e seguiu em direção à Ásia. O Pangea se desfez com a força geológica de grandes vulcanismos que quase sempre desencadearam superepisódios de extinção. A geologia não deu sossego para a vida nos 185 milhões de anos dessa era, mas as respostas foram as de sempre: pulsos de diversidade. Nessa era, nasceu quase tudo o que vemos da vida extinta exposta em grandes museus e praticamente tudo o que temos ainda vivo à nossa volta: dinossauros (aves), pterossauros, jacarés, ictiossauros, plesiossauros, mosassauros, mamíferos, lagartos, serpentes e pererecas, bem como os seres vivos que fundamentam a vida de todos as linhagens de animais, as plantas com flores. Nenhum intervalo nesses 4,54 bilhões de anos se equipara em número de fenômenos geológicos e biológicos a essa fração mesozoica de 185 milhões de anos, 4% de toda a história da Terra.

O PERÍODO TRIÁSSICO: O OXIGÊNIO EM QUEDA: DAS MONTANHAS AOS OCEANOS

Além do superaquecimento em decorrência dos gases lançados na atmosfera, parte da grande tragédia ocorreu também com uma queda brusca da quantidade de oxigênio atmosférico, se não pela redução da fotossíntese no superdesmatamento causado pela extinção, pela oxidação do trilhão e meio de toneladas de metano expelidos do pantanal Irati. Mas o gás carbônico também teve seu papel, possivelmente o mais importante. Com a imensa quantidade de gás carbônico despejada pelo vulcanismo na atmosfera, a produção de chuva ácida se exacerbou, o que resultou na intensa destruição química das rochas expostas nos continentes. Os minerais liberados pelas rochas seguiram como rios de fertilizantes aos oceanos, provocando uma explosão na produtividade das algas. A degradação de toda a matéria orgânica algálica por bactérias aeróbicas sugou o oxigênio das águas e consequentemente da atmosfera, asfixiando a vida animal.

Comparado aos 21% atuais, o limite no pico da extinção chegou a 16%, caindo para 12% nos milhões de anos seguintes. Para animais evoluídos com as altas taxas de oxigênio que vigoraram durante os períodos Carbonífero e Permiano, uma redução de quase 50% exigiu muito da evolução para com o que restou vivo. Com 12% de oxigênio na atmosfera, os animais a respiravam ao nível do mar como se estivessem a 5 mil metros de altitude. Para você ter uma leve ideia do que isso significa, suba 300 metros pelas ladeiras de Potosí, na Bolívia, a cidade mais alta do mundo, a 4.090 metros de altitude.

Parte das novidades evolutivas do início da era Mesozoica ocorreram como um rebote dessa queda do oxigênio. Uma delas foi a aglomeração nas regiões litorâneas, onde o ar mais denso era mais rico em oxigênio. Quem não foi extinto nas regiões montanhosas, onde o ar rarefeito não oferecia tanto conforto, teve que se mudar para o litoral. Pense em uma praia lotada. Era o início do Triássico.

E mais: para fugir da aglomeração, o jeito foi viver na água. É fato que 30 milhões de anos antes uma linhagem de amniotas já havia se aventurado com um retorno precoce à vida aquática, os famosos répteis mesossaurídeos, cujos esqueletos são encontrados aos milhões nas regiões Sudeste e Sul do Brasil. Mas a grande invasão dos oceanos começou mesmo no início da era Mesozoica.

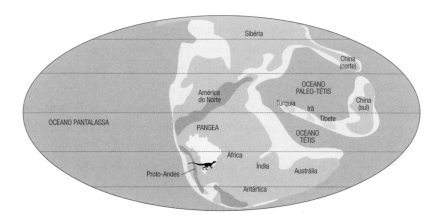

No Triássico, 230 milhões de anos atrás, poucos mares cobriam os continentes e várias regiões áridas se formaram. Os mais antigos dinossauros viveram nesse tempo, na região que hoje corresponde ao sul do território brasileiro.

Ictiossauros, plesiossauros, talatossauros e prováveis primos das tartarugas estão entre as celebridades que já no Triássico foram levadas à água pela evolução. Com temperaturas mais estáveis, amplidão, abundância de alimento e facilidade para longos deslocamentos, rios, mares e oceanos ofereceram boa chance de ocupação. Esses animais não deixaram os mares até o final da era Mesozoica, e não pense que eram dinossauros, pois estes nunca submergiram completamente nas águas.

Foi também no Triássico que os primeiros vertebrados voaram. O voo sempre assegurou sucesso aos animais, pois facilita a fuga e a busca por alimento. Desde o período Carbonífero, já era uma sensação entre os artrópodes. Nos répteis, o voo evoluiu duas vezes em linhagens independentes: primeiro, com os pterossauros no Triássico, e mais tarde com os dinossauros. Em terra firme, nasciam os primeiros mamíferos cerca de 205 milhões de anos atrás. Eles só voariam 150 milhões de anos mais tarde, assim que a extinção dos dinossauros permitisse que deixassem as tocas e ocupassem o alto das árvores.

A ÁRVORE EM MARCHA

Entre os sinápsidos que comandaram a vida dos tetrápodos em terra firme durante o Permiano restaram os terapsídeos como os grandalhões dicinodontes e os pequeninos eucinodontes, dos quais, ainda no Triássico, nasceriam os primeiros mamíferos. Você carrega uma parte significativa dos genes que nasceram no DNA desses animais, incluindo informações para a pelagem e o controle fisiológico da temperatura. Esqueletos desses ancestrais ocorrem aos milhares em rochas triássicas do Rio Grande do Sul e hoje se espalham por diversos museus de terras gaúchas.

No outro grande ramo dos amniotas, o dos saurópsidos, nasceram os diápsidos, répteis com duas aberturas no crânio, uma em cada lado, atrás dos olhos (a mesma que faz de nós sinápsidos), e outras no topo da cabeça. Desses animais evoluiu a turma que foi viver na água da qual falamos há pouco e a atual, que chamamos de "répteis", como os lagartos e as serpentes e, claro, os poderosos arcossauros, dos quais, hoje, restam apenas os crocodilos e as aves. É entre esses dois sobreviventes que estão as linhagens que, de fato, arrepiaram os ecossistemas mesozoicos: os crurotársios, os pterossauros e os dinossauros.

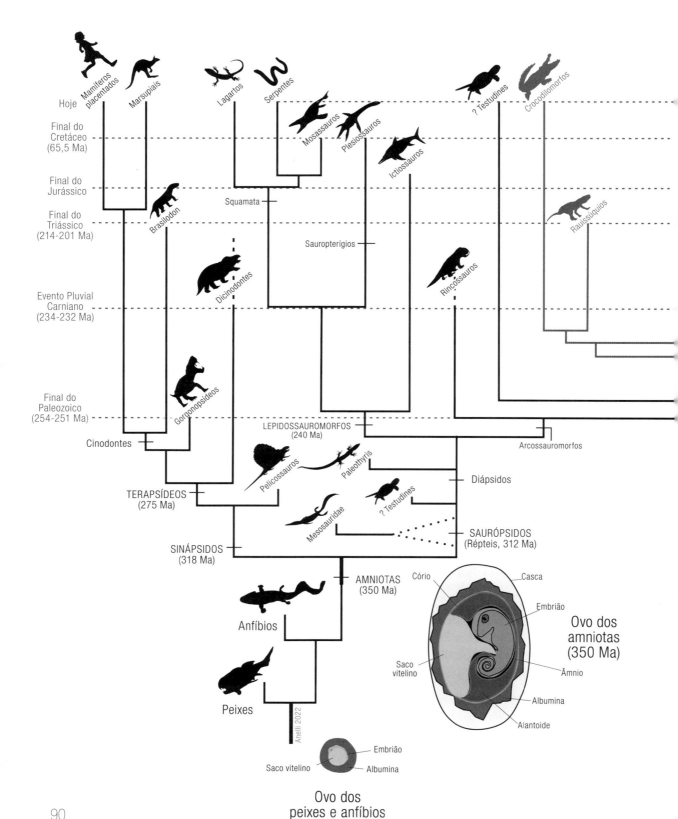

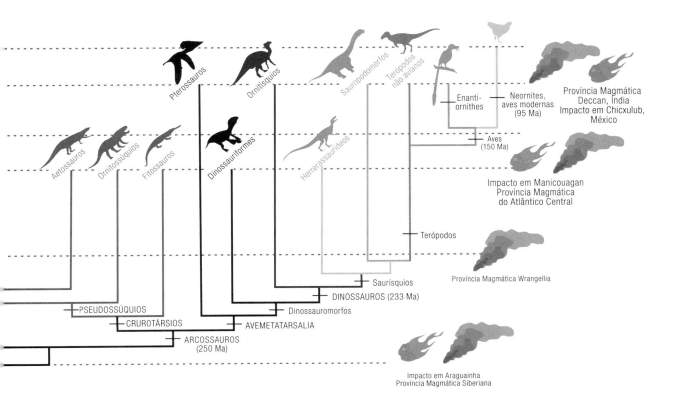

O cladograma mostra boa parte das grandes linhagens de tetrápodos terrestres desde o aparecimento dos amniotas no período Carbonífero, seguindo pelas eras Mesozoica e Cenozoica. Foi o ovo com casca, tão comum ainda hoje, que possibilitou essa mudança impressionante dos tetrápodos da água para a terra firme. É notável como extinções em massa induzidas pela queda de asteroides e grandes vulcanismos foram determinantes para o desaparecimento e imediata irradiação de diferentes grupos, em especial os dinossauros. Repare a posição incerta das tartarugas (testudines) e dos mesossaurídeos, um importante tetrápodo conhecido de rochas brasileiras.

LUIZ E. ANELLI

O DILÚVIO

Entre 234 milhões e 232 milhões de anos atrás, um novo vulcanismo continental, chamado wrangelliano, espalhou seu magma na região noroeste do Pangea, atual Alasca e Canadá, e com ele milhões de toneladas de gás carbônico que desencadearam um novo período de aquecimento global. Conhecido como Evento Pluvial Carniano (o Carniano é um dos sete estágios que compõem o Triássico), induziu em todo o mundo um clima de supermonções. Chuvas torrenciais perduraram ao longo de 2 milhões de anos. Essa variação drástica do clima não só provocou o fracasso de algumas linhagens como estimulou a diversidade de outras. O aquecimento do clima no interior dos supercontinentes eleva plumas de ar quente que aspiram dos oceanos o ar carregado de umidade. Assim chegaram as chuvas até regiões anteriormente muito áridas do interior do Pangea. O clima mais úmido permitiu o estabelecimento de florestas, que ofereceram ambiente para a vida de uma diversificada fauna de terapsídeos ancestrais dos mamíferos e de dinossauromorfos ancestrais dos dinossauros no sudoeste do Pangea, e, para nossa sorte, terras que hoje correspondem ao sul do Brasil e ao norte da Argentina.

Estão em rochas brasileiras desse intervalo pluvial os esqueletos dos dinossauros mais antigos do mundo. O que foi para muitos uma crise, para os dinossauros constituiu um impulso para a elaboração de novos modelos a partir de pequeninos ancestrais dinossauriformes. Foi nesse tempo, em terras brasileiras, que os dinossauros tiveram sua primeira explosão evolutiva. Rochas do Triássico gaúcho guardam as evidências do nascimento da mais incrível linhagem de tetrápodos que já habitou os continentes.

A idade das rochas que guardam os esqueletos dos dinossauros mais antigos é de cerca de 233 milhões de anos, precisamente às 22 horas e 46 minutos. Falta apenas 1 hora e 14 minutos para o final do nosso dia geológico e a evolução deles está apenas começando. Inacreditável!

O Triássico terminou com a mesma receita da grande extinção que o inaugurou: o impacto de um asteroide há 214 milhões de anos, e o outro supervulcanismo da Província Magmática do Atlântico Central, iniciado 201 milhões de anos atrás. Os mesmos efeitos ocasionados pela grande liberação de gases para a atmosfera puseram fim à fauna de grandes arcossauros crurotársios, dinossauriformes e dinossauros herrerassaurídeos. Sobreviveram linhagens de dinossauros, pterossauros, crocodiliformes, répteis lepidossauromorfos e mamíferos que tocaram a vida pela era Mesozoica.

O PERÍODO JURÁSSICO: A MULTIPLICAÇÃO DOS DINOSSAUROS

Embora o clima dos continentes durante o início do Jurássico tenha sido quente e seco, o Pangea começou a fragmentar-se, e o nascimento do pequeno oceano Atlântico central aliviou a severidade dos ambientes continentais costeiros do Gondwana e da Laurásia. Florestas de coníferas espalharam-se pelas regiões litorâneas oferecendo mais conforto e possibilidades para a vida. Os ecossistemas terrestres foram dominados pelos répteis durante quase toda a era Mesozoica, especialmente pelos dinossauros. Sua primeira irradiação ocorreu lentamente, durante a segunda metade do Triássico, mas foi durante o Jurássico que o

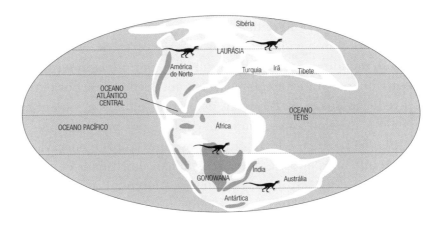

O Pangea deixou de existir no Jurássico com o nascimento da parte central do oceano Atlântico. O oceano Pantalassa também foi extinto, dando lugar ao Pacífico. Nesse tempo, cerca de 170 milhões de anos atrás, os dinossauros já estavam espalhados por todos os continentes. O Pangea permitiu a chegada dos dinossauros à Antártica e à Austrália, hoje isoladas por extensos oceanos.

número de linhagens se multiplicou, quando os dinossauros pela primeira vez alcançaram tamanhos descomunais, enquanto outras foram miniaturizadas e ganharam os ares.

TEM DINOSSAURO NO CÉU

Foi com uma linhagem miniaturizada que a evolução mais uma vez inovou com os dinossauros. As penas, que evoluíam desde o Triássico a partir de filamentos rudimentares, fazia muito tempo já eram usadas como cobertura para evitar a perda de calor, o contato da pele com a água e para comunicação por meio de suas formas e cores. No final do Jurássico, as penas se modernizaram com raque, vexilo e bárbulas, semelhantes às usadas para o voo nas aves modernas. Pequenos dinossauros como o *Xiaotingia* (160 milhões de anos) e o *Archaeopteryx* (150 milhões de anos) se não eram voadores, podiam planar ou sustentar voos curtos. Era o nascimento das primeiras aves, o segundo grupo de répteis capaz de voar.

MAMÍFEROS TAMBÉM "DECOLAM"

Miniaturizados já no corpo dos ancestrais triássicos e empurrados para uma vida noturna escondida em troncos e rochas, mamíferos jurássicos pararam de pôr ovos. Até aqui, 180 milhões de anos atrás, nossos ancestrais sinápsidos levavam muito bem a vida pondo ovos fazia cerca de 30 milhões de anos. Agora, num mundo repleto de dinossauros, se por um lado ser minúsculo deixava os mamíferos praticamente invisíveis aos predadores, por outro provocou notável redução dos ovos. Pequenos demais, os filhotes eclodiam minúsculos, vulneráveis, e exigiam longo tempo de cuidado por parte dos pais. O jeito foi reter o filho na barriga, e logo, quando os dinossauros começaram a decolar, 160 milhões de anos atrás, nasceram os únicos dois ramos de mamíferos que sobreviveram à era Mesozoica, os eutérios, placentados como você e o tatu, e os metatérios, marsupiais como os cangurus. Não pense que sua vida nada tem a ver com os dinossauros. Eles moldaram a evolução de seus ancestrais ao longo de milhões de anos, e por isso hoje você, e todos os outros mamíferos, gozam de uma vida sofisticada e diversa em todos os ecossistemas terrestres.

O PERÍODO CRETÁCEO: O MUNDO SUPERTROPICAL

O Cretáceo é um enorme período que se estende por 80 milhões de anos, mais longo até que toda a era Cenozoica. Foi na transição do Jurássico para o Cretáceo, e deste momento em diante, que a evolução brilhou de modo intenso, trazendo à vida as angiospermas, as plantas com flores. Com suas folhas largas, flores, perfumes, néctar, pólen e frutos, esses organismos conquistaram e domesticaram um exército de animais que, em troca de alimento, as serviam na reprodução e na dispersão de sementes. As flores são um dos órgãos mais eficientes e sofisticados criados pela vida. Foi durante o Cretáceo, cerca de 100 milhões de anos atrás, que as folhas ampliaram sua área de exposição à luz, bem como suas nervuras triplicaram a rede de canais para o transporte da seiva e o suporte dos tecidos. Ao mesmo tempo, os supercontinentes Gondwana e Laurásia se fragmentavam, permitindo que a umidade enfim chegasse aos desertos, com motores vulcânicos que encheram a atmosfera com o principal alimento das plantas, o gás carbônico. Com folhas amplas irrigadas por um emaranhado de nervuras, tornaram-se mais eficientes que suas vizinhas gimnospermas e samambaias na produção de energia, e transformaram o mundo. Sim, a geologia também ajudou a vida a criar as flores. As angiospermas protagonizaram a maior e mais poderosa mudança na biologia em toda a história da vida, e não por menos compõem, no mundo atual, 95% das espécies de plantas, e suas raízes, folhas, flores, néctar, pólen, frutos e sementes alimentam praticamente todo o mundo animal. A biologia atual não funcionaria sem as angiospermas.

Partido inicialmente em dois grandes blocos, a Laurásia ao norte e o Gondwana ao sul, desde o Jurássico o Pangea foi continuamente despedaçado em diversas placas continentais. No final desse período, exceto pela Índia, ainda no hemisfério sul, e pela união da Austrália com a Antártica, já era possível reconhecer boa parte da geografia atual. Com a nova configuração continental e o nascimento de novos oceanos, entre os quais o jovem Atlântico sul, com os dinossauros próximos ao seu fim e as angiospermas em cena, o mundo adentrou uma nova era.

A era Mesozoica terminou com o impacto de um grande asteroide, um dos acontecimentos pré-históricos mais populares da atualidade. Sobre suas terríveis e desastrosas consequências para a vida, falaremos adiante, no final deste livro, em um capítulo separado. O relógio geológico marca 23 horas e 39 minutos. Acredite se quiser: os grandes dinossauros foram extintos faltando apenas 21 minutos para o final do nosso dia geológico.

Vamos à era Cenozoica.

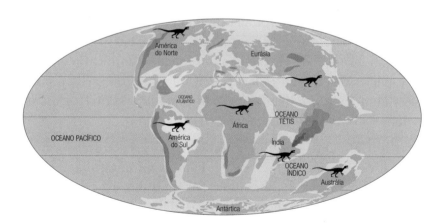

No final do Cretáceo, 65,5 milhões de anos atrás, o Gondwana já não existia. A América do Sul nasceu da separação final da África. Foi esse o tempo do grandioso vulcanismo ocorrido na Índia e da queda do asteroide na península de Iucatã, no México. O impacto pode ter sido o maior, se não o único, responsável pelas alterações do clima que levaram os dinossauros à extinção. Com a temperatura global média muito alta, não havia água retida nos polos e por isso parte de vários continentes permaneceu submersa ao longo de milhões de anos.

A ERA CENOZOICA: DE 65,5 MILHÕES DE ANOS ATÉ HOJE

O Cenozoico é a era na qual vivemos, organizada em três períodos praticamente desconhecidos: Paleógeno, Neógeno e Quaternário, este último iniciado 2,588 milhões de anos atrás e ainda em vigor. Suas oito épocas é que funcionam bem na organização dos episódios ocorridos nesses 65,5 milhões de anos. Praticamente tudo o que foi semeado na era anterior floresceu nesse intervalo: os mamíferos, as aves, as plantas com flores, os insetos, a vida marinha e a geografia. É nessa era que os continentes e os oceanos que conhecemos chegam à configuração atual, que as correntes marinhas e mesmo o atlas dos ventos modernos se estabelecem. É uma era e tanto, pois, após 220 milhões de anos, a Terra e a vida novamente se deparam com longos períodos glaciais, e isso mudou tudo. Exceto pelo esfriamento repentino e de curta duração provocado pelos 15 bilhões de toneladas de cinzas lançados à atmosfera durante os incêndios que destruíram o mundo dos dinossauros 65,5 milhões de anos atrás, a temperatura média global não era tão baixa desde o final da era Paleozoica. E, claro, bem próximo ao seu final, evoluiu nas savanas nascidas do clima frio e seco a linhagem dos primatas bípedes. Foi dos ramos dessa jovem árvore que há 300 mil anos evoluiu o *Homo sapiens*. As ações desse mesmo primata nos últimos cem anos têm levado o grupo de trabalho do Painel Intergovernamental sobre Mudanças Climáticas, composto por milhares de cientistas, a considerar se a Terra já se encontra em uma nova época do período Quaternário, o Antropoceno.

NASCE O MAPA-MÚNDI

Foi na era Cenozoica que o atual arranjo dos continentes e oceanos foi finalizado: 65,5 milhões de anos atrás, a América do Sul já estava separada da África havia 15 milhões de anos, mas entre 50 milhões e 40 milhões de anos atrás muita coisa mudou. O delicado contato da América do Sul com a península Antártica se desfez. Enquanto nasciam como um continente, a Austrália e a Tasmânia descolaram do lado leste da Antártica. No hemisfério norte, após uma longa jornada de 70 milhões de anos pelo oceano Índico, a Índia chegou ao seu destino, a Ásia. E foi também esse o tempo que o vulcanismo entre as atuais Groenlândia e Noruega finalmente separou a América do Norte da Europa.

O atual mapa-múndi estava praticamente pronto. Dois outros detalhes logo o finalizaram. A África também fazia uma viagem na direção norte e seu encontro com a Europa confinou o que restava do oceano Tétis ao atual mar Mediterrâneo. O outro ocorreu entre 7 milhões e 4 milhões de anos, com o nascimento da América Central. Um cinturão de vulcões ainda ativos construiu uma ponte rochosa que finalmente ligou as duas Américas. Canais marinhos se abriram aqui e ali, e mudanças sempre interferiram no clima e na distribuição geográfica dos animais, incluindo do *Homo sapiens*.

Esses fenômenos geológicos consolidaram a atual geografia e provocaram profundas mudanças na história da vida, tanto nos continentes como nos oceanos.

O MÁXIMO TERMAL DO PALEOCENO-EOCENO

A temperatura média global supertropical de 24 °C que predominou na era dos dinossauros vinha em queda fazia milhões de anos, até que o vulcanismo que separou a Groenlândia da Europa entrou em ação. Rochas vulcânicas das margens das duas regiões são testemunhas desse gatilho que disparou mudanças climáticas 55 milhões de anos atrás. O de sempre: milhões de toneladas de gás carbônico liberados pela fusão das rochas que jorravam intensificaram o efeito estufa. Mas o calor extra acendeu outro "bico de gás", o do metano (CH_4). Trinta vezes mais potente que o gás carbônico na perpetração do efeito estufa, ele estava havia milhões de anos no interior dos sedimentos marinhos acumulados nas margens dos continentes. Esse gás incolor e inodoro originava-se da degradação da matéria orgânica misturada aos sedimentos, alimento das arqueas que naquela massa anaeróbica respiravam o carbono em vez do oxigênio. Eram organismos metanogênicos em ação no superbiodigestor global. Estável em temperaturas frias e sob muita pressão entre 300 e 600 metros de profundidade, o metano permanece aprisionado no sedimento marinho como um hidrato de gás, ou clatrato, um sólido cristalino que ao contato com águas aquecidas se desfaz. Com o pré-aquecimento impulsionado pelo gás carbônico, os clatratos se desfizeram, deixando que bilhões de toneladas de metano escapassem para a atmosfera, disparando um intervalo que ficou conhecido como o Máximo Termal do Paleoceno-Eoceno. A temperatura média subiu até 8 °C e o clima e a vida responderam como sempre: migração, extinção, evolução e diversidade.

Da mesma forma, as emissões atuais de gases do efeito estufa podem desfechar as emissões de metano estocadas em sedimentos marinhos atuais, o que provocará um aquecimento descontrolado da atmosfera.

E o mundo tornou-se superúmido com a acelerada evaporação e as chuvas. Embora nos polos não houvesse gelo para derreter, o nível dos oceanos avançou sobre os continentes com a expansão térmica da água. Parte dos fundos oceânicos se tornou anóxica, pois as correntes marinhas perderam força ou mudaram de direção. As águas se tornaram ácidas com a dissolução das rochas carbonáticas. Tragédia para uns, oportunidade para outros.

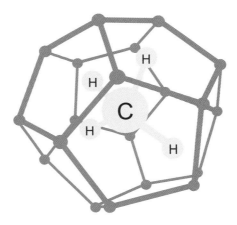

Molécula de metano aprisionada em estrutura cristalina da água. No passado, acreditava-se que o clatrato só ocorria nas regiões mais frias do Sistema Solar. Na década de 1960, ele foi descoberto em rochas sedimentares da Sibéria. Atualmente, a quantidade de gás metano armazenada na forma de clatratos em sedimentos marinhos de todas as regiões costeiras do mundo chega a centenas de bilhões de toneladas. O superaquecimento do Eoceno é uma lição com a qual podemos aprender sobre as consequências das emissões de gases do efeito estufa.

FOI DADA A LARGADA

Poucos milhares de anos mais tarde, ainda no Eoceno, as variações do ambiente provocadas pelo máximo termal deram início, nos continentes situados no hemisfério norte, à evolução de linhagens modernas de mamíferos, como as dos artiodáctilos, perissodáctilos e primatas.

Artiodáctilos reúnem a turma com cascos fendidos, como camelos, cervídeos, porcos, cabras, girafas e bois, e aqueles que adoram a água, como hipopótamos, baleias e golfinhos; perissodáctilos são os cavalos, rinocerontes e antas. Os primatas agrupam os lêmures e o restante da macacada, incluindo nós humanos. Não pense que sua vida nada tem a ver com o Máximo Termal do Paleoceno--Eoceno. Foi nesse tempo que sua raiz primata se manifestou no alto das árvores, no corpo de pequenos animais com olhos frontais, mãos e pés capazes de agarrar, parindo apenas um filho de cada vez, e com unhas em vez de garras em todos os dedos.

Durante todo o Cenozoico, e ainda hoje, artiodáctilos e perissodáctilos foram a principal fonte de proteínas para boa parte dos grandes predadores de terra firme, e mesmo para os seres humanos, o que dá a eles um imenso papel na evolução de toda a fauna terrestre nos últimos 55 milhões de anos.

OS MAMÍFEROS CONQUISTAM AS ÁGUAS

Assim como no caso dos dinossauros na era Mesozoica, é impossível contar a história do mundo cenozoico sem nos lembrarmos de uma linhagem tão espetacular quanto esquisita que evoluiu entre 55 milhões e 33 milhões de anos atrás, durante a primeira metade da era Cenozoica. Do recém-nascido ramo dos artiodáctilos podem se selecionar animais que mostram como a vida construiu o caminho de volta às águas, com os sinápsidos, após 330 milhões de anos, quando seus mais antigos ancestrais tetrápodos aquáticos pisaram em terra firme no final do período Devoniano.

Ainda no Eoceno, de um pequenino artiodáctilo a evolução deu início a uma das transições mais fascinantes da história dos mamíferos. O *Indohyus*, um animal onívoro com aparência e tamanho semelhantes aos de um quati, renasceu em 1971 da escuridão após 50 milhões de anos fossilizado em rochas do alto da cordilheira do Himalaia. Foi de animais dessa linhagem que a evolução fez o que nunca pode fazer com os dinossauros: transferi-los para uma vida totalmente aquática. Esses mamíferos adentraram e dominaram os rios nos continentes e destes migraram para os mares e oceanos da era Cenozoica. Os cetáceos ganharam as águas e, de animais de 1,5 metro de comprimento, evoluíram golfinhos, toninhas e baleias, que somam, hoje, 94 espécies, uma das quais é o maior animal que a evolução já inventou, de 120 toneladas.

O HUMILDE COMEÇO

O *Indohyus* tinha no calcanhar a articulação extra exclusiva dos artiodáctilos e, como nos cetáceos, a parede interna do osso ectotimpânico já estava espessada no ouvido médio, o invólucro. Seus ossos mais densos eram uma clara adaptação para quem gosta de mergulhar. Mais pesado, seu esqueleto dificultava a vida em terra firme, mas era útil em caminhadas no fundo de rios e lagos para procurar folhas e raízes de plantas aquáticas. Os sinais químicos deixados pelo oxigênio em seus dentes são semelhantes aos dos animais que atualmente vivem na água doce de rios e lagos. Se o encontrasse, você talvez não arriscaria dizer que o *Indoyus* era uma animal aquático. No entanto, a linhagem dos cetáceos logo nasceria de animais quadrúpedes como ele. Mas seu gosto pelas águas já era uma herança genética de algum ancestral, e por isso está também nos genes do outro ramo que a evolução preferiu deixar nos rios e lagos, e com alguma habilidade em terra firme, o quadrúpede que mais mata seres humanos no mundo, parente vivo mais próximo dos cetáceos, o hipopótamo.

E a evolução seguiu em frente com o *Pakicetus*. Aspectos do seu esqueleto nos mostram que a vida na água não tinha volta. Com quase 2 metros do focinho à ponta da cauda, ossos espessados para o mergulho, olhos próximos ao topo da cabeça para vigiar as margens com o corpo submerso e dentes com cúspides pronunciadas para captura de peixes, o *Pakicetus* é considerado o mais antigo cetáceo. As águas estavam livres dos grandes répteis marinhos desde a grande extinção do final do Cretáceo, ocorrida 15 milhões de anos antes. Nichos vazios sempre foram insuportáveis para a vida, e a evolução empurrou os mamíferos para as águas.

E aceleraram a natação com o *Ambulocetus* (do latim *ambulare*, "andar" + *cetus*, "baleia"). Esse quadrúpede chegava a 3 metros de comprimento e quase 200 quilos. Como os crocodilos, tinha um focinho longo com narinas ainda na extremidade praticamente voltadas para cima. As pernas curtas com grandes patas traseiras e uma cauda muscular poderosa reforçavam a propulsão. Foi o primeiro bom nadador cetáceo, daí seu segundo nome, *Ambulocetus natans*. Seus fósseis foram encontrados em rochas formadas a partir de sedimentos depositados em ambiente marinho de águas rasas. No entanto, as análises químicas dos seus dentes indicam que o ambiente onde vivia tinha influência da água doce. Provavelmente, o *Ambulocetus* passava boa parte do tempo caçando entre a vegetação da foz de um rio.

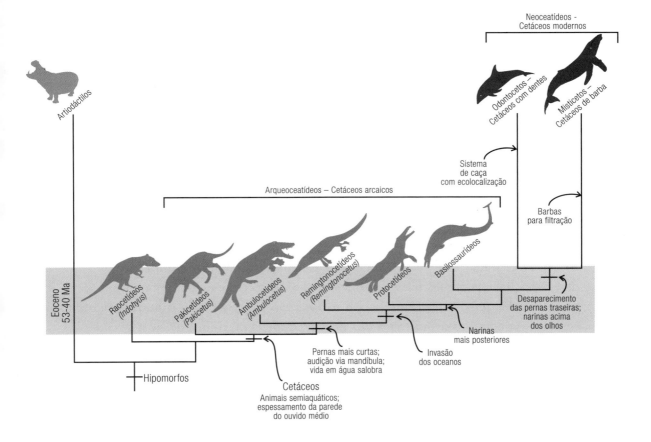

A evolução não ocorre de modo linear, como sugere o texto que trata de um animal seguido do outro. Os animais ilustrados acima representam linhagens que apresentavam adaptações cada vez mais eficientes para a vida aquática. Devem existir centenas de espécies fósseis, ainda não encontradas, entre os seis ramos da árvore que ilustram a transição dos cetáceos da terra firme para a água.

Próximos aos fósseis do *Ambulocetus* jaziam os restos de outro cetáceo, o *Remingtonocetus*. Mais estranho ainda, seu esqueleto exibe dois grandes saltos evolutivos. O primeiro, uma imensa cavidade na parte traseira da sua mandíbula, alojamento de um tecido gorduroso capaz de captar e transmitir até o ouvido médio os sons que chegavam à sua boca. Eles começavam a procurar presas e a se comunicar de modo sofisticado, o mesmo sistema de radar por emissão e captura de sons de baixa frequência utilizado até hoje pelos cetáceos; o segundo, os canais semicirculares responsáveis pelo equilíbrio são muito reduzidos nos cetáceos, possivelmente porque perderam a mobilidade do pescoço, e a reorientação da cabeça relativamente ao corpo não se fazia mais necessária. Com algumas cambalhotas e rodopios, movimente o líquido que preenche os seus canais semicirculares e experimentará a terrível sensação. A tontura se manifesta quando a cabeça perde a referência do corpo. Sem pescoço, o órgão do equilíbrio dos cetáceos foi reduzido, diminuindo a sensibilidade aos movimentos, e a evolução parece ter tirado proveito disso. Quem sabe, já evoluíam com o *Remingtonocetus* as primeiras acrobacias que ainda hoje fazem sucesso entre os cetáceos, muito úteis como estratégia de comunicação entre os membros da escola (escola, caso não saiba, é o coletivo de cetáceos atuais). As rochas onde o *Remingtonocetus* foi encontrado se originaram de sedimentos depositados em margens lamacentas e de águas turvas de uma antiga baía do mar de Tétis. Esse pode ter sido o fator que levou à sensível redução do tamanho de seus olhos e o consequente desenvolvimento de um novo sistema de localização e comunicação sônicos dependentes da audição, e também os saltos para fora da água turva como forma de localização. Os cetáceos modernos estavam quase prontos, mas ainda usavam a antiga propulsão gerada por uma cauda muscular muito longa.

CETÁCEOS 2.0

Os cetáceos logo deixaram as margens do Tétis, onde evoluíram as primeiras linhagens, para aportar em outros oceanos. Ainda no Eoceno, de alguns cetáceos pouco mais avançados chamados protocetídeos evoluíram espécies como o *Aegyptocetus* (do Egito), o *Georgiacetus* (da América do Norte) e o *Peregocetus* (do Peru). Os cetáceos já eram capazes de viagens transoceânicas, pois estavam dotados de novas tecnologias. As narinas já haviam mudado da extremidade do focinho para o topo da cabeça, o que lhes permitia respirar com o corpo submerso, e os olhos, bem maiores, já estavam dispostos na lateral da cabeça. No entanto, os raros fósseis dos seus membros e cinturas indicam que, como as focas e leões-marinhos atuais, alguns protocetídeos ainda podiam frequentar as praias a fim de descansar, acasalar e ter seus filhotes, talvez com aquela "caminhada" ondulante típica dos animais nessa fase de transição. Era o momento dos cetáceos, cerca de 47 milhões de anos atrás, agora em prática pelos pinípedes (focas, morsas e leões-marinhos), que parecem ter se acomodado, já que evoluem nesse nicho há cerca de 20 milhões de anos e talvez nunca o deixem. Diferentemente do tempo dos protocetídeos, hoje quem está ali são as orcas, esperando a próxima refeição.

PARA SEMPRE NAS ÁGUAS

Entre 43 milhões e 33 milhões de anos, um novo grupo de cetáceos deixou esqueletos nos mares que cobriam todos os continentes. Chamados basilossaurídeos, se eles estivessem com a boca fechada, pela primeira vez reconheceríamos um cetáceo, quase uma baleia, ainda que esquisita. As narinas já estavam localizadas na testa, entre os olhos; os membros anteriores tinham dado lugar à nadadeiras, e os traseiros, embora ainda com todos os ossos, atrofiaram quase completamente; a cauda provavelmente tinha as projeções horizontais como duas asas; e, claro, o tamanho: o esqueleto do *Basilosaurus cetoides*, descoberto na América do Norte, chega a 20 metros de comprimento. Porém, com a boca aberta, desconfiaríamos: diferentemente dos cetáceos modernos dotados de dentes, os odontocetos, que possuem cerca de quarenta a cem dentes praticamente idênticos, os basilossaurídeos tinham ainda muito bem definidos seus incisivos, caninos, pré-molares e molares, lembrando mais a boca de um cachorrão.

QUEM NÃO ADMIRA OS CETÁCEOS MODERNOS?

Entre 34 milhões e 33 milhões de anos, já nos fins do Eoceno, nas praias dominadas por cetáceos arcaicos, uma linhagem encontrou espaço para novidades que trouxeram até nós os cetáceos modernos em duas poderosas linhagens: os odontocetos, que retiveram os dentes e desenvolveram um sistema de imagem por ecolocalização, hoje com 72 espécies de golfinhos e toninhas, cachalotes e orcas; e os misticetos, atualmente com 14 espécies e que há 30 milhões de anos trocaram os dentes por um sistema de filtragem que fez deles adoradores de *krill* e que inclui o maior animal que já existiu no mundo, a baleia-azul.

A história das baleias e dos golfinhos nos dá uma ideia do que a evolução é capaz de fazer para levar a vida em frente: mergulhou nas águas os artiodáctilos após gerações de ancestrais terrestres que somam 300 milhões de anos. Havendo tempo, a evolução raramente encontra limites.

Embora o Eoceno tenha experimentado o ótimo climático que turbinou a diversidade dos mamíferos, foi ainda nessa época, há exatos 50 milhões de anos, que o clima começou a mudar. De lá para cá, a temperatura média global mergulhou de 28 °C para os atuais 14 °C, inaugurando, há 2,4 milhões de anos, o período geológico no qual nos encontramos, o Quaternário. Mas por que o mundo esfriou?

GÁS CARBÔNICO EM QUEDA

DEUS EX MACHINA

Em 2004, um consórcio de cientistas aproveitou a retração do gelo no Ártico para perfurar o sedimento acumulado no fundo marinho, antes que a cobertura glacial novamente cobrisse o polo norte. Sob uma coluna de água de 1.287 metros de espessura, as brocas desceram mais 218 metros pelos sedimentos e de lá trouxeram um testemunho de rochas com fósseis que lhes deram algumas pistas sobre a queda da temperatura média global ainda no Eoceno.

Diferentemente da geografia atual, durante o Eoceno, o Ártico estava isolado dos outros oceanos, entre extremidades setentrionais da América do Norte, da Ásia, da Europa e da Groenlândia. Só o estreito canal de Turgai o conectava às águas salgadas do que ainda restava do oceano Tétis entre a África e a Eurásia. Naquele mundo tropical superaquecido, os continentes tinham suas margens e por vezes imensas áreas do interior inundadas. Sistemas pluviais caudalosos despejavam nas águas salgadas do Ártico bilhões de toneladas de água doce. Na pluma de água doce formada, uma pequena samambaia aquática flutuante prosperou por cerca de um milhão de anos: a *Azolla primaeva*. Um superorganismo, tinha alojada na porosidade da sua face foliar exposta à luz cianobactérias simbiontes capazes de retirar diretamente do ar o nitrogênio necessário para a construção de suas proteínas: as *Anabaena azollae*.

Essa parceria fotossintética entre uma samambaia e uma cianobactéria começou a mudar os rumos do clima durante o Cenozoico. Nos meses iluminados, dobravam sua biomassa a cada dois dias. Suas folhas mortas carregavam para o fundo do oceano bilhões de toneladas de gás carbônico retirados da atmosfera durante a construção de seus tecidos. A falta de correntes em oceanos confinados comumente deixa suas profundezas anóxicas e por isso impróprias aos organismos que poderiam reciclar a matéria orgânica vegetal que chegava ao fundo e assim devolver o gás carbônico para a atmosfera. Entre 50 milhões e 49 milhões de anos atrás, a quantidade de gás carbônico na atmosfera sufocante do Eoceno, que chegava a 3.500 ppm (abreviatura de *partes por milhão*, ou seja, de cada milhão de partículas no ar, 3.500 eram gás carbônico), foi reduzida à metade. Ainda no Eoceno, existem sinais de que a temperatura caiu. Mudanças como essa expulsaram os crocodilos do Eoceno da ilha Ellesmere, no extremo norte do Canadá, hoje lar de ursos-polares e *inuits*. Algumas vidas transformam, outras respondem às mudanças.

FORÇANTES GEOLÓGICAS DO CLIMA

A força geológica sempre teve papel importante nas variações climáticas. A elevação de cadeias de montanhas ao longo de milhões de anos expõe na superfície rochas há muito tempo guardadas no interior da crosta. Nascidas ou alteradas pelo metamorfismo em ambientes (manto ou crosta) com pressão e temperatura muito diferentes das encontradas na superfície, tornam-se instáveis quando expostas. Desfeitas pelo intemperismo químico por meio da hidrólise, dissolução e oxidação, os minerais que as compõem liberam aos rios e oceanos um coquetel de elementos químicos.

As águas das chuvas combinadas com o gás carbônico na atmosfera produzem o ácido carbônico, que as deixa levemente ácidas:

$$H_2O \text{ (chuvas)} + 2CO_2 \text{ (atmosfera)} \rightarrow 2HCO_3^- \text{ (ácido carbônico)}$$

A acidez ataca os minerais componentes das rochas, liberando cátions de cálcio (Ca^{+2}) e magnésio (Mg^{+2}), que vão parar nos rios:

$$CaCO_3 \text{ (rocha contendo cálcio)} + H_2CO_3 \text{ (ácido carbônico)} \rightarrow Ca^{+2} \text{ (rios)} + 2HCO_3^-$$

e

$$CaSiO_3 \text{ (mineral silicático)} + 2CO_2 \text{ (atmosfera)} + H_2O \rightarrow Ca^{+2} \text{ (rios)} + 2HCO_3^- + SiO_2$$

... que chegam aos oceanos, onde, com o gás carbônico em solução na água, serão usados pelos organismos para formar carapaças de carbonato de cálcio ($CaCO_3$), ou precipitados como sedimentos carbonáticos ($CaCO_3$) no fundo oceânico:

$$Ca(OH)_2 + CO_2 \rightarrow CaCO_3 \text{ (carbonato de cálcio)} + H_2O$$

E o gás carbônico virou carapaça, depois sedimento e, por fim, rochas que permaneceram dezenas ou centenas de milhões de anos guardadas na crosta terrestre. Essa é a importância dos oceanos no ciclo do carbono. Ele é dissolvido nas águas como gás carbônico antes de chegar aos sedimentos e às rochas da crosta onde hoje se encontram 99,5% do reservatório de carbono superficial. De outro modo, sem oceanos, teríamos uma superfície e uma atmosfera como as de Vênus, absolutamente impróprias à vida. Montanhas e oceanos são grandes parceiros do controle climático.

E o Cenozoico foi um tempo de ascensão de várias cordilheiras. Andes, Rochosas, Himalaias, Pireneus e Alpes determinaram o esfriamento contínuo do clima nas últimas dezenas de milhões de anos.

E as correntes marinhas também funcionam como motores que movimentam e redistribuem o calor pela superfície terrestre.

CORRENTE EQUATORIAL GLOBAL

Enquanto as forças geológicas elevavam as cordilheiras, o movimento dos continentes reconfigurava os caminhos percorridos pelas correntes marinhas. Durante o Eoceno e o Oligoceno, a Corrente Equatorial Global, que trazia águas quentes da região equatorial em direção aos polos, cessou por causa do fechamento do mar de Tétis entre a África e a Eurásia. Os polos perderam as vias da calefação e começaram a esfriar.

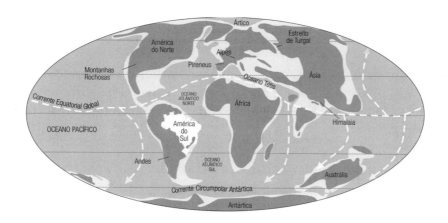

Durante o ótimo climático do Paleoceno-Eoceno, entre 53 milhões e 51 milhões de anos atrás, e nos 20 milhões de anos seguintes, os oceanos ainda inundavam amplas áreas litorâneas que serviram de palco para a evolução dos cetáceos, bem como forneciam a umidade para a expansão das florestas e animais nos continentes. O estreito de Turgai era o único canal que permitia a chegada de água salgada ao Ártico. Repare a extinta Corrente Equatorial Global e a Corrente Circumpolar Antártica ainda ativa.

CORRENTE CIRCUMPOLAR ANTÁRTICA

Entre 50 milhões e 30 milhões de anos, dois canais marinhos se abriam enquanto a separação final do Gondwana ocorria com o desmembramento da

América do Sul e da Austrália do continente antártico. As novas passagens permitiram a conexão entre o oceano Pacífico e o Atlântico sul, pelo canal de Drake, e o oceano Índico, pelo canal da Tasmânia. Assim nasceu entre 34 milhões e 33 milhões de anos atrás, em torno da Antártica, a Corrente Circumpolar, a maior e mais poderosa corrente marinha em atividade desde então. Ela é um tipo de bênção dada à vida pela geologia. Impulsionada por fortes ventos e pela diferença de densidade entre as águas geladas e quentes que nela se encontram, isola o continente antártico do resto do mundo, impedindo que o calor se aproxime do continente. Para muitos cientistas, ela é a principal responsável pela formação da cobertura glacial da Antártica. Com o transporte de 134 sv (sv = *sverdrup*, unidade usada no dia a dia dos oceanógrafos para quantificar o fluxo de correntes, equivalente a 1 milhão de metros cúbicos de água por segundo), movimenta 135 vezes mais água que todos os rios do mundo somados. Em marcha, da supβerfície ao substrato oceânico, ao tocar o fundo, remobiliza os nutrientes e o ferro lá acumulados, o que deixa suas águas férteis e por isso densamente habitadas.

Suas águas são também um imenso reservatório de gás carbônico. Metade do gás carbônico armazenado em todos os oceanos é absorvida na corrente circumpolar, não só porque a dissolução é facilitada em água fria, mas porque, fertilizada, a corrente impulsiona a prosperidade de algas e cianobactérias que sugam o gás carbônico durante a fotossíntese. É a versão austral do Evento *Azolla*. Experimente mexer com a corrente circumpolar... o equilíbrio global se tornará ainda mais frouxo do que se mostra na atualidade.

DAS FLORESTAS GLOBAIS ÀS SAVANAS C4

A queda gradual da temperatura nos últimos trinta milhões de anos mudou globalmente os rumos das paisagens e da vida. Se hoje enfrentamos o desastre que é a derrubada das florestas em troca de pastagens, pense o que seria desflorestar metade de um mundo em que quase todos os continentes estavam inteiramente cobertos por florestas, com uma importante diferença: o tempo. Foi com tempo que as linhagens de animais e plantas triplicaram ou quintuplicaram sua diversidade ao longo de trinta milhões de anos. A vida evoluiu e se adaptou, foi extinta e rediversificou. É assim há bilhões de anos. Ao longo de quase toda a era Cenozoica, a geologia e a biologia novamente transformaram o clima, dessa vez para este mundo glacial moderno no qual vivemos.

Desde o início da queda da temperatura no Eoceno, entre 60 milhões e 33 milhões de anos atrás, o nível dos oceanos baixou cerca de 100 metros. No entanto, não foi esse o tempo quando a água deixou os oceanos em forma de gelo nas regiões polares. Nessa época, a glaciação apenas ensaiava a cobertura glacial sobre a Antártica, e o gelo do Ártico chegaria muito mais tarde. Três razões explicam por que o nível dos oceanos baixou. Progressivamente mais frias e por isso mais densas e pesadas após seu nascimento infernal nas cadeias vulcânicas submarinas, as rochas que compunham o fundo oceânico abriam espaço para a água porque afundavam no manto. Já os sedimentos trazidos dos continentes e acumulados no fundo marinho eram gradualmente compactados, dando espaço às águas. E, finalmente, com a queda da temperatura média global em cerca de 15 °C nesse intervalo, a água mais fria e mais densa perdeu volume. A grande mudança da vegetação ocorreu porque, enquanto as margens continentais eram esvaziadas, as regiões interiores dos continentes se tornavam mais secas.

Até então, com exceção das regiões polares, os continentes daquele mundo supertropical úmido eram inteiramente ocupados por bosques e florestas. Em cerca de 10 milhões de anos, a partir do Neógeno, 50% das áreas continentais foram trocadas por pastagens, capim, mas não pense nisso como nossa tragédia atual. Exceto pelo milho, cana-de-açúcar, trigo e os gramados do jardim que nos dão alguma felicidade, os capins do mundo tropical não são tão populares porque não exibem flores exuberantes, perfumes, frutos e castanhas, nem oferecem sombra e galhos para instalação de balanços. Porém, para alguns cientistas, foi a expansão dos capins em diversidade e sua ocupação de amplas regiões tropicais uma das principais forças que deram início às mudanças climáticas ocorridas nos dois últimos períodos da era Cenozoica, durante o Neógeno e o Quaternário.

Perto do final do Oligoceno, entre 26 milhões e 23 milhões de anos atrás, cerca de vinte famílias de plantas conhecidas como C4 evoluíram entre as angiospermas. Entre elas estavam as famílias Poaceae (gramíneas), que inclui os capins, gramas e diferentes tipos de relva, e Cyperaceae, que, exceto por algum uso para paisagismo, passaria despercebida por nós. Essas duas famílias compõem 79% das 8 mil espécies de plantas C4 conhecidas no mundo e ocupam, desde a sua origem, grandes áreas abertas como campos e savanas por todos os continentes e faixas climáticas. Sua existência transformou o mundo. Em um dos exemplos mais impressionantes de convergência evolutiva, todas essas linhagens C4 evoluíram de modo independente para lidar com a redução da quantidade de gás carbônico na atmosfera, com a alta luminosidade e com a escassez de água. C4 se refere ao número de moléculas de gás carbônico que revestem a enzima RuBisCo (abreviatura de ribulose-1,5-bisfosfato carboxilase oxigenase) no ciclo de Calvin durante o processo da fotossíntese. Plantas C3 acomodam apenas três moléculas de gás carbônico e por isso permitem que o oxigênio adentre o sistema com danos consideráveis na eficiência fotossintética: perda de matéria orgânica e energia, bem como desperdício de gás carbônico. Plantas C4 são mais eficientes porque lidam melhor com a escassez de oxigênio e água, com solos empobrecidos em nitrogênio, e são capazes de acumular reserva de biomassa nas raízes.

Para alguns cientistas, foram esses superorganismos que mudaram o clima e a história da biologia no final da era Cenozoica como sumidouros de gases do efeito estufa, como gás carbônico, metano e vapor de água. Além disso, como superprodutores de solos ricos em matéria orgânica, favoreciam, pela erosão, a chegada de nutrientes aos oceanos. Fertilizadas, as águas promoviam a produtividade biológica e o consequente sequestro de gás carbônico pelo soterramento da matéria orgânica morta. E mais: savanas cobertas de capim refletem quase duas vezes mais a luz solar que as áreas florestadas ou de solo nu, uma poderosa força que devolve o calor ao espaço. As savanas ajudaram a esfriar o mundo nos últimos 15 milhões de anos.

BEM-VINDO À SUPERERA GLACIAL

A temperatura média do clima global esfriou nos últimos 50 milhões de anos. Desde o Eoceno, com a chegada da Índia ao continente asiático, a proliferação de *Azolla* nas águas doces do oceano Ártico, a reorganização das correntes marinhas e a evolução das plantas C4, a temperatura média global baixou cerca de 14 °C até os 14,5 °C com os quais convivemos no momento. A glaciação antártica teve início com a parceria de sempre: a geologia e a biologia, e seu esfriamento já perdura cerca de 40 milhões de anos.

Entre 17 milhões e 14 milhões de anos atrás, uma elevação dos níveis de gás carbônico (entre 600 e 400 ppm) na atmosfera, seguramente ligada ao grande vulcanismo Columbia River ocorrido nesse mesmo intervalo na América do Norte, provocou o chamado "Ótimo Climático do Mioceno", um evento úmido com temperaturas médias globais entre 5 °C e 8 °C mais elevada, quando densas florestas se estenderam até a periferia do oceano Ártico e mesmo da Antártica.

Cerca de 14 milhões de anos atrás, por razões ligadas a mudanças da circulação oceânica e à redução do gás carbônico atmosférico, o Ótimo Climático do Mioceno é seguido por outro acontecimento, dessa vez com a derrubada da temperatura, que seguiu ininterrupta até cerca de 10 mil anos atrás. Nesse intervalo, as plantas C4 estenderam seus territórios pelos campos e savanas, que agora ocupam o espaço deixado pela retração das florestas. São nesses novos ambientes cobertos por capim, árvores e arbustos esparsos que mamíferos herbívoros como cavalos, rinocerontes, girafas e cangurus expandiram sua diversidade e cresceram, tornando-se grandes animais. Na América do Sul, até então isolada como uma ilha continental fazia dezenas de milhões de anos, evoluiu uma megafauna endêmica composta por diversas espécies de preguiças e tatus gigantes, além de ordens já extintas, como Liptoterna e Notoungulata.

Foi nesse intervalo, cerca de 7 milhões de anos atrás, que a expansão das savanas selecionou primatas que pudessem caminhar com postura bípede, o que deu início à evolução da tribo Hominini. Esses primatas tomaram a forma humana com o aparecimento do gênero *Homo* a partir de 2,3 milhões de anos atrás, o mesmo intervalo quando glaciações cíclicas se iniciavam nos dois hemisférios, cobrindo boa parte da Europa e da América do Norte, hoje dominadas pelo clima temperado. Esses intervalos mostram perfeita regularidade entre períodos glaciais e interglaciais, pois foram condicionados pelos ciclos de Milankovitch, movimentos orbitais ligados à excentricidade da órbita terrestre em torno do Sol, variações da inclinação do eixo de rotação e o movimento de precessão também ligado à inclinação do eixo terrestre. Muito regulares, ainda hoje controlam os ciclos quando a Terra recebe maior ou menor quantidade de radiação solar, que aquece ou esfria sua superfície.

Cerca de 11,7 mil anos atrás, com a elevação da temperatura média global em apenas 4 °C, o longo ciclo de glaciações que determinou o início e o fim do

Pleistoceno chegou ao fim, dando início ao Holoceno. Foram as mudanças climáticas desse intervalo que aniquilaram boa parte da megafauna que habitava a América do Sul havia milhões de anos.

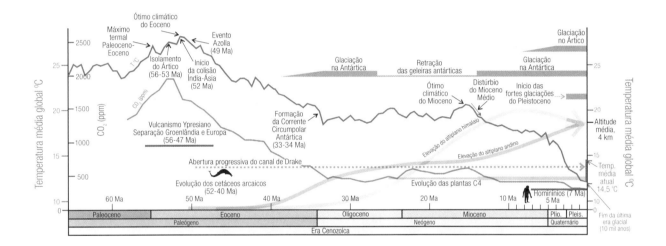

Não pense que sua vida nada tem a ver com os últimos 65 milhões de anos. Foi a geologia e a biologia que pilotaram o clima nesse longo intervalo, e foi a retração das florestas e a emergência dos campos e savanas que ofereceram aos primatas bípedes a oportunidade de construir ferramentas que lhes facilitaram a caça, dominar o fogo e cozinhar o alimento, e com isso quadruplicar o volume cerebral. E aqui está você conhecendo a própria história. Note como a abertura do canal de Drake entre a Antártica e a América do Sul e a elevação dos Andes também coincidem com a tendência de esfriamento do clima ao longo de toda a era Cenozoica.

A vida, a geologia, o clima e os fenômenos astronômicos sempre atuaram em conjunto na determinação das mudanças ocorridas na superfície dos continentes, nos oceanos, na atmosfera e na biologia. Não é possível compreender esse mundo se não o considerarmos como um organismo vivo em funcionamento com um complexo conjunto de sistemas que só o método científico foi capaz de nos desvendar.

EVOLUÇÃO HUMANA

Tão importante, mas também tão desconhecida em detalhes quanto a história dos dinossauros brasileiros, é a da evolução humana, que inclui nada mais nada menos que o aparecimento da nossa própria espécie. Bem mais reduzida no tempo gasto (7 milhões de anos desde que o primeiro primata, *Sahelanthropus tchadensis*, passou a caminhar na África só com as duas pernas), nos é contada também por um número muito inferior de fósseis. Mas é o que temos, e o que hoje sabemos, assim como acontece com a história dos dinossauros e de toda a vida, está entre os maiores legados da cultura humana: o entendimento da nossa própria evolução. Ocorrida quase em sua totalidade em terras africanas, paleontólogos, arqueólogos e antropólogos nos oferecem hoje um grande número de detalhes das transformações anatômicas, tecnológicas e culturais encontradas desde que o primeiro resto fóssil de um hominini foi achado em Gibraltar, em 1848, um crânio de Neanderthal. Interpretado como o resto de um humano esquisito morto durante o dilúvio bíblico, teve mais tarde sua idade revelada, 42 mil anos, o que mudou muita coisa na história da humanidade. Hoje, cerca de 27 espécies de representantes da família hominini são conhecidas, e é quase um dever de todos aprender e admitir o que elas têm a nos ensinar .

Conhecer essa história nos capacita a entender que somos parte do mundo natural, e que cuidar da natureza e nos mantermos próximos a ela em nossos hábitos, lazer e reflexões, nos dará fundamento para a construção de uma sociedade mais feliz e equilibrada. Considerando apenas o *Homo sapiens,* o nosso genoma evoluiu como caçadores-coletores por cerca de 290 mil anos, em contato absoluto com a natureza: geologia e biologia. No entanto, há dez mil anos, com o final da última era glacial e o início da estabilidade climática com a qual ainda convivemos, a invenção da agricultura e logo em seguida da domesticação de animais, bem como o fim dos agrupamentos nômades, fincou a humanidade em seus primeiros assentamentos permanentes. Foram 290 mil anos vagando e caçando com lanças e flechas pelo mundo. Dez mil anos se passaram após o estabelecimento de agrupamentos fixos. Lance um aplicativo com o qual você pode sair por aí para caçar seres quaisquer usando seu celular e você vai entender por que a brincadeira vai pegar.

Foram nos 7 milhões de anos desde que o mais antigo hominini passou a explorar o chão da floresta que as raízes de praticamente tudo o que somos e das coisas que explicam a nossa vida e comportamentos cresceram e se desenvolveram. A evolução da anatomia das cinturas, membros e coluna vertebral para a postura bípede libertou as mãos, que mais tarde deram início à confecção de objetos de rocha que ajudavam a caçar. O uso e posterior domínio do fogo permitiu o cozimento do alimento, que tornou tudo o que se come mais fácil de ser mastigado e digerido. Frutos, raízes e carne cozidas turbinaram o fornecimento de energia para o corpo, e para o cérebro, que desde então praticamente duplicou de volume. O crescimento do cérebro impulsionou as estratégias de caça, a formação de grupos maiores, a confecção de armas mais sofisticadas e, por fim, o pensamento abstrato refletido no início da arte em cavernas, no sepultamento dos mortos, na música, na linguagem e no comportamento social em torno de fogueiras, um prazer curtido ainda hoje pela maioria dos *Homo sapiens*.

Não pense que sua espécie inventou tudo. O que temos e somos – anatomia, cultura e tecnologia – evoluiu gradativamente em um mundo selvagem, de clima instável, quando encontrar animais mortos ou disputá-los com outras feras fazia parte do cotidiano de nossos ancestrais até cerca de 10 mil anos atrás, um intervalo que ocupa cerca de 97% de todo o tempo da história do *Homo sapiens*.

A figura adiante tenta organizar temporalmente alguns dos mais importantes passos anatômicos, tecnológicos e culturais da evolução dos primatas hominini.

Com algumas exceções, os genes adquiridos nesses 7 milhões de anos ainda permanecem ativos, determinando sua anatomia e parte do seu comportamento, incluindo a susceptibilidade ou não a determinadas doenças. Suas aptidões para arte, esporte, trabalho e amor também cresceram e se estabeleceram nesse intervalo.

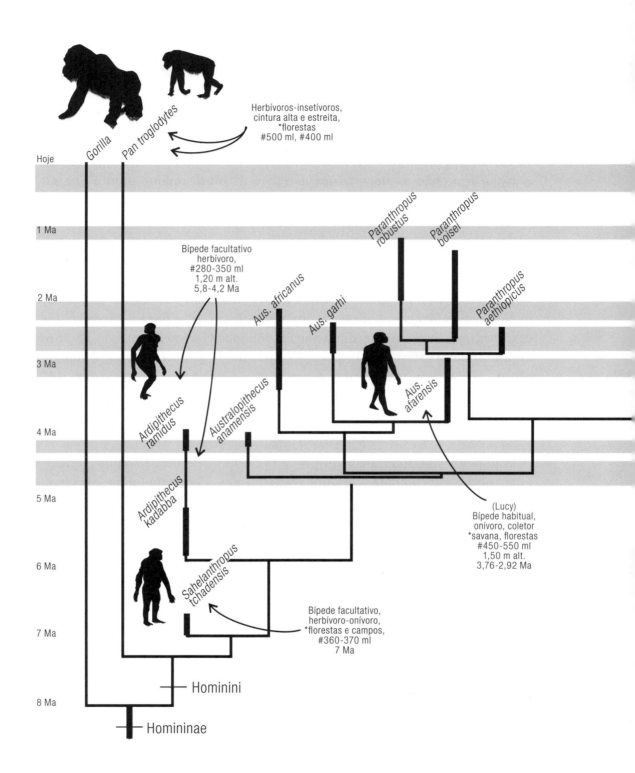

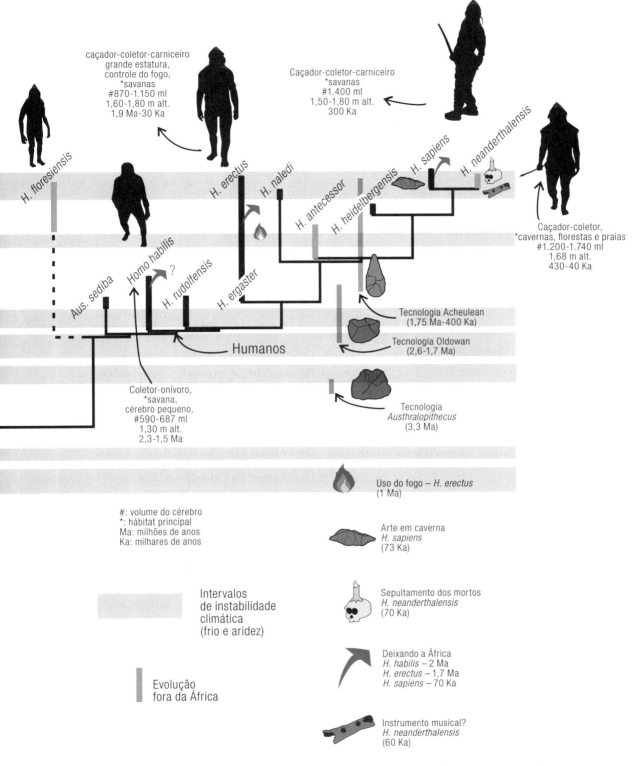

Para um chimpanzé, não seria difícil aceitar o parentesco com o *Gorilla*. Embora filogeneticamente mais próximo dos hominini bípedes que do *Gorilla*, manteve seus hábitos e aparência mais semelhantes aos do seu vizinho das florestas africanas. Já o *Homo sapiens* teve todos os seus ancestrais humanos extintos, espécies que, se vivas, seriam testemunhas ambulantes da nossa evolução e parentesco. Para muitos obscurantistas, descrentes da evolução, seria mais difícil inventar desculpas que refutassem a nossa evolução a partir de espécies ancestrais que nem chegaram a conhecer o primeiro capítulo do livro do Gênesis.

O *HOMO SAPIENS* NO BRASIL

A história e o tempo da chegada do *Homo sapiens* à América do Sul é ainda bastante controversa. Sinais que indicam a presença humana variam muito com idades que chegam a polêmicos 100 mil e 60 mil anos, até 12 mil anos. Estudos recentes e centenas de datações radiométricas muito bem calibradas estabelecem idades que variam entre 23 mil e 16,5 mil anos, e é seguro afirmar que nesse tempo diversas populações já estavam bem estabelecidas em várias regiões da América do Sul. No Brasil, os sinais mais antigos concentram-se principalmente nas centenas de sítios arqueológicos espalhados pela região do Parque Nacional da Serra da Capivara. Dezenas de milhares de pinturas rupestres, gravuras, artefatos líticos e esqueletos humanos mostram que a vida já era intensa na região há cerca de 15 mil anos. Festas, adorações, caçadas, fauna, flora e o cotidiano daqueles povos caçadores coletores foram desenhados e gravados nas rochas com tintas e ferramentas de pedra lascada, um tesouro cultural a céu aberto que todos os brasileiros deveriam ter a chance de conhecer. Toda a arte rupestre lá representada dá alma à nossa mais antiga pré-história humana, povos indígenas que construíam a nação Pindorama, que quanto mais revelada pelo trabalho dos arqueólogos, maiores se tornam as razões que temos para nos orgulhar da vida que tiveram. Eles viviam dos frutos e animais das florestas, matas, campos e dos rios. Eles manejavam as florestas sem destruí-las. Enfeitavam seus corpos com pinturas e colares. Homens, mulheres, idosos, jovens e crianças eram igualmente respeitados.

Esses povos ocupavam o território brasileiros há pelo menos 20 mil anos antes da chegada das primeiras caravelas. Estas sim, saqueando Pindorama, nos trouxeram e nos deixaram muito de quase tudo o que hoje é motivo para nos envergonharmos.

Não se engane com tudo o que a humanidade conquistou nos últimos 250 anos a partir da Revolução Industrial. Desde aquele tempo, quase nada mudou no seu genoma. Você ainda é o mesmo *Homo sapiens* do tempo das cavernas, vivendo agora somente com um pouco mais de conforto. Continue a humanidade a interferir no equilíbrio climático e o troglodita logo voltará à cena.

Foram 24 horas no nosso dia geológico. Os 7 milhões de anos desde o início da evolução do hominini se iniciaram há pouco mais de dois minutos antes do final do dia. Já o tempo de existência do *Homo sapiens* inclui apenas os últimos seis segundos das 24 horas da história terrestre, que em nosso relógio geológico parece até que nem mesmo chegou a existir

No entanto, foi dentro de alguns milésimos de segundo, cerca de 70 anos, que o nosso cérebro avantajado se apossou de tal modo do controle da geologia e biologia terrestres, que agora, sem volta, já vivemos em uma nova época geológica: o Antropoceno.

Os últimos 7 milhões de anos da existência dos hominini e os 6 segundos da existência do *Homo sapiens*. No imenso tempo geológico, o *Homo sapiens* parece nunca ter existido.

O ANTROPOCENO

"É uma pena que ainda estejamos vivendo oficialmente em uma época chamada Holoceno. O Antropoceno – domínio humano dos processos biológicos, químicos e geológicos na Terra – já é uma realidade inegável", escreveu, em 2011, Paul J. Crutzen, prêmio Nobel de química de 1995.

Atualmente é consenso entre grande número de cientistas que as ações humanas nas últimas décadas interferiram de tal modo na superfície terrestre que no futuro, daqui a milhões de anos, uma marca geológica será reconhecida nas rochas nascidas do que hoje ainda são sedimentos acumulados no fundo de lagos, rios e oceanos, e nas calotas polares, caso até lá ainda existam, ao menos nas altas latitudes sul, para contar alguma história.

Desde o início da sua existência, o *Homo sapiens* interfere na superfície terrestre, assim como acontece com praticamente todas as criaturas depois que a vida começou a consumir energia para existir. As cianobactérias mudaram a química dos oceanos e da atmosfera com o início da produção maciça de oxigênio molecular (O_2), cerca de 2,5 bilhões de anos atrás. Os animais revolvem a lama no fundo marinho desde a revolução cambriana do substrato, iniciada 535 milhões de anos trás. As plantas terrestres, os dinossauros, os artiodáctilos e perissodáctilos e as plantas C4, cada um à sua época, também mudaram os rumos do clima e da vida.

Uma indígena usa os dedos para desenhar uma das mais famosas artes rupestres entre as milhares conhecidas no Parque Nacional da Serra da Capivara. Na pequena cena, duas figuras humanas parecem se beijar. Doze mil anos atrás, esses povos já sonhavam, amavam e trocavam confidências.

Até cerca de 10 mil anos atrás, a vida transformava a superfície terrestre equilibrando o tamanho e a distribuição de suas populações de acordo com as interferências que causavam e, claro, com as intervenções abruptas provocadas por fenômenos astronômicos e geológicos naturais absolutamente desligados de sua existência.

Até então, a expansão da biologia só podia ocorrer dentro dos limites impostos pelo modo como ela ocupa seu lugar na natureza. Ela encolhia suas populações e sua diversidade segundo os desconfortos impostos ao longo de centenas de milhares de anos pelas variações naturais decorrentes de suas próprias atividades, e também do clima, de uma nova geografia etc. Desde sempre, populações desapareceram de modo gradual ao mesmo tempo que novas espécies ocupavam o espaço deixados por elas. Durante esses acontecimentos, denominados "extinções de fundo", a vida trocava formas antiquadas e menos eficientes por novos modelos, mais harmoniosos com os recém-estabelecidos sistemas naturais. Essas extinções eram parte da vida em evolução, da construção de uma diversidade que sempre pareceu crescer.

É verdade que fenômenos geológicos e astronômicos drásticos eliminaram populações de modo abrupto e cruel, momentos reconhecidos hoje nas rochas como "extinções em massa". A vida, no entanto, alguns milhões de anos mais tarde, nos continentes e oceanos, sempre recuperou sua diversidade. Foi esse cotidiano geológico que nos trouxe até a atualidade na companhia do maior número de espécies contemporâneas que a vida já experimentou em toda a sua história. E, se sabemos de tudo isso, é porque, nesses bilhões de anos, em toda a superfície terrestre, a geologia e a biologia caprichosamente deixaram milhares, se não milhões, desses acontecimentos registrados nas camadas de rocha.

Nas últimas décadas, no entanto, vivemos um momento interessante. Assim como todas as criaturas do passado e do presente, o *Homo sapiens* também interfere na superfície terrestre, e com o que já aprendemos da história geológica, para muitos cientistas, essa intervenção já pode ser considerada abrupta e cruel. Tornamo-nos uma força geológica e, como tal, transformamos a superfície interferindo na química da atmosfera, no clima, nos continentes e oceanos. Somos como bilhões de pequenos asteroides interferindo com foça sobre-humana nos sistemas naturais por onde passamos. Somados, somos como um grande asteroide que chega à superfície terrestre a 70 mil quilômetros por hora. Já produzimos um registro geológico que os cientistas de diversas áreas concordam que uma nova época geológica se iniciou, o Antropoceno.

Claro que todas essas interferências devem ser consideradas naturais. Como vimos, o *Homo sapiens* ganhou sua capacidade cerebral muito antes da construção das pirâmides ou do início da agricultura e da domesticação de animais, cerca de 10 mil anos atrás. A queima de combustíveis fósseis, a destruição de florestas, a criação de animais para o consumo exagerado de carne, atividades sustentáveis ou não, nasceram de uma inteligência evolutiva que fez de nós primatas capazes de interferir poderosamente nos sistemas naturais. Essa habilidade, que hoje transforma a superfície terrestre, cresceu porque, também de modo gradual, a transmissão de conhecimento acumulado se tornou eficiente com a evolução cultural.

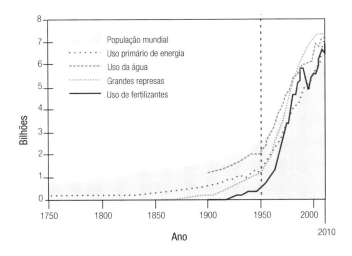

O crescimento da população mundial e a grande aceleração ocorrida a partir de 1950.
Fonte: Will Steffen e colaboradores. 2015. The trajectory of the Anthropocene: The Great Acceleration. *The Anthropocene Review*, 2(1), 81-98.

A questão agora é: estamos dispostos a enfrentar os desconfortos impostos pelas mudanças que impusemos aos sistemas naturais encolhendo nossas populações ou mesmo desaparecendo como espécie, assim como aconteceu, por exemplo, com pelo menos 26 linhagens de hominini que viveram antes de nós?

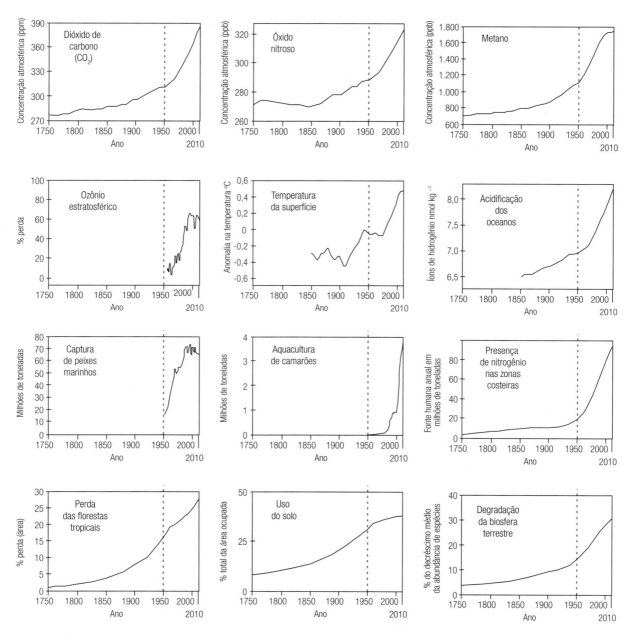

Tendências dos indicadores da estrutura e funcionamento dos sistemas superficiais terrestres. São esses e vários outros sinais que deixarão marcados nas rochas a entrada de uma nova época geológica, o Antropoceno. Fonte: Will Steffen e colaboradores. 2015. The trajectory of the Anthropocene: The Great Acceleration. *The Anthropocene Review*, 2(1), 81-98.

Mas o *Homo sapiens* não consegue reduzir suas populações e muito menos quer desaparecer. Daí o desespero materializado, por exemplo, em projetos para construção de uma colônia em Marte. Nem mesmo após a maior e mais impressionante catástrofe ambiental que produziu a extinção em massa enfrentada pela vida 251 milhões de anos atrás, quando a destruição dos ecossistemas terrestres levou 96% das espécies marinhas e 80% das espécies continentais à extinção, a superfície terrestre lembraria a hostilidade do solo e do clima marcianos. Seus proponentes acreditam que vale a pena utilizar um oitavo do valor da economia global para abrigar 1/8.000. de humanos naquele planeta estéril. Uma vez subtraídas, essas riquezas terrestres aprofundarão ainda mais nossas intervenções nos ecossistemas para que 1 milhão de pessoas possam concluir que vale mais a pena recuperar os nossos ecossistemas do que viver em Marte.

Em 2015, um grupo de pesquisadores liderados pelo químico americano Will Steffen publicou, com base em suas pesquisas, os gráficos que mostram que o uso dos recursos terrestres acompanha o crescimento da população. Dez mil anos atrás, a população mundial era de 1 milhão de habitantes. Em 1500, a população humana alcançou 450 milhões. O primeiro bilhão chegou em 1804, após a população praticamente dobrar em trezentos anos. Cento e cinquenta anos mais tarde, em 1950, a população já havia novamente dobrado: 2 bilhões. E então, a partir de 1950, ocorreu o que ficou conhecido como a "grande aceleração", mostrada pelos gráficos de Will Steffen. O uso de energia e a consequente necessidade de barragens para hidrelétricas, de água e de fertilizantes para a produção de alimentos, entre várias outras tendências, aceleraram o crescimento da população humana.

E o Sistema Terra respondeu, e a resposta pode ser vista em outro conjunto de gráficos que mostram a grande aceleração das tendências dos indicadores da estrutura e funcionamento dos sistemas superficiais terrestres. Bem-vindo ao Antropoceno.

Em 2019, o grupo de cientistas encarregados pela determinação do marco estratigráfico, isto é, o sinal que identificará nas rochas o fim do Holoceno e o início do Antropoceno, emitiu seu voto: os marcadores escolhidos são radionuclídeos radioativos de plutônio ($^{239+240}$Pu), derivados dos testes atômicos ocorridos na década de 1950, armazenados em sedimentos depositados em lagos e oceanos, nos esqueletos que compunham os recifes de coral e nos mantos de gelo polares. O Antropoceno é também uma época nuclear.

A SEXTA EXTINÇÃO

Outro sinal que estará no futuro, tão severo e inexorável quanto o sinal radioativo, é a redução abrupta da diversidade biológica. Também em 2015, um grupo de cientistas liderado pelo ecólogo mexicano Gerardo Ceballos publicou os gráficos que mostram a evolução das taxas de extinção de animais vertebrados nos últimos quinhentos anos. Comparados às projeções de extinções que ocorreriam naturalmente segundo as taxas observadas no registro geológico, mostram claramente a interferência humana a partir de meados do século 19, outro sinal da chegada de uma nova época: para muitos cientistas, a sexta extinção em massa.

Para esses autores, o número de espécies de anfíbios extintos nos últimos 114 anos ocorreria naturalmente em cerca de 10 mil anos; mamíferos e peixes, em 5.900 anos; répteis e aves, entre 3 mil e 4 mil anos.

É o trabalho admirável de cientistas que vai nos ajudar a entender que a humanidade precisa mudar o estilo de vida atual, e não embarcar em um foguete e procurar um novo planeta para morar. Foi exatamente esse pensamento: "acabou, pega mais" que nos trouxe ao Antropoceno. Na verdade, precisamos é embarcar em uma nova época que deixe o Antropoceno para trás.

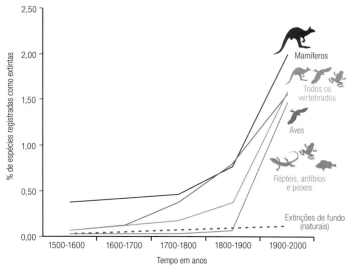

Note a grande aceleração das taxas de extinção a partir de meados dos anos 1800 quando comparada à projeção da taxa de extinção de fundo. Fonte: Gerardo Ceballos e colaboradores. 2015. Accelerated modern human-induced species losses: entering the sixth mass extinction. *Science Advances*, 1(5), e1400253-e1400253.

2

QUEM FORAM OS DINOSSAUROS?

Mas quem foram os dinossauros? Como sabemos se determinado esqueleto pertenceu ou não a um dinossauro? Há décadas, os fósseis de dinossauros disputam com os organismos ediacaranos, com os primeiros animais, com as flores e os seres preservados em âmbar, o topo da lista dos tesouros pré-históricos mais desejados pelos paleontólogos. Para reconhecê-los corretamente é preciso um profundo conhecimento de anatomia, especialmente quando se trata de esqueletos muito antigos, como no caso dos dinossauros triássicos encontrados em rochas no Rio Grande do Sul.

Para que linhagens como as dos tetrápodos, mamíferos, testudines, angiospermas etc. sejam consideradas grupos biológicos verdadeiros, com representantes vivos e fósseis que nos contem histórias que retratem sua evolução a partir de um ancestral comum, é necessário reunir, dentre elas, um conjunto de características morfológicas compartilhadas que reflitam uma origem comum, ou ao menos entre os grupos mais basais (antigos), derivados há pouco tempo de um mesmo ancestral. Os tetrápodos, por exemplo, têm como características compartilhadas os quatro membros com dedos, as duas primeiras vértebras especializadas formando o atlas e o áxis, o estribo e a janela oval do ouvido médio, novidades herdadas de um ancestral comum e passadas a seus descendentes.

Grupos de animais que reúnem descendentes de um mesmo ancestral são chamados monofiléticos. Na maioria dos casos, todas as espécies que compõem grupos monofiléticos têm sua história conectada a um ancestral comum já extinto e profundamente enraizado no tempo geológico. Os mamíferos formam um grupo de animais com origem comum porque apresentam algumas novidades exclusivas, como os três ossículos do ouvido médio – estribo, martelo e bigorna, os dois últimos derivados de ossos que compunham a mandíbula –, glândulas produtoras de secreção, o leite, em ao menos um estágio do desenvolvimento, e mandíbula formada por apenas um osso etc. Essas características fazem do ser humano um mamífero, assim como o canguru, o tamanduá e as baleias, todos pertencentes ao mesmo grupo monofilético. Tartarugas, cágados, jabutis, vivos e fósseis, compõem o grupo dos testudines, com ancestral comum provavelmente de idade triássica. Eles compartilham a carapaça dupla composta pelo casco (dorsal) e pelo plastrão (ventral), a transformação de uma das vértebras do pescoço em vértebra dorsal, a substituição dos dentes por um bico córneo triturador etc. É por isso que, ainda com dentes, a *Odontochelys semitestacea*, uma suposta "tartaruga" do período Triássico, não é agrupada com os testudines.

Caso algumas dessas novidades evolutivas não se encontrem em todas as espécies espalhadas pelos diferentes ramos, devem ser observadas ao menos em seus ancestrais. A evolução muitas vezes subtraiu características morfológicas, como o caso de serpentes que perderam os membros, a longa cauda que desapareceu da nossa linhagem Hominoidea, os dentes ausentes das aves modernas etc.

Novidades evolutivas podem ser observadas também nas mudanças de comportamento, como a construção de ninhos e o cuidado com filhotes, novidades incorporadas durante o processo evolutivo. Mais recentemente, feições que mostram parentesco foram descobertas também em sequenciais de genes compartilhadas entre diferentes grupos.

E OS DINOSSAUROS, O QUE ELES TÊM QUE OS OUTROS ANIMAIS NÃO TÊM?

OS DINOSSAUROS E O ANCESTRAL COMUM

E os dinossauros, chamados tecnicamente pelos paleontólogos de Dinosauria, compõem um grupo monofilético? Como os milhares de extremidades dos ramos de uma árvore se ligam a um único tronco, se voltarmos às gerações de todos os animais que chamamos de dinossauros, viventes e fósseis, chegaremos a um tronco ancestral comum a todos? Se for assim, quais são as características morfológicas derivadas e exclusivas que compartilham e que os reúnem nessa mesma árvore?

Até 1974, os paleontólogos acreditavam que os dinossauros reuniam animais de origens diversas, ou seja, o clado Dinosauria incluía animais de linhagens com diferentes ancestrais comuns. Os dinossauros, portanto, não eram considerados um grupo monofilético, mas polifilético. Agrupamentos polifiléticos eram comuns no passado. Os primeiros naturalistas agrupavam as aves e os morcegos como animais voadores, obviamente com origem em linhagens distintas (dinossauros e mamíferos); os vermes, como as planárias (platelmintos) e as minhocas (anelídeos), que reuniam animais rastejantes sem esqueleto interno ou externo. A ideia dos agrupamentos pelas caraterísticas compartilhadas era boa, mas a escolha das feições falhava porque não se levava em conta a origem comum. A questão era definir quais características comuns e exclusivas deveriam ser encontradas para a determinação do parentesco entre os grupos estudados e, assim, a ancestralidade comum, ou não, dos diferentes grupos. A capacidade do voo reunia morcegos e aves na categoria de animais voadores. No entanto, a anatomia dos ossos que compunham as asas, as penas, os pelos e a presença ou não de glândulas mamárias denunciavam uma origem diferente para esses animais. As características corretas e suas origens precisavam ser levadas em conta.

A partir de 1974, após uma ampla revisão das espécies conhecidas, os paleontólogos reconheceram, em muitos esqueletos, características derivadas compartilhadas pelas várias linhagens de dinossauros. Foi então que passaram a desconfiar de uma origem para os dinossauros a partir de um ancestral comum em algum ponto da linhagem dos arcossauros.

À medida que novas espécies de dinossauros foram descobertas, especialmente aquelas ligadas a grupos mais antigos do período Triássico, o conjunto das características que os definem foi sendo reconsiderado. Além disso, com a descoberta de vários dinossauriformes triássicos muito próximos ao ancestral comum aos dinossauros, mas ligados ao ramo anterior ao nó que determina o início da linhagem, o panorama se complicou. O que temos na atualidade é um conjunto de características que mostram padrões intermediários, estágios em transição, morfologias muito próximas entre si nos dois lados do limite entre dinossauros e não dinossauros. Até mesmo para os maiores especialistas é difícil encontrar o limite entre os ancestrais e os primeiros dinossauros próximos ao tronco inicial.

Até pouco tempo atrás, a fusão de três vértebras sacrais e o acetábulo totalmente aberto estavam entre as características que definiam os dinossauros. Atualmente, diversas espécies com características intermediárias, reconhecidas, por exemplo, com apenas duas vértebras sacrais fundidas e o acetábulo parcialmente aberto, são consideradas dinossauros. À medida que novas espécies próximas ao ancestral comum são descobertas, as características morfológicas exclusivas tendem a se tornar menos acentuadas.

Veja no esqueleto do *Plateosaurus engelhardti*, um dinossauro do final do período Triássico encontrado na América do Norte e na Europa, algumas das características que ajudam no reconhecimento do esqueleto de um dinossauro. Se encontrar um esqueleto por aí, tente identificar algumas dessas feições para ver se ele mostra ou não algum parentesco com os dinossauros.

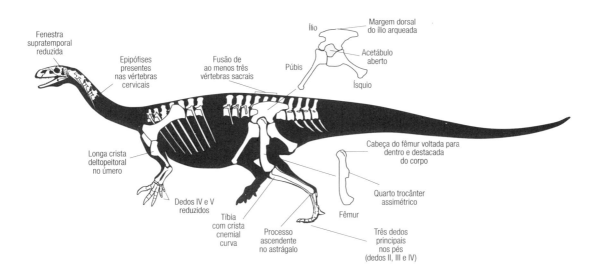

Algumas das características que auxiliam na determinação das afinidades de um esqueleto, segundo o modo como os paleontólogos entendem os dinossauros hoje. A escolha dessas características varia entre diferentes autores e algumas delas podem ou não ser consideradas em seus estudos para a determinação de parentesco entre diferentes espécies.

LUIZ E. ANELLI

AS AVES: DINOSSAUROS CONTEMPORÂNEOS

As aves também são dinossauros. Como vimos, um grupo monofilético deve ser representado por todos os descendentes de um mesmo ancestral. Se a partir de uma ave moderna você seguir de volta no tempo pelas linhagens fósseis ancestrais, conhecerá sua história evolutiva. Quando chegar ao período Jurássico, perceberá que as aves nasceram de dinossauros ancestrais que, embora emplumados, não eram voadores. Se retornar mais alguns milhões de anos, encontrará fósseis que representam ancestrais que incluem um número cada vez maior de linhagens descendentes, assim como acontece se acompanhar, desde o topo em direção ao tronco, o galho de uma árvore.

No esqueleto das aves modernas, embora muito diferentes devido às novas adaptações para o voo, ainda restam características compartilhadas exclusivamente com os dinossauros, feições que a evolução não modificou. As aves derivam dos dinossauros terópodos, uma linhagem que durante o Jurássico já incluía animais com tamanhos que variaram de 50 centímetros a 11 metros de comprimento. Bípedes, com uma longa cauda, garras nos dedos das mãos, dentes curvos serrilhados e pontiagudos, pouco lembram uma ave na aparência, em especial até recentemente, quando ainda não eram reconstruídos com o corpo revestido de penas. É difícil acreditar que um pequeno beija-flor compartilha o mesmo tronco ancestral com o gigantesco *Tyrannosaurus rex*, ambos dinossauros terópodos. Essa grande disparidade morfológica entre espécies de uma mesma linhagem é bastante comum na natureza – basta comparar o bem-te-vi com o avestruz.

PARENTESCOS INCRÍVEIS

A evolução modela os seres vivos de maneira a torná-los eficientes para se darem bem diante de mudanças ocorridas nos ambientes onde vivem, sem se importar com a aparência dos animais, claro, desde que ela não lhe seja útil!

Tudo conta para o sucesso de uma espécie. Por exemplo, de um pequenino ancestral terrestre que viveu 55 milhões de anos atrás, que gostava de comer peixes nos rios e lagos, derivaram, por linhagens distintas, o hipopótamo e a baleia-azul. Olha só a diversidade produzida pela evolução ao longo de 50 milhões de anos. A Pegasoferae, outra linhagem de mamíferos, reúne de um mesmo ancestral comum o rinoceronte, o morcego e o pangolim. A enorme discrepância na aparência, no entanto, se deve ao fato de que os morcegos aprenderam a explorar o ambiente de forma totalmente diferente das outras linhagens, pois desenvolveram a capacidade de voar. Apesar de compartilharem um mesmo ancestral, a evolução determinou mudanças morfológicas radicais em direções distintas por causa das estratégias de vida adotadas ao longo de 90 milhões de anos.

Porém, se seguirmos o caminho inverso das linhagens através dos fósseis pela intrincada árvore de parentescos, à medida que retornarmos no tempo, encontraremos animais com aparências cada vez mais semelhantes e chegaremos ao ancestral comum.

DO *TYRANNOSAURUS REX* AO BEIJA-FLOR

Assim, para compreendermos o parentesco das aves com os dinossauros, precisamos identificar se as linhagens compartilham características derivadas, as novidades evolutivas exclusivas, e não se elas têm a mesma aparência. O processo que fez deles animais com anatomia distinta assemelha-se ao caso das linhagens dos morcegos, rinocerontes e pangolins, isto é, estratégias de vida diferentes. As aves são dinossauros miniaturizados que aprenderam a usar as penas para voar, e as mudanças morfológicas para permitir o voo fizeram delas dinossauros muito diferentes daqueles como os imaginamos. As aves, porém, retiveram várias características que compartilham exclusivamente com os dinossauros, como as penas modernas com uma raque, vexilo e bárbulas, as clavículas fundidas formando a fúrcula – o "osso da sorte", aquele que quebrado com os dedos garante a quem ficar com a parte maior a realização de um desejo –, a microestrutura da casca do ovo etc. Fazendo novamente o caminho inverso, observando exemplares fósseis do início das linhagens, nem mesmo um paleontólogo conseguirá facilmente distinguir dinossauros voadores de pequenos dinossauros não voadores nos fósseis jurássicos das linhagens que incluem as primeiras aves, próximas ao ancestral comum, quando a transição ainda estava em curso. Os fósseis do *Archaeopteryx*, um dinossauro emplumado que viveu durante o período Jurássico na região que hoje corresponde à Alemanha, mostram várias características que lhe possibilitavam voar. Ele tinha cauda, dentes, dedos não fundidos das mãos, e era bípede como os dinossauros terópodos, mas tinha tamanho reduzido, ossos ocos que o deixavam muito leves, corpo recoberto com plumas e longas penas levemente assimétricas nos braços, típicas das aves voadoras. Embora o fóssil do *Archaeopteryx* não represente o ancestral comum das aves, ele nos oferece uma boa ideia da aparência que teriam os primeiros dinossauros voadores.

De fato, hoje sabemos que pequenos dinossauros emplumados de linhagens próximas aos deinonicossauros também possuíam anatomia que lhes permitiram voar em tempos distintos, em diferentes regiões: *Anchiornis* (China, 160 milhões de anos), *Microraptor* (China, 120 milhões), *Buitreraptor* (Argentina, 98 milhões), *Bambiraptor* (Estados Unidos, 72 milhões), *Rahonavis* (Madagascar, 70 milhões). Não foi um experimento único que deu certo com o *Archaeopteryx*, mas várias tentativas, sempre que a anatomia permitia, independentemente do tempo e da região.

O tempo de separação entre os pequenos dinossauros voadores e os não voadores ocorreu entre 160 e 70 milhões de anos atrás. Mesmo antes dessa época, a linhagem ancestral do *Archaeopteryx* já apresentava muitas discrepâncias dos grandes dinossauros caçadores de linhagens próximas. Desde o Jurássico, tantas foram as mudanças incorporadas que atualmente é fácil distinguir as aves dos dinossauros gigantes extintos, pois a aparência não deixa dúvidas. Da mesma forma como é fácil diferenciá-los, é difícil acreditar que derivaram de linhagens próximas às de grandes caçadores ou que as aves são mesmo dinossauros. Mas os paleontólogos têm a perspectiva histórica e conhecem a série de modificações implementadas pela evolução no decorrer do tempo. Acredite: o pequenino beija-flor é um dinossauro terópodo tanto quanto o foi o *Tyrannosaurus rex* ou qualquer outro monstro caçador. Ele é o resultado da evolução ao longo de milhões de anos em direção a uma nova estratégia de vida: o voo.

QUEM FORAM OS DINOSSAUROS?

Provavelmente, nesses intervalos, pequenos dinossauros competiam com os mamíferos placentados a ocupação dos nichos de pequenos caçadores. Linhagens que conseguiam decolar conseguiram alguma vantagem e prosperaram.

Veja algumas das características morfológicas presentes nas aves e nos dinossauros – as características derivadas compartilhadas que indicam que vieram de um mesmo ancestral.

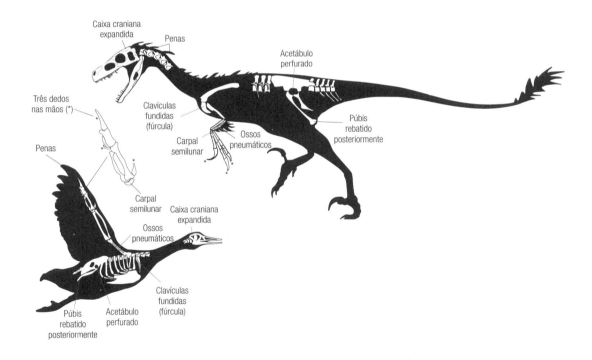

Esqueleto de terópodos mostram características compartilhadas entre dinossauros voadores e não voadores, evidências morfológicas da origem a partir de um mesmo ancestral.

As aves modernas e os dinossauros compartilham também características comportamentais que encontramos preservadas no registro fóssil. Pequenos dinossauros emplumados dormiam em posição semelhante à das aves atuais, sentados sobre as patas, com o pescoço, braços e cauda rebatidos junto do corpo a fim de preservar o calor, um comportamento comum hoje em animais de sangue quente. Vários indivíduos do *Mei long*, um pequeno dinossauro chinês que viveu 125 milhões de anos atrás no Cretáceo, foram encontrados fossilizados nessa posição. É um comportamento ancestral herdado pelas aves e uma provável indicação de que esses dinossauros já eram homeotérmicos. Cães e gatos, animais homeotérmicos clássicos, também dormem enrolados em dias frios. Dinossauros e aves chocam os ovos nos ninhos e cuidam por longo tempo dos filhotes após o nascimento. A casca dos seus ovos tem microestrutura diferente da encontrada na de outros répteis. Os ovos são coloridos ou com padrões para camuflagem. Compartilham um sistema respiratório sofisticado unidirecional com sacos aéreos, uma herança de tempos difíceis do início do período Triássico, quando o oxigênio da atmosfera sofreu uma queda drástica.

De tamanho reduzido, com ossos ocos que os deixavam ainda mais leves e longas penas nos braços usadas nas corridas para a captura de insetos, pequenos dinossauros estavam a meio caminho para decolar. Balançar os braços também funcionava como impulso para alcançar a face inclinada de uma falésia. O fato é que por diversas vezes, durante a era Mesozoica, dinossauros ganharam os ares, uma das garantias de que sobreviveriam à grande extinção que apagou para sempre da superfície terrestre aqueles que não sabiam voar.

3

ORIGEM E EXPANSÃO DOS DINOSSAUROS

Desde sua origem, a vida sempre enfrentou tragédias climáticas e geográficas impulsionadas pela atividade geológica ou causadas por impactos de grandes asteroides. Durante os 185 milhões de anos da era Mesozoica, o drama enfrentado foi ainda mais terrível, tanto devido ao estágio da vida que ocupava plenamente os continentes em grande diversidade quanto pela atividade geológica intensificada na superfície. Embora esses milhões de anos representem apenas 4% do tempo de existência da Terra, não há um intervalo com geologia, geografia, clima e biologia com tanta atividade e concentração de conquistas e tragédias.

Do começo ao final, a história dos dinossauros foi marcada por fenômenos que interferiram diretamente em sua evolução. O Mesozoico já correspondia à Era dos Dinossauros muito antes do nascimento do primeiro desses fabulosos animais. Os episódios que marcaram o final da era anterior e o início da Mesozoica, entre 254 e 251 milhões de anos, impulsionaram a evolução dos primeiros arcossauros, o grupo dos super-répteis dos quais, 20 milhões de anos mais tarde, evoluiriam os primeiros dinossauros. Foi das linhagens de arcossauros ancestrais que evoluíram muitas novidades que fizeram dos dinossauros superanimais: filamentos que dariam origem a penas sofisticadas; ovos com casca rígida; confecção de ninhos e cuidado com filhotes; ossos ocos e crânios com novas aberturas, bem mais leves; dentes achatados, serrilhados e curvos; rascunhos da postura bípede ereta e de um sistema respiratório sofisticado, fundamental em um momento em que a disponibilidade de oxigênio chegou a pouco menos de 12%.

A era Mesozoica foi também uma temporada vulcânica. Ela começou com o megavulcanismo siberiano, seguido por outros que determinaram a destruição total do Pangea. Entre as várias erupções que desmembraram a metade sul, além de vários impactos, houve as que fizeram muita diferença no clima e na evolução dos dinossauros. Assim, 234 milhões de anos atrás, foram os derrames wrangellianos que deram o impulso para a diversidade inicial dos dinossauros; o vulcanismo do Atlântico central, 201 milhões de anos atrás, dividiu o Pangea em dois e despediu da superfície os crurotársios, poderosos arcossauros cujo desaparecimento deixou livre os ecossistemas do Jurássico; os derrames Serra Geral, que cobriram com magma 1,5 milhão de quilômetros quadrados do sul e sudeste do Brasil 130 milhões de anos atrás e reorganizaram a distribuição dos dinossauros na América do Sul, África e Antártica; o vulcanismo Paraná-Etendeka, que iniciou a separação da América do Sul da África, 123 milhões de anos atrás, levando para lados opostos representantes de linhagens ligadas a milhões de anos; as erupções submarinas caribenhas, ocorridas entre 140 e 70 milhões de anos atrás, ainda hoje timidamente ativas nas ilhas vulcânicas de Galápagos, desde o frio período Jurássico, que ajudaram a elevar a temperatura global por 50 milhões de anos; e, finalmente, o vulcanismo no noroeste da Índia, ocorrido entre 68 e 64 milhões de anos. Tivessem os condutos de magma atravessado as camadas de carvão sob a região nordeste da Índia, seguramente não estaríamos aqui lendo e escrevendo livros.

Todos esses episódios vulcânicos e astronômicos foram os motores da nova geografia mesozoica, bem como das severas mudanças da composição dos gases da atmosfera e da temperatura global. Muito vulcanismo significava muito gás carbônico na atmosfera, o que fez do período Cretáceo um mundo supertropical repleto de florestas. No interior florestado aquecido e úmido, proliferavam fábricas de pandemias vetorizadas por mosquitos, ácaros, pulgas, piolhos e carrapatos. Esses seres promoviam o *delivery* de platelmintos, nematelmintos, protozoários, bactérias e vírus que infectavam o mundo dos dinossauros. Fragmentos de âmbar de 100 milhões de anos de idade encontrados em Myanmar guardam mosquitos com oocistos dos protozoários da malária íntegros em seu abdome, parasitas da leishmaniose em suas probóscides, além de hemácias de anfíbios, répteis e mamíferos que já importunavam naquela época.

Além da biologia, os intermináveis vulcanismos mexiam com a quantidade de gases de efeito estufa na atmosfera, que interferiam diretamente na temperatura e no clima, reorganizando correntes marinhas, ventos e a produtividade primária nos oceanos.

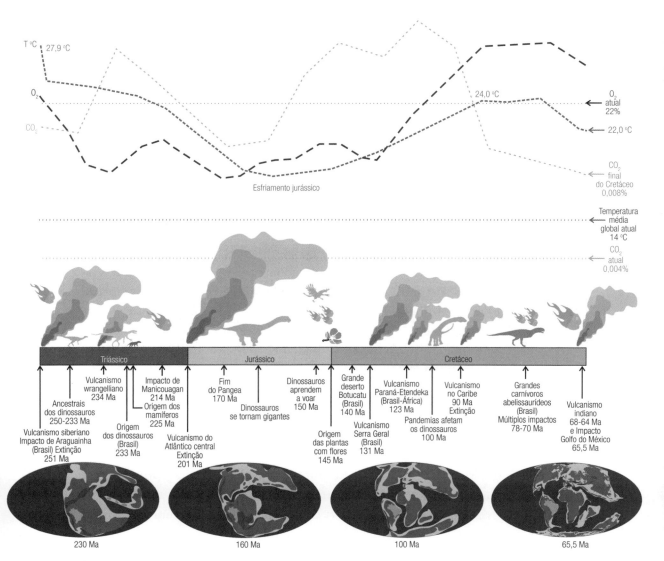

É impossível contar a história dos dinossauros sem conhecer a geologia da era Mesozoica. Nesse intervalo de 185 milhões de anos, o Pangea foi desmantelado após 150 milhões de anos de existência. Ele se partiu em dois no Jurássico, e até o final do Cretáceo, 65,5 milhões de anos atrás, a geografia global já era muito semelhante à atual, com pelo menos seis áreas continentais isoladas. As emissões de gás carbônico durante as ações vulcânicas mantiveram a temperatura média global sempre acima da atual. Quando a geologia diminuía seu ritmo, impactos de asteroides rompiam a estabilidade climática. Impactos e vulcanismos abrem e fecham a Era dos Dinossauros. Repare o baixo índice de oxigênio que adentra o Triássico, com valores bem inferiores ao atual, o que forçou a evolução de um sistema respiratório mais eficiente das novas linhagens evoluídas no período. Durante o Cretáceo, a porcentagem de oxigênio na atmosfera pode ter sido mais alta que a atual em pelo menos 4%. Com tantas mudanças, a esperança para a vida era a de sempre: evoluir.

UMA LINHAGEM DE SUCESSO

A evolução dos primeiros dinossauros não foi um episódio incomum ou extraordinário na história da vida. Durante os primeiros 270 milhões de anos, desde o período Cambriano, quando os primeiros vertebrados surgiram, por toda a era Paleozoica, até meados do período Triássico, muitas linhagens de sucesso já haviam se diversificado e dominado ecossistemas marinhos e terrestres. Para a vida, evoluir é obrigatório: se a evolução para, a vida deixa de existir. Por milhões de anos, pequenas mudanças morfológicas eram incorporadas e retidas no genoma dos animais sempre que os tornassem mais eficientes. Transmitidas aos seus descendentes, novas linhagens continuamente nasciam ao longo de milhões de anos, perseguindo as mudanças do clima, biologia e geografia. Assim como os dinossauros, muitos grupos de vertebrados – como tubarões e peixes ósseos, os primeiros tetrápodos, crocodilos, pterossauros (répteis voadores) e terapsídeos – diversificaram-se muito após sua origem e tornaram-se animais de grande sucesso.

O que surpreende na história dos dinossauros, no entanto, é o fato de que se tornaram dominantes na fauna terrestre alguns milhões de anos após sua origem e pelos 135 milhões de anos que se seguiram. Até os ares eles conquistaram e estão por aí ainda hoje em grande diversidade. Embora os pterossauros tenham ocupado o nicho de voadores por toda a Era dos Dinossauros, não foram sempre absolutos. Os dinossauros aperfeiçoaram o voo no final do Jurássico e durante o Cretáceo empurraram os pterossauros para fora do nicho de pequenos voadores, o que progressivamente os levou a alcançar tamanhos cada vez maiores até o final da era Mesozoica. A partir do período Jurássico, cerca de 200 milhões de anos atrás, praticamente todos os ecossistemas continentais, incluindo os polares, foram ocupados por diversas espécies de dinossauros carnívoros e herbívoros, muitos deles gigantescos, outros, do tamanho de uma pombinha. Eles só não ocuparam as águas provavelmente porque já estivessem repletas de outros répteis.

Nas últimas décadas, acreditava-se que os dinossauros haviam tomado essa posição de destaque porque acumularam adaptações que fizeram deles animais mais eficientes que seus contemporâneos. Presumia-se que haviam tomado o posto de animais dominantes porque ganharam uma competição. Pensava-se que durante o final do Triássico os dinossauros eliminaram gradualmente a fauna terrestre composta por sinápsidos, como dicinodontes e cinodontes, os esquisitos rincossauros e os poderosos arcossauros, como fitossauros, aetossauros, ornitossuquídeos e rauissuquídeos. No entanto, todos esses grupos ocupavam espaços distintos nos ecossistemas e, de fato, pouca, ou nenhuma, competição havia entre eles.

Essa ideia foi deixada de lado porque boa parte dos animais que os acompanhavam desde sua origem não desapareceu nas rochas de modo gradual, em longos processos competitivos, mas de maneira abrupta, em pelo menos três ocasiões. A primeira, em meados do período Triássico, na parte final do estágio Carniano, quando o longo vulcanismo submarino wrangelliano mudou o clima global entre 234 e 232 milhões de anos atrás no noroeste do Pangea. A segunda e a terceira durante um impacto e outro extenso vulcanismo, entre 214 e 200 milhões de anos atrás, próximos ao final do Triássico. As rochas derivadas desse extenso vulcanismo estão ligadas à província magmática do Atlântico central, presente nas Américas, África e Europa. Para se ter uma ideia, este último vulcanismo derramou magma por uma área equivalente a uma vez e meia o território brasileiro: 11 milhões de quilômetros quadrados.

Os dinossauros eram mesmo muito especiais por causa das diferentes razões anatômicas e fisiológicas que, aparentemente, deram a eles maior chance de sobreviver às sucessivas crises ambientais nos estágios iniciais da sua evolução, suportar a aridez e explorar diferentes modos de vida em distintas regiões do Pangea.

Entre as sofisticadas adaptações que fizeram deles super-répteis destacavam-se a postura bípede, com os membros posicionados diretamente abaixo do corpo; o sistema respiratório unidirecional; o crescimento rápido; e, seguramente, algum tipo de controle da temperatura corporal, a homeotermia, ainda que em estágios iniciais. Além disso, a radiação adaptativa ocorreu também porque se apoderaram dos espaços deixados por seus contemporâneos desaparecidos durante as extinções. No primeiro desses, durante o longo fenômeno úmido provocado pelo vulcanismo wrangelliano, o chamado Episódio Pluvial Carniano (EPC), desapareceram membros de diversas linhagens de dicinodontes, rincossauros e cinodontes herbívoros, provavelmente em virtude da extinção da flora da qual se alimentavam. Esses episódios abriram espaço para que dinossauros faunívoros e herbívoros – os sauropodomorfos – irradiassem, aproveitando a nova flora e fauna. No segundo, desapareceram dinossauriformes silessaurídeos, grandes dinossauros predadores herrerassaurídeos, além de fitossauros, aetossauros, ornitossuquídeos e raissuquídeos.

No final do Triássico, as principais linhagens de dinossauros – sauropodomorfos, ornitísquios e terópodos – já existiam, mas a diversidade era ainda discreta. Os ecossistemas não estavam repletos de dinossauros. A fauna dinossauriana era composta principalmente por animais pequenos, muitos deles de hábitos alimentares mistos, faunívoros e onívoros, com estratégias de vida mais resistentes a variações climáticas e à interferência ecológica.

OS PRIMEIROS DINOSSAUROS

Os dinossauros mais antigos são encontrados em rochas do período Triássico do Brasil e da Argentina, com idades entre 233 e 230 milhões de anos. *Staurikosaurus pricei*, *Saturnalia tupiniquim* e *Buriolestes schultzi*, no Brasil (entre outros), e *Eoraptor lunensis* e *Herrerasaurus ischigualastensis*, na Argentina, são os mais famosos.

O *Buriolestes schultzi*, encontrado em rochas do período Triássico do Brasil, é um dos mais antigos dinossauros conhecidos. Ele chegava a 1,5 metro de comprimento. O *Ixalerpeton polesinensis* é um lagerpetídeo, muito próximo na aparência e modos de vida aos ancestrais dos primeiros dinossauros, mas ligado, de fato, à base ancestral dos pterossauros.

ANCESTRAIS

Entre os animais que compartilham ancestrais comuns próximos aos dinossauros estão os dinossauromorfos argentinos *Lagosuchus* e *Marasuchus*, da formação Ischigualasto e, pouco mais próximo, o dinossauriforme brasileiro *Sacisaurus agudoensis*, encontrado em rochas triássicas da formação Caturrita, no Rio Grande do Sul. Exceto pelo *Sacisaurus*, quadrúpede e herbívoro, esses ancestrais eram pequenos predadores faunívoros bípedes, todos semelhantes na forma geral aos primeiros dinossauros. Alguns desses esqueletos foram encontrados na Argentina em rochas dois ou três milhões de anos mais antigas (*Lagerpeton* e *Marasuchus*, com 234-236 milhões de anos) que continham os mais antigos dinossauros. No Brasil, o *Sacisaurus*, com 226 milhões de anos, era um remanescente sobrevivente da linhagem que compartilhava ancestral comum com os primeiros dinossauros.

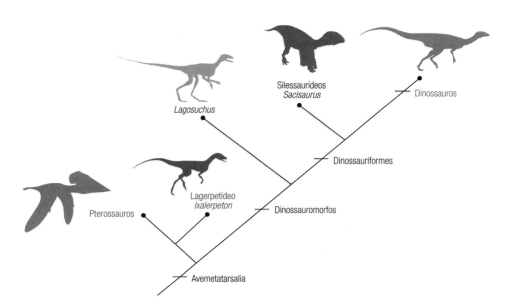

Relações entre grupos ancestrais representados em rochas brasileiras, *Sacisaurus agudoensis*, e argentinas, *Lagosuchus*, ambos de parentesco próximo aos primeiros dinossauros. O lagerpetídeo *Ixalerpeton* ganhou recentemente muita notoriedade porque novas análises o associaram às raízes dos pterossauros.

IXALERPETON

Os restos fósseis do *Ixalerpeton* mostram pela primeira vez em lagerpetídeos elementos do crânio, vértebras do tronco e pescoço, ossos da cintura e membros anteriores. Ainda quadrúpede, era possivelmente faunívoro e se alimentava de larvas e outros pequenos animais. Mas o que surpreendeu os paleontólogos foi a semelhança de seu cérebro, ouvido interno, mandíbula e dentes com os dos pterossauros, os famosos répteis voadores cujos ancestrais são um enigma há quase dois séculos. O *Ixalerpeton* possuía braços alongados, possivelmente usados para escalar ou apanhar insetos dos ramos das árvores, um plausível caminho intermediário para linhagens que logo decolariam. Os mais antigos pterossauros aparecem em rochas 18 milhões de anos mais recentes que o *Ixalerpeton*. Tendo em vista o tempo gasto para essas transições em outros grupos, é provável que logo os paleontólogos encontrem novos esqueletos de animais já capazes de voar, porém mais próximos no tempo ao *Ixalerpeton*, quem sabe apenas cerca de 5 milhões de anos mais novos e, se tivermos sorte, em rochas brasileiras.

A ÁRVORE DOS DINOSSAUROS

DOIS GRANDES GRUPOS: ORNITÍSQUIOS E SAURÍSQUIOS

Os dinossauros podem ser agrupados em dois grandes ramos: ornitísquios e saurísquios. Eles foram estabelecidos por Harry Seeley em 1887, segundo o arranjo dos ossos da cintura pélvica – o ísquio, o ílio e o púbis. Dos ornitísquios, aqueles com o púbis voltado para trás, derivaram os heterodontossaurídeos, o grupo mais basal, e três grandes ramos: os tireóforos, os marginocéfalos e os ornitópodos. Dos saurísquios, aqueles com o púbis voltado para a frente, originaram os herrerassaurídeos, os sauropodomorfos e os terópodos. Muitos esqueletos dos mais antigos representantes desses grupos foram encontrados em rochas do Triássico no Brasil. Dos terópodos, ramificaram as várias linhagens de dinossauros carnívoros e, de uma delas, miniaturizada ao longo de 80 milhões de anos e, emplumada, nasceram as primeiras aves no final do Jurássico.

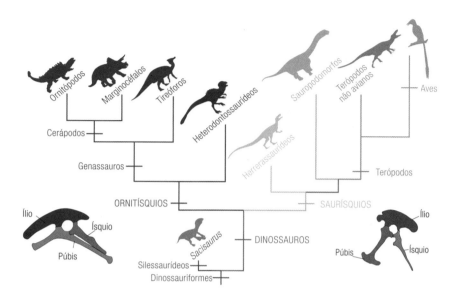

O cladograma mostra a relação de parentesco entre os principais grupos de dinossauros, os ornitísquios e os saurísquios. Abaixo do nó que determina o início da linhagem, está o *Sacisaurus*, um dinossauriforme silessaurídeo, representante da linhagem com parentesco mais próximo aos dinossauros, mas extinta no final do Triássico.

De modo geral, cada um dos grandes grupos possui características exclusivas ligadas às estratégias de vida adotadas ao longo de sua linhagem ancestral. Boa parte delas ainda está acessível aos paleontólogos na anatomia dos seus ossos. Cada detalhe anatômico nos ajuda a organizar a árvore, porque mostra as características compartilhadas entre as diferentes espécies, o que determina a proximidade entre elas.

Os ornitísquios acumularam mudanças morfológicas principalmente ligadas ao modo de alimentação herbívoro. Os sauropodomorfos basais mostram características da transição ocorrida de pequenos dinossauros faunívoros e omnívoros em direção aos gigantescos herbívoros saurópodos. Estes, por sua vez, têm marcada em seu esqueleto a anatomia para a sustentação do corpo imenso que adquiriram a partir do Jurássico. Os herrerassaurídeos e os terópodos mostram feições condizentes principalmente com o modo de vida predador que adotaram.

A evolução contínua torna os animais mais eficientes, adaptados às mudanças ocorridas em seu ambiente devidas quase sempre às variações da geografia e do clima, e no seu contexto ecológico, especialmente em relação à fauna e à flora que os circundavam.

Se no capítulo anterior você aprendeu a identificar um dinossauro, agora conhecerá quais características o ajudarão a conhecer membros das suas principais linhagens.

ORNITÍSQUIOS

Sem dúvida, os ornitísquios reúnem a maioria dos dinossauros mais legais, não apenas pela anatomia elegante de algumas espécies, como pela extravagância de outras.

A imensa franja óssea deixava o crânio do *Pentaceratops* com 2,30 metros de comprimento. Cercada com espinhos e nódulos, o teto do crânio do *Pachycephalosaurus* era reforçado com 25 centímetros de espessura de tecido ósseo. Crânios com lesões profundas confirmam que usavam a cabeça durante estrondosas disputas. No *Parasaurolophus*, a crista tubular oca, seguramente usada para bramidos de comunicação, alongou seu crânio para até 2 metros de comprimento. O *Stegosaurus* carregava no dorso dezessete placas ósseas que cresciam a partir da sua pele, as maiores com 60 centímetros de comprimento, usadas como reguladores de temperatura, *display* sexual, ou então para intimidação de predadores. Quatro espinhos, os maiores com até 90 centímetros, ornamentavam a extremidade da sua cauda.

No ano 2000, paleontólogos encontraram fósseis do ornitópodo *Brachylophosaurus*, um herbívoro de 9 metros de comprimento. Apelidado de "Leonardo", não traria nada de novo – pois vários esqueletos dessa espécie já eram conhecidos – se seu corpo não tivesse sido mumificado antes da fossilização. Morto 78 milhões de anos atrás, onde hoje fica o Estado de Montana, nos Estados Unidos, tem em seu esqueleto marcas recentes provocadas por um grande predador. No entanto, de alguma forma, sua carne não foi devorada e, sem o ataque de bactérias e animais carniceiros, teve boa parte do corpo e órgãos mumificados antes de se tornar um fóssil. Por isso, alguns de seus tecidos moles se fossilizaram. Sob um poderoso raio X, os paleontólogos encontraram petrificados o bico córneo, como o das aves, feito de queratina, o papo no pescoço, onde o alimento era armazenado antes de ser digerido, o coração com artéria aorta única, indicativa da presença de quatro câmaras, como nos animais de sangue quente, e o fígado. O estômago continha pólen e esporos de pelo menos quarenta espécies de planta, além de restos de samambaias e magnólias. Cerca de duzentas cavidades encontradas em seu estômago mostraram que os dinossauros já sofriam de infestações de parasitas. Sozinho, Leonardo é uma verdadeira enciclopédia sobre a vida dos dinossauros ornitísquios.

Exceto por raros grupos que apresentavam certo grau de onivoria – como os heterodontossaurídeos e alguns anquilossaurídeos –, os ornitísquios eram herbívoros. Durante o Cretáceo, quando se tornaram comuns e muito diversificados, os dentes dos ornitópodos eram especialmente adaptados para triturar vegetais. Foram os únicos dinossauros capazes de mastigar o alimento, uma das razões para o grande sucesso que tiveram no Cretáceo. O osso púbico voltado para trás deixava mais espaço na cavidade abdominal para que seu estômago pudesse receber grandes quantidades de vegetais. O fato de esse osso estar rebatido posteriormente, como nas aves, também deu origem ao nome do grupo, que significa "púbis de ave". As aves, no entanto, se originaram da linhagem dos dinossauros terópodos que tiveram o púbis progressivamente revertido durante o processo evolutivo. Esse é mais um caso clássico de convergência evolutiva, quando características semelhantes evoluem de modo independente para resolver problemas fisiológicos ou ecológicos, e não devido à herança filogenética.

Os ornitísquios foram tanto quadrúpedes quanto bípedes e tiveram seu grande salto de diversidade a partir do final do Jurássico. Entre os mais antigos, encontra-se o pequeno *Pisanosaurus*, de apenas 1 metro de comprimento. Seu esqueleto foi encontrado em rochas do Triássico da Argentina. No Brasil, até recentemente, somente pegadas de ornitópodos eram conhecidas em rochas do Cretáceo expostas na região Nordeste e Sudeste do país. Em 2017, pegadas de um ornitísquio nodossaurídeo (tireóforo) foram descobertas no Rio Grande do Sul em rochas do Jurássico de 150 milhões de anos. Trata-se de um importante achado por tratar-se do mais antigo sinal da presença de um anquilossauro na América do Sul.

De modo geral, restos fósseis como ossos e dentes de dinossauros ornitísquios são raríssimos em rochas brasileiras. Esses animais eram incomuns em nossas terras e deve haver alguma explicação para isso, provavelmente ligada à sua ecologia e à aridez que castigou essa região por quase toda a era Mesozoica. Só os paleontólogos poderão esclarecer esse mistério.

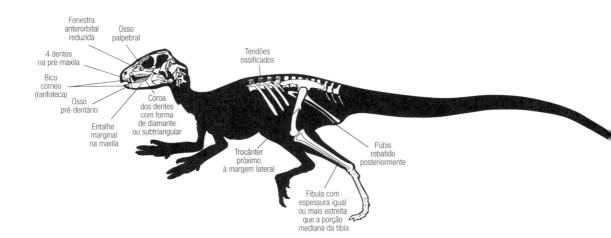

Heterodontosaurus tucki, dinossauro do início do Jurássico, encontrado na África do Sul, com algumas das características próprias de um ornitísquio.

SAURÍSQUIOS

Como o tronco principal de uma árvore que se ramifica, a árvore dos dinossauros vai tomando forma com as diferentes linhagens. Os saurísquios formam o outro grande ramo dos dinossauros e reúnem três grupos monofiléticos: o dos herrerassaurídeos, mais basais, formados por dinossauros predadores de topo mais antigos que exerceram, durante os 30 milhões de anos de sua existência durante o Triássico, o papel ecológico que os poderosos terópodos assumiram a partir do Jurássico; o dos sauropodomorfos, com sete espécies representantes do início da linhagem encontrados em rochas triássicas brasileiras e dos quais se originaram os gigantescos saurópodos, como os diplodocídeos e os titanossauros, ambos conhecidos de rochas do Cretáceo brasileiro e que hoje, como um grande farol, têm mostrado aos paleontólogos o caminho tomado pelos dinossauros durante o seu primeiro pulso de diversidade; e os superfamosos terópodos, carnívoros caçadores, gigantes ou pequeninos, dos quais derivaram as aves. Todos esses grupos estão representados em rochas brasileiras do Triássico no Rio Grande do Sul.

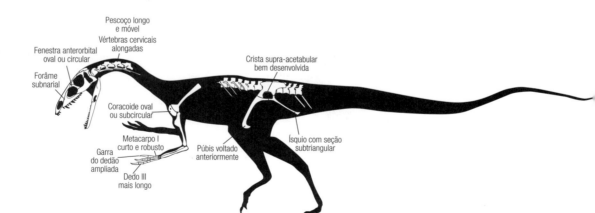

Um dinossauro terópodo celofisoide do final do Triássico com algumas características que o definem como saurísquio.

SAUROPODOMORFOS BASAIS E SAURÓPODOS

Os mais antigos sauropodomorfos viveram durante o estágio Carniano, na parte superior do Triássico, entre 233 e 225 milhões de anos atrás, logo após o aparecimento dos primeiros dinossauros. No Brasil, o *Buriolestes*, descrito em 2016, e o *Saturnalia*, em 1999, além de outras cinco espécies e, na Argentina, o *Riojasaurus*, em 1969, e o *Eoraptor*, em 1993, representam o primeiro pulso de diversidade registrado para os dinossauros. Era um momento de transição. Essas espécies seguiam na direção dos pescoçudos quadrúpedes herbívoros que logo seriam os únicos representantes da linhagem. Mas as espécies basais ainda traziam em sua anatomia feições dos seus ancestrais não dinossauros. Seus esqueletos mostram uma mistura de feições e hábitos, um mosaico da evolução que confundiu os paleontólogos quando começaram a estudá-los. Esse episódio evolutivo foi condicionado por uma mudança climática global brusca, conhecida como Evento Pluvial Carniano. Ela foi disparada por extensas emissões de gases de efeito estufa durante um vulcanismo no noroeste do Pangea. Suas rochas compõem hoje a Província Ígnea de Wrangellia e estão expostas no Alasca e no litoral oeste do Canadá. Choveu muito entre 234 e 232 milhões de anos atrás, e as mudanças ambientais provocadas por esse intervalo úmido em um tempo de longa aridez provocaram a extinção de linhagens de terapsídeos, que abrigavam os ancestrais dos mamíferos, e os dinossauros aproveitaram os espaços deixados. Foi a partir desse momento que começaram a se diversificar. Sauropodomorfos de 2 ou 3 metros de comprimento encontrados no Brasil eram as raízes das quais logo evoluiriam os grandes saurópodos. O esqueleto do *Buriolestes* reúne o corpo de um herbívoro com um cérebro, dentes e crânio de um dinossauro caçador. Foi uma evolução explosiva, impulsionada pela geologia, quando novas linhagens ainda muito próximas entre si traziam em seu corpo a anatomia de seus ancestrais. Porém, antecipando os hábitos de seus descendentes, sua evolução representa um mosaico de morfologias, um dos momentos mais espetaculares da história dos dinossauros e mesmo da biologia pré-histórica mundial.

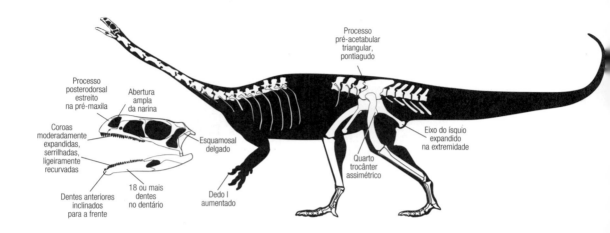

Macrocollum itaquii, dinossauro do final do Triássico do Rio Grande do Sul e algumas das características de um sauropodomorfo do início da linhagem.

Dos sauropodomorfos evoluíram os maiores animais que já pisaram os continentes, os saurópodos, que nos períodos Jurássico e Cretáceo ultrapassaram 40 metros de comprimento e até 80 toneladas de peso. O tamanho descomunal e os modos de vida exigiram nova arquitetura corporal, e as diversas feições impressas em seus esqueletos nos ajudam a reconhecê-los. Como chegaram a esses tamanhos descomunais é ainda motivo de debate. Claro que crescer muito é uma poderosa estratégia contra predadores, o que é fundamental num mundo cheio de caçadores terópodos. Mas o gigantismo também traz alguns problemas. Carregar um corpo de até 80 toneladas requer muita energia, e muita energia só se produz com muito alimento. Além disso, nascidos de ovos pequenos, precisavam crescer rapidamente a fim de alcançar a maturidade sexual e um tamanho que os protegessem contra os predadores. O problema é que crescimento rápido exige metabolismo acelerado, capaz se superaquecer o animal, o que compromete o seu sistema nervoso central. Talvez não fossem animais de sangue quente, e seu tamanho avantajado favoreceu sua evolução, porque animais de grande porte perdem calor mais lentamente, um fenômeno conhecido como "gigantotermia", importante para economia de energia.

Mas a verdade é que foram animais de sucesso por cerca de 130 milhões de anos e de algum modo lidaram bem com o superaquecimento. Entre as possibilidades que lhes permitissem esse modo de vida estava o resfriamento pelo sofisticado sistema respiratório unidirecional, com sacos aéreos anexos em grandes cavidades ósseas, semelhantes aos dos terópodos e ainda presentes nas aves atuais. Outra possibilidade é que o alto metabolismo perdurava somente durante a fase de crescimento mais rápido, enquanto o animal ainda não apresentasse o imenso volume que retarda a perda do calor.

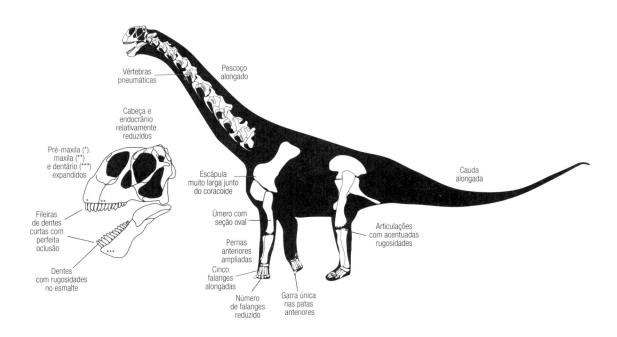

Camarasaurus supremus, dinossauro do Jurássico, com algumas características de um saurópodo.

HERRERASSAURÍDEOS

Esqueletos de herrerassaurídeos são encontrados em rochas do Brasil e da Argentina com pouco mais de 230 milhões de anos, mas é no nosso país que estão os esqueletos mais antigos conhecidos, de 233 milhões de anos: o *Staurikosaurus pricei*, o primeiro dinossauro descrito em rochas brasileiras, em 1970, e o *Gnathovorax cabreirai*, relatado em 2019, ambos descobertos no Rio Grande do Sul. Na Argentina, são conhecidos o *Herrerasaurus ischigualastensis* e o *Sanjuansaurus gordilloi*, ambos de rochas pouco mais novas, de 231 milhões de anos.

Os herrerassaurídeos foram os primeiros dinossauros superpredadores e desempenharam esse papel até o final do Triássico, quando foram extintos.

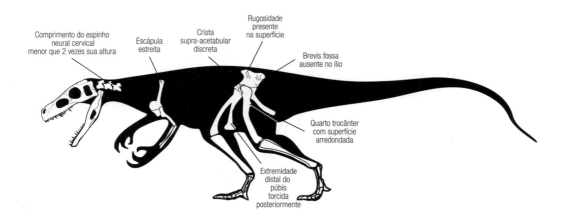

Gnathovorax cabreirai, dinossauro do final do Triássico, com algumas características de herrerassaurídeo.

TERÓPODOS

Outro grande ramo dos saurísquios predadores, muito diversificado e bem mais conhecido, é o dos terópodos, linhagem de ilustres, imensos ou pequeninos, predadores carnívoros bípedes e daqueles que aprenderam a voar. Embora com uma profunda raiz filogenética e ecológica tradicionalmente hipercarnívora, cuja dieta era composta por 70% de carne, a evolução também os levou a ocupar outros nichos.

Evidências diretas, como a presença de um bico queratinoso (ranfoteca), minúsculos dentes cônicos e moinho gástrico (moela), indicam dieta herbívora predominante em terópodos ornitomimossauros. Preferência por vegetais verifica-se também nos esquisitos therizinossauros, dotados de densa dentição lanceolada com serrilhas grosseiras, taxa baixa de substituição dos dentes, ranfoteca, pescoço longo e crânio pequeno, barriga enorme, pés com quatro dedos funcionais e a anatomia das pernas sem as adaptações dos carnívoros corredores (cursoriais). Suas garras, enormes, eram provavelmente usadas para puxar os ramos das árvores a fim de alcançar as folhas. Além deles, havia dinossauros piscívoros, imponentes pescadores como o africano *Spinosaurus* e o brasileiro *Oxalaia*. Insetívoros, como o *Shuvuuia*, da Mongólia, tinham focinho alongado, mandíbulas delicadas e dentes pequenos e pontiagudos. Havia ainda os onívoros, como o troodontídeo *Stenonychosaurus*, que tinha mandíbula com a forma semelhante à dos iguanas, comedores de folhas e frutas, e as serrilhas dos dentes grosseiras e espaçadas, indicativas de que se alimentavam de vegetais. No entanto, seu cérebro amplo, mãos com garras para agarrar e possível visão estereoscópica mostram que o *Stenonychosaurus* também gostava de caçar.

A evolução levou os terópodos para todos os lados e por isso foram – e ainda são – animais de tanto sucesso.

Entre os mais antigos terópodos conhecidos está o *Nhandumirim waldsangae*, outro dinossauro brasileiro encontrado em rochas do Triássico do Rio Grande do Sul, descrito em 2019. Seu parentesco com os terópodos foi recentemente contestado, pois outra análise chegou a agrupá-lo com os sauropodomorfos, confirmando a evolução em mosaico dos dinossauros do Triássico gaúcho. Somente esqueletos mais completos ajudarão a solucionar essa questão. Os paleontólogos brasileiros estão de plantão.

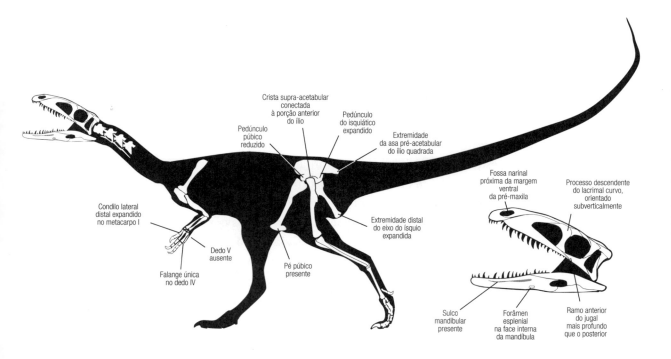

Um dinossauro dilofossaurídeo do final do Triássico com algumas características que identificam um terópodo.

DERRUBANDO A ÁRVORE?

Em 2017, paleontólogos ingleses reestudaram as relações filogenéticas existentes entre os diferentes grupos de dinossauros. Analisaram 452 caracteres de 74 espécies encontradas em boa parte do Pangea, em rochas dos períodos Triássico e Jurássico. Os resultados praticamente desmontaram a árvore que havia 130 anos dava aos paleontólogos a ideia da história evolutiva dos dinossauros. Foi uma surpresa geral para a comunidade científica, em especial para aqueles que havia décadas se ocupavam com essa área da paleontologia.

ORIGEM E EXPANSÃO DOS DINOSSAUROS

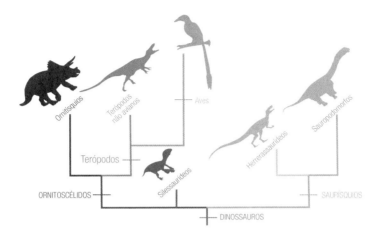

A proposta filogenética para os dinossauros, com a criação do grupo dos ornitoscélidos. Silessaurídeos, até então considerados dinossauriformes e não pertencentes aos ramos dos dinossauros, começam a fazer parte da árvore e não apenas retrocedem a origem do grupo para o início do Triássico, 250 milhões de anos atrás, como levam a origem da linhagem para o norte do Pangea, em terras hoje situadas na Europa.

Entre as mudanças está o novo ramo dos ornitoscélidos, que reúne as linhagens dos carnívoros terópodos e dos herbívoros ornitísquios, e o dos saurísquios, que inclui os sauropodomorfos e os herrerassaurídeos como grupos irmãos. Nessa nova configuração, dinossauros predadores carnívoros de topo, os herrerassaurídeos e os terópodos, antes agrupados com os sauropodomorfos no ramo dos saurísquios, foram separados, um incômodo passo extra para a resolução da árvore, porque faz supor que a carnivoria tenha se originado em dois momentos distintos. Tudo é possível para a evolução, mas sempre se dá preferência para árvores mais simples. Por outro lado, o revestimento do corpo com cerdas, fibras e protopenas, encontradas em membros dos terópodos e ornitísquios, ganhou origem única quando estes foram agrupados nos ornitoscélidos.

No entanto, após essa proposta, estruturas semelhantes a protopenas foram encontradas em pterossauros, o que aponta para a presença delas em grupos anteriores a estes e aos dinossauros. Isso quer dizer que essas protopenas podem ter sido herdadas por todos os dinossauros, e só não foram encontradas ainda em dinossauromorfos, herrerassaurídeos e sauropodomorfos possivelmente por questões ligadas à preservação.

A criação dos ornitoscélidos também separou os terópodos dos sauropodomorfos, grupos que, diferentemente dos ornitísquios, compartilham ossos pneumáticos, com cavidades com bolsas de ar para um tipo sofisticado de respiração que ajudavam a reduzir o peso do esqueleto. Presentes também em pterossauros, podem ter origem em ancestrais dos avemetatarsálias. De outra forma, considera o aparecimento independente em saurópodos e terópodos, o que acrescenta o indesejado passo extra para a representação da árvore.

Talvez a mais importante mudança para os paleontólogos brasileiros e sul-americanos é o fato de que a nova árvore inclui dentro dos dinossauros animais anteriormente considerados como não dinossauros, os silessaurídeos. E isso muda muita coisa. Ossos e pegadas de silessaurídeos estão impressos em rochas mais antigas da África e da Europa, o que faz deles os dinossauros mais antigos conhecidos, superando em idade o brasileiro *Staurikosaurus pricei* e o argentino *Eoraptor lunensis*, os mais antigos do mundo. Os silessaurídeos, então, tornam-se os mais antigos dinossauros conhecidos.

Esqueletos do *Asilisaurus kongwe* e do *Nyasasaurus parringtoni* foram encontrados na Tanzânia, África, em rochas de 247-243 milhões de anos, 14 milhões de anos mais antigos que os mais velhos dinossauros sul-americanos. Confirmados como dinossauros, a origem desse pomposo ramo dos répteis retrocede no tempo quase 20 milhões de anos, deixando a América do Sul e partindo para a África, ainda que na região gondwânica do sul do Pangea.

Mas nada é tão ruim que não possa ficar ainda pior. Mais antigas que os esqueletos africanos, pegadas encontradas em rochas da Polônia de cerca de 250 milhões de anos, de longa data atribuídas a dinossauriformes, podem assumir o posto de dinossauros, o que leva a origem do grupo para o norte do Pangea. Finalmente, o dinossauriforme *Saltopus elginensis*, encontrado na Escócia em rochas de 225 milhões de anos, aparece como a espécie mais próxima dos primeiros dinossauros, o que levou os autores a cogitar a possibilidade de que os dinossauros tenham se originado em terras escocesas.

Confirmados esses estudos, a América do Sul não apenas perderá a guarda dos dinossauros mais antigos do mundo como também o honrado posto de berço deles.

Mas a nova árvore não ficou muito tempo em pé. Ainda em 2017, um grupo de cientistas liderado por um paleontólogo brasileiro da Universidade de São Paulo, *campus* de Ribeirão Preto, refez as análises acrescentando dados e corrigindo imperfeições. A antiga árvore voltou a contar a velha história. Até então, a América do Sul continuava sendo a região de origem da mais espetacular linhagem de animais que já habitou os continentes. E então...

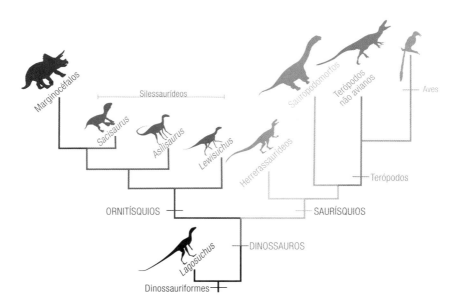

Embora com a proposta de 2020 os silessaurídeos tenham encontrado um lugar no seleto grupo dos dinossauros, eles perderam o *status* de grupo monofilético. Ainda que compartilhem um ancestral comum dentro dos ornitísquios, os silessaurídeos não mais incluiriam todos os descendentes desse mesmo ancestral. Agrupamentos como esse são considerados não naturais e chamados de parafiléticos.

...mais uma vez a árvore tradicional tombou. Em 2020, paleontólogos do Centro de Apoio à Pesquisa Paleontológica da Universidade Federal de Santa Maria, em São João do Polêsine, no Rio Grande do Sul, em nova análise, chegaram a um resultado surpreendente: os grupos tradicionais se mantiveram, mas os silessaurídeos, incluindo o brasileiro *Sacisaurus*, os argentinos *Lewisuchus* e *Pisanosaurus*, o tanzaniano *Alisisaurus* e o zambiano *Lutungutali*, e vários outros, passaram a ser considerados ornitísquios. Muito antigos, todos de idade triássica, ocuparam uma lacuna temporal até então vazia, pois dinossauros ornitísquios que não deixam dúvidas sobre suas afinidades até então só apareciam em rochas do Jurássico. Mais uma vez o tão desejado título de "berço dos dinossauros" deixou o Brasil e se transferiu para a Zâmbia e a Tanzânia, porque lá estão os fósseis mais antigos de silessaurídeos.

O quadro geral, no entanto, não muda assim da noite para o dia. Novos estudos precisam confirmar as mudanças antes que se derrube uma árvore, pois muita ciência está em jogo, e a prudência dos paleontólogos consumirá anos de discussões e novas pesquisas. O Brasil, então, continua sendo o "berço dos dinossauros".

A ÁRVORE BRASILEIRA

A árvore ilustrada nas páginas 164-165 mostra as afinidades filogenéticas, o grau de parentesco, entre 56 dinossauros descobertos no Brasil, 38 dos quais reconhecidos como espécies oficialmente descritas. Outros 18 têm sua presença garantida em terras brasileiras, mas ainda não foram encontrados elementos suficientes para a determinação da espécie. Essas dúvidas ocorrem em todo lugar, não é privilégio do Brasil.

A confecção da árvore foi totalmente baseada nas características morfológicas encontradas nos ossos fossilizados, se compartilhadas ou não entre os dinossauros ali representados. Pterossauros e silessaurídeos são grupos bastante próximos dos dinossauros, mas lhes faltam determinadas características, assim como lhes sobram outras, o que os leva a se agrupar em outro ramo, fora do tronco dinossauriano.

Dinossauros do Brasil, representados somente pelas pegadas, estão ali incluídos porque as diferentes anatomias das marcas deixadas pelos seus pés indicam afinidades com os dois diferentes ramos de ornitísquios. Já se falou muito sobre o fato de não serem conhecidos no Brasil restos fósseis de ornitísquios, mas, atualmente, um novo aspecto chama a atenção. Análises recentes têm incluído espécies de dinossauros silessaurídeos como possíveis ramos basais na evolução dos ornitísquios. Por isso, o único dinossauro silessaurídeo brasileiro, o *Sacisaurus agudoensis*, aparece na árvore ligado também aos ornitísquios.

Na base do ramo que sustenta os gigantes pescoçudos estão pelo menos sete espécies de dinossauros, entre eles os mais antigos do mundo encontrados em rochas do Triássico do Rio Grande do Sul. Eles registram o primeiro pulso de diversidade dos dinossauros sauropodomorfos. Muitos deles, praticamente completos, já tiveram os moldes de seus endocrânios, que alojavam o cérebro, reconstruídos, o que mostrou aos paleontólogos que os gigantes quadrúpedes herbívoros do Jurássico e do Cretáceo nasceram de pequenos caçadores bípedes que viveram no sul do Pangea. Mosaicos da evolução, pois misturam tanto características dos seus ancestrais como dos seus descendentes, representam um dos maiores tesouros da paleontologia mundial.

Rochas triássicas também nos deixaram gravados representantes de um misterioso grupo de dinossauros, os herrerassaurídeos. Um deles, o *Staurikosaurus pricei*, é considerado o dinossauro mais antigo do mundo. Seus fósseis foram encontrados vários metros abaixo de uma camada de idade aproximada de 232,9 milhões de anos. O *Staurikosaurus* e o *Gnathovorax* são enraizados como saurísquios basais e, embora tenham modos de vida e aparência muito similares aos dos terópodos, ainda não mostraram feições anatômicas que lhes permitem ser agrupados com os famosos caçadores.

Dos 29 dinossauros terópodos representados nessa árvore, 16 ainda não mostraram feições suficientes para que a espécie seja determinada. Dois terópodos triássicos desafiam paleontólogos acerca da determinação de suas afinidades: o *Nhandumirim*, que nas análises com frequência aparece no ramo dos sauropodomorfos, e o *Eythrovenator*, que tem suas afinidades determinadas apenas com base na cabeça de um fêmur. Terópodos triássicos são raros em todo o mundo. Esses dois dinossauros, muito enraizados em rochas triássicas próximas dos mais antigos dinossauros, dão esperança aos paleontólogos de que novos esqueletos venham a ser descobertos.

Recentemente, no entanto, novos sítios paleontológicos do Cretáceo brasileiro e novas descobertas em antigos sítios têm revelado não apenas esqueletos mais completos, mas linhagens incomuns de dinossauros. Compsognatídeos, como o *Ubirajara*, megarraptores e noassaurídeos como o *Vespersaurus* e o *Berthasaura*, mostram que a diversidade de dinossauros no Brasil poderá crescer com novas descobertas nos próximos anos. Novidades da última década, dinossauros mesozoicos voadores, representantes das aves enantiornithes, muito raras em todo o mundo, deram as caras por aqui, uma das quais, a *Cratoave*, completa e inteiramente emplumada.

Os paleontólogos estão sempre em busca da verdade sobre a geologia e a vida pré-histórica, por meio de observação, experimentos, testes, modelos e infinitas discussões de propostas que os ajudam a entender o mundo passado e atual. Quando se conhece apenas parte dos organismos preservados nas rochas, como esqueletos ou plantas parciais, comumente alterados pela força da geologia ao longo de milhões de anos, desvendar a realidade dos fatos ocorridos pode ser ainda mais complexo. Linhagens extintas de dinossauros, como as da era Mesozoica que viveram em ambientes com fauna, flora, geografia, atmosfera e clima muito diferentes dos atuais, a princípio, deixam os paleontólogos num tipo de vácuo mental. Se até a década de 1970 acreditávamos que dinossauros incluíam um coquetel de linhagens, era porque os cientistas ainda buscavam outras verdades, com modelos e ideias que hoje nos pareceriam simples demais. Mas a ciência funciona assim. São as novas evidências, a reconsideração das antigas e o abandono de modelos ultrapassados que movem a roda do conhecimento cada vez mais em direção à verdade.

De fato, nunca conheceremos a verdade em sua plenitude. Recentemente, paleontólogos descobriram novos esqueletos do tempo em que os dinossauros ainda conviviam com seus ancestrais na região sul do Pangea. As novas ideias e resultados têm levado o conhecimento da evolução inicial desses incríveis animais um pouco mais para a frente. Nesse caso, a roda é feita de rochas brasileiras, mas rochas imediatamente abaixo, mais antigas, e imediatamente acima, mais jovens, escondem parte do quebra-cabeça que dificilmente encontraremos em outra região. Já sabemos muito, e não há necessidade de se conhecer tudo.

Descrever novas espécies, relacioná-las às já conhecidas, reagrupá-las, dissolver antigos agrupamentos, reinterpretar tudo novamente porque uma nova anatomia descoberta não se encaixa nos modelos vigentes, é hoje um dos maiores desafios dos paleontólogos brasileiros.

Aproveite suas visitas aos museus de história natural e procure nos esqueletos de dinossauros expostos as características morfológicas utilizadas pelos paleontólogos para a determinação de suas afinidades. Compare os esqueletos. Não perca as oportunidades para buscar as similaridades e distinções, como fazem os cientistas. Conhecer a anatomia dos fósseis ajudará você a entender como a evolução opera e como chegamos até aqui. Desde a origem dos vertebrados no Cambriano 535 milhões de anos atrás, compartilhamos os mesmos genomas ancestrais com os dinossauros por cerca de 225 milhões de anos, 170 milhões dos quais dentro da água no corpo dos vertebrados aquáticos. Não pense que você nada tem a ver com os dinossauros. Compartilhamos o mesmo genoma ancestral com eles também como amniotas por cerca de 40 milhões de anos, quando, por volta de 312 milhões de anos atrás, nossa linhagem sinápsida tomou um rumo diferente do dos saurópsidos e, ao menos geneticamente, nos separamos dos répteis para sempre.

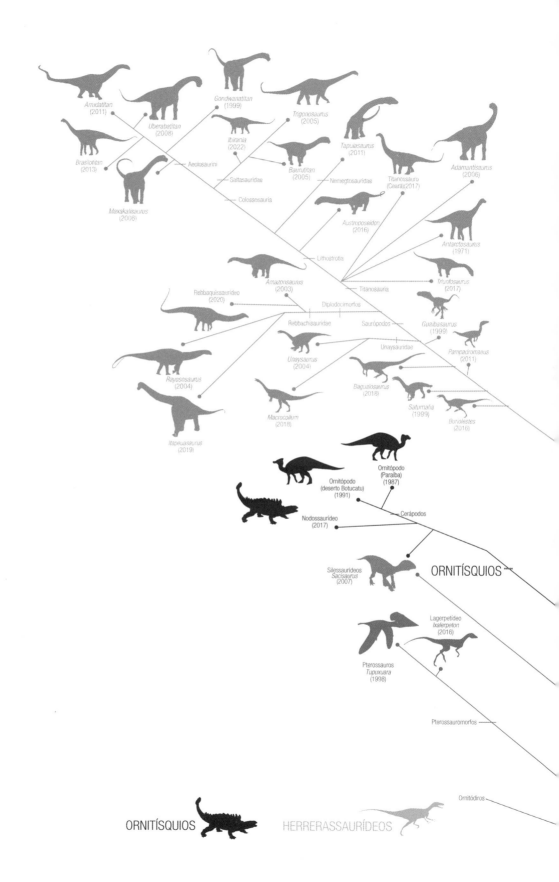

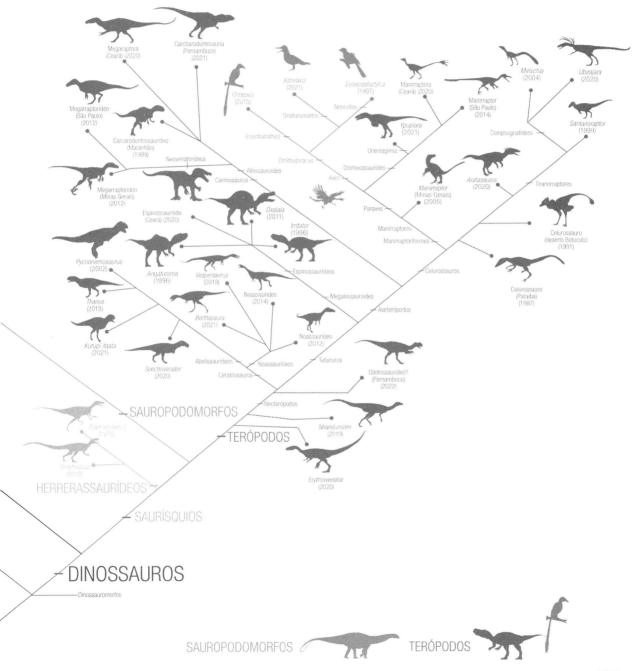

4

JANELAS PARA O PASSADO:
A FORMAÇÃO DOS FÓSSEIS

Como vimos, os primeiros dinossauros surgiram quando ainda existia uma única massa continental, o Pangea. Esse supercontinente perdurou pelos 60 milhões de anos iniciais da história dos dinossauros (de 233 a 175 milhões de anos), até meados do período Jurássico, tempo suficiente para que as principais linhagens espalhassem seus genes pelo mundo. É por isso que, embora não fossem grandes nadadores, seus fósseis são hoje encontrados em rochas sedimentares de todos os continentes, até mesmo aqueles isolados como grandes ilhas, como a Antártica e a Austrália. A paleogeografia também conta no quesito preservação. Não adianta procurar fósseis de cangurus fora da Austrália. Durante toda a era Mesozoica, a região que hoje corresponde à Antártica já ocupava a região polar e, livre da cobertura glacial, acolheu os dinossauros em suas florestas exuberantes até o final do Cretáceo. De fato, ao longo dos 170 milhões de anos, nenhum espaço dos sete continentes ficou sem receber uma visita de pelo menos um dinossauro.

Mas por que não achamos fósseis de dinossauros em todas as rochas, em todos os lugares? É porque existem outros fatores.

Os milhares de fósseis de dinossauros já descobertos somam atualmente cerca de 1.300 espécies. Embora, seguramente, representem uma pequena parcela das espécies que existiram, contam-nos uma história geral relativamente clara da evolução da linhagem. Porém, a evolução sempre nos surpreende. Quantos esqueletos ainda serão descobertos? Estimativas modernas calculam que pelo menos 2.136 espécies teriam vivido durante toda a era Mesozoica, sendo 508 de ornitísquios, 513 de sauropodomorfos e 1.115 de terópodos. Há paleontólogos, no entanto, que acreditam que, devido a questões ligadas às impossibilidades de fossilização e coleta, esse número subestime a quantidade real de espécies que viveram na era Mesozoica. Uma coisa é certa, dada a natureza do registro paleotológico: vemos apenas a "ponta de um *iceberg*".

Se na sua cidade nunca foi encontrado um esqueleto de dinossauro, não significa que eles não viveram nessa região. Certamente, pisaram cada centímetro quadrado do Brasil e do mundo. De fato, eles podem estar escondidos em rochas expostas nas margens de estradas próximas à sua cidade, mas você, com certeza, nunca pensou em procurá-los. Agora mesmo, podem estar a centenas de metros abaixo dos seus pés, em rochas que só daqui a 5 milhões de anos subirão à superfície impulsionadas pela erosão. Podem ter existido aos milhares onde você mora, mas você se atrasou, e a erosão já apagou as rochas que os guardavam há milhões de anos. Ou então não foram fossilizados porque não havia uma bacia sedimentar ativa nessa região durante a era Mesozoica. São tantas as possibilidades...

Ao contrário do que muitos pensam, os fósseis não são tão comuns nas rochas. Na verdade, podem ser bem raros, ao menos naquelas que nos estão acessíveis hoje na superfície do território brasileiro. Em muitos outros países, também é assim, isso não é privilégio dos brasileiros. Também não são comuns rochas com muita diversidade de espécies ou com ótima qualidade de preservação. O fato é que, do pouco que temos, encontramos de tudo um pouco: algumas rochas com alta ou baixa variedade, qualidade de preservação boa ou ruim, aqui e ali. Mas, independentemente do fato de poder ou não estampar a capa de um livro por sua beleza e importância, todo fóssil, feio ou bonito, nos dá sinais preciosos sobre a vida e os ambientes do passado.

O esqueleto de um dinossauro, por exemplo, pode nos dar dicas do seu tamanho e peso, hábitos de vida, dieta, se era predador ou presa, onde vivia, se gostava de nadar, correr ou cavar tocas, se podia voar ou subir em árvores, se esteve doente e, muitas vezes, até mesmo nos mostrar a causa da sua morte. Fósseis de fêmeas podem apresentar o osso medular, uma cavidade no osso devido à remoção de cálcio para a produção dos ovos. O número de anéis de crescimento em ossos seccionados e bem preservados pode nos dizer a idade, quanto tempo durou sua juventude e com qual idade se tornou adulto. Se os melanossomos que determinavam as cores de suas penas estiverem bem preservados, é possível colori-los com fidelidade, o que nos dará outros sinais dos seus hábitos e seus ambientes de vida. Marcas e cicatrizes nos ossos podem revelar com quem o dinossauro lutou, quem tentou devorá-lo quando ainda estava vivo, ou se após a sua morte ele se tornou um banquete para os carniceiros.

As histórias que explicam a formação das acumulações de fósseis podem ser complexas ou muito simples. Diferentes processos geológicos ou biológicos podem amontoar esqueletos completos ou apenas fragmentos de ossos em ambientes que variam de uma região desértica ao interior de uma caverna em uma floresta úmida, do fundo de um lago salgado à planície inundada por um rio que corre preguiçosamente em seu leito. É enquanto procuramos as pistas que nos explicam como e por que aqueles ossos chegaram até ali que desvendamos o que acontecia com a geologia e a biologia naquele tempo e região. É um dos trabalhos mais fascinantes de um paleontólogo. É assim que eles nos abrem janelas através das quais poderemos contemplar as paisagens e a vida passadas. Por enquanto, essa é a única possibilidade que temos de viajar ao passado.

VIDA APÓS A MORTE

A fim de contar boas histórias sobre a formação dos fósseis, os paleontólogos a organizam em três fases: primeira, o tempo enquanto o dinossauro estava vivo, seu cotidiano, preferências, até o momento e as razões da sua morte; segunda, o tempo seguinte à sua morte, até quando uma camada de sedimentos o recobriu para sempre; e terceira, sua história dentro da rocha, que normalmente se estende por quase uma eternidade, até que um paleontólogo o encontre.

A VIDA CONTA

Experimente fazer um safári em algum dos parques africanos e perceberá que na maior parte do tempo a vida é bela para os animais. Ao contrário do que vemos nos programas sobre a vida selvagem, os predadores passam a maior parte do tempo nas savanas africanas ou rios e lagos do pantanal se divertindo, namorando e descansando. Já os herbívoros vivem enchendo a pança com folhas ou frutos, e arrebentar a celulose em suas enormes barrigas biodigestoras não é como digerir alimento cozido. Quando a fome aperta no outro grupo é que a entropia do ecossistema cresce assustadoramente.

Tudo importa quando o assunto é preservação, mas é quando a baixa energia do cotidiano se rompe que os sinais serão impressos nos esqueletos e no ambiente, e são essas marcas que procuramos nas rochas a fim de entender o que aconteceu antes que tudo fosse recoberto por sedimentos.

Predadores morreram presos na lama de um lago enquanto atacavam um grande herbívoro já moribundo também preso ali fazia dias enquanto buscava água na estação seca. Uma espessa camada de lama vulcânica cobriu dezenas de ninhos com centenas de filhotes e seus pais quando um repentino terremoto provocou uma avalanche. Uma mãe desesperada morreu no seu ninho enquanto chocava os ovos depois que uma tempestade no deserto onde morava a soterrou com 5 metros de areia.

Para sobreviver à longa estiagem, cavar uma toca onde se abrigar por longos meses faria a diferença entre a vida e a morte para um crocodilo terrestre, desde que tivesse acordado antes que a primeira chuva inundasse seu abrigo e petrificasse seus sonhos para sempre.

Devorados por um grande predador, pequenos fragmentos de ossos e dentes poderão sobreviver no trato digestivo e ganhar a última chance de preservação no interior de um coprólito. Comuns nas rochas, excrementos fossilizados podem contar muito sobre a vida de quem os expeliu, história que seus ossos jamais nos mostrariam.

O estilo de vida e as causas da morte contam por que determinado animal ou planta ficará ou não exposto à geologia que o preservará ou o destruirá. Não adianta procurar fósseis de animais que adoram a vida no alto das montanhas, porque a morte sempre os abandona em ambientes onde a geologia é muito ativa devido à implacável destruidora de esqueletos, a erosão.

VELÓRIO GEOLÓGICO

A segunda fase ocorre entre a morte e a cobertura final do esqueleto pelos sedimentos, um tipo de velório natural, um destino antes do sepultamento, uma caminhada até a sepultura.

De fato, ela pode ser breve, sem tempo para despedidas. Isso ocorreu quando o fenômeno que recobriu o animal foi o mesmo que o matou. Numa área de nidificação próxima a um vulcão, 24 filhotes de *Psittacosaurus* e uma babá adulta foram preservados em rochas do Cretáceo da China. O esqueleto do oviraptorídeo *Citipati* sobre doze ovos no ninho na Mongólia e o crocodilo *Uberabasuchus* em rochas do Cretáceo de Minas Gerais ainda em seu sono geológico são exemplos de morte instantânea causada por uma súbita precipitação de sedimentos. Esses casos são interessantes porque os retratos encontrados em seus sepulcros petrificados estão ainda muito próximos do tempo em que o animal estava vivo e nos dão informações preciosas sobre sua biologia e comportamento.

Mas esse intervalo também pode se estender por semanas ou meses quando o cadáver permanece na superfície, livre, leve e solto, para quem quiser revirá-lo. Nesse tempo, seus tecidos foram decompostos por microrganismos e pela oxidação, seus ossos, raspados por animais, espalhados por enxurradas ou carniceiros, pisoteados e quebrados por brutamontes, perfurados por larvas de besouros ou roídos por animais ávidos pelo fosfato e pelo cálcio ali armazenados. Esse tempo, embora apague o que vemos nos casos de morte por soterramento, imprime nos ossos diversas assinaturas da geologia e da biologia que os cerca. Se sobreviverem e forem encontrados, nos dirão muito sobre o ambiente onde a morte ocorreu, por quanto tempo o esqueleto viajou para longe da cena do crime, se foram transportados por meios biológicos, pelas águas ou pela gravidade da encosta de uma montanha. Correntes de água, ventos, carniceiros, tempo de exposição às intempéries deixarão suas marcas até que o sedimento trazido por algum agente geológico os cubra para sempre. São as trincas, quebras, fissuras, furos, riscos etc., impressos nos ossos, que contarão essa história aos paleontólogos.

Porém, se não houver cobertura por sedimentos, em poucos anos a geologia e a biologia transformarão o esqueleto em pó, e então, já era! Por isso, no final das contas, o que fará a diferença para o paleontólogo é se os restos foram ou não recobertos por sedimentos e, protegidos, serão transformados em rocha.

A terceira fase ocorrerá inteiramente dentro dos sedimentos. É o tempo da diagênese, quando os ossos serão submetidos a uma intensa ou monótona dinâmica da crosta terrestre, com processos que podem variar desde sua dissolução total – aí também já era – até a impregnação ou cimentação com sílica ou carbonato de cálcio que praticamente o eternizará como fóssil. A diagênese é o tempo da fossilização, o tempo do milagre geológico que também fará a diferença para os paleontólogos.

Claro, ainda no campo, os fósseis precisarão resistir aos paleontólogos e seus martelos, percursoras, serras circulares e, algumas vezes, aos tratores e explosivos.

PROTEÇÃO

A preservação de restos fósseis depende de condições tanto do estilo de vida quanto do ambiente onde a morte ocorreu, bem como do tempo de exposição antes do sepultamento final e, claro, da estrutura corporal do organismo.

Animais que não possuem partes rígidas, como as medusas, os anelídeos etc., têm pouca chance de preservação se comparados a animais que têm ossos ou conchas. Mas ter partes rígidas não é tudo. Como vimos, fenômenos superficiais podem rapidamente destruir esqueletos e carapaças. Antes de sumir, ossos de grandes mamíferos africanos resistirão até vinte anos se deixados ao ar livre na savana. Se ossos e conchas não forem de algum modo protegidos após a morte, serão transformados em pó. A proteção conta muito.

BACIAS SEDIMENTARES

Embora durante o éon Fanerozoico praticamente todo o fundo oceânico das regiões costeiras e, pouco mais tarde, também os continentes tenham acolhido algum tipo de vida com partes rígidas, os fósseis não se formaram o tempo todo em todos os lugares. Ambientes que constantemente recebem sedimentos transportados pela água, como os mares e oceanos, lagos, rios e suas planícies inundadas, ou mesmo pelo vento, como os desertos, são potencialmente propícios à preservação de fósseis. Já nos ambientes que estão sujeitos à ação contrária da acumulação, a erosão, o potencial de preservação de partes duras é, com raríssimas exceções, igual a zero. Imensas regiões continentais situadas em local elevado, como é o caso atualmente de quase todo o território brasileiro, têm as rochas de sua superfície em constante destruição, e o futuro de praticamente tudo por aqui é ser transformado em pó e jogado no mar pelos rios, incluindo todas as cabines de pedágio, a BR-116 e o Papai Noel gigante feito de cimento que entrou para o livro dos recordes, orgulho apavorante da cidade de São Paulo.

Áreas que recebem e acumulam sedimentos são chamadas pelos geólogos de "bacias sedimentares". Elas se formaram por diferentes razões. A elevação de uma cordilheira, as variações da temperatura das rochas do manto e os esforços a que as rochas são submetidas durante a fragmentação de um supercontinente normalmente provocam o abatimento da crosta terrestre. Por dezenas de milhões de anos, essas bacias receberam sedimentos das áreas elevadas que as circundavam. Com o tempo, podem alcançar alguns quilômetros de profundidade e serem preenchidas com camadas de sedimentos que chegam aos mesmos quilômetros de espessura. É nessas rochas sedimentares que encontramos praticamente tudo o que sabemos sobre a história da vida no tempo profundo.

No Brasil, atualmente, a única bacia sedimentar que recebe sedimentos e produz registro geológico e paleontológico é a região do Pantanal Mato-Grossense. A origem dessa depressão é ainda desconhecida, mas é provável que a placa oceânica localizada sob o Pacífico e que mergulha sob a América do Sul puxe para baixo a crosta continental naquela região. É o único lugar da área emersa brasileira onde isso está acontecendo e, portanto, o único local onde restos de animais e plantas estão sendo guardados e fossilizados para os paleontólogos do futuro.

Bacias sedimentares do éon Fanerozoico no Brasil. As áreas mais escuras representam regiões deprimidas que no passado receberam sedimentos ao longo de milhões de anos. Sedimentos marinhos, lacustres, fluviais e mesmo desérticos se acumularam sobre restos ou vestígios de organismos pré-históricos espalhados nessas regiões e que com o tempo foram transformados em fósseis. Novamente expostas na superfície pelos movimentos tectônicos, as rochas sofreram erosão e expuseram seus fósseis. Fora dessas regiões, encontramos apenas vestígios muito antigos da vida, compostos principalmente pelos estromatólitos. A bacia do Pantanal é a única região atual onde sedimentos estão sendo acumulados e onde vestígios da vida que habita a região serão encontrados no futuro como fósseis. Todo o restante da superfície está sendo erodida e apagada.

JANELAS PARA O PASSADO

Morrer em uma região de bacia sedimentar e ter o corpo rapidamente protegido por sedimentos fará a diferença se um esqueleto será ou não fossilizado. Fora de uma área de bacia (à esquerda), a carcaça de um animal será transformada em um verdadeiro banquete para animais famintos. Ele terá suas partes moles devoradas e seus ossos espalhados até que desapareça completamente. Mas, se for protegido por sedimentos (à direita), algum processo de fossilização, mais comumente o preenchimento de poros com cimentos naturais, a permineralização, atuará transformando os ossos em rochas. Milhões de anos mais tarde, os movimentos da crosta e a erosão o trarão novamente à superfície.

OUTRAS POSSIBILIDADES

BETUME

É verdade que existem organismos preservados fora das regiões de bacias sedimentares, em diferentes tipos de material que não as rochas, muitos deles espetaculares. Em alguns casos, a proteção ocorreu porque os animais ficaram imersos em "lagos" de betume, em regiões onde ocorre a exposição dos lençóis de petróleo na superfície. O mais famoso sítio paleontológico com restos de vertebrados e de outros organismos em betume fica na cidade de Los Angeles, no Museu La Brea Tar Pits. Embora o betume ainda escorra pelas passarelas dos jardins externos, impregnando de piche os sapatos dos visitantes, vale a pena uma visita à coleção de fósseis. Espécies já extintas, como mamutes, lobos, tigres-dentes-de-sabre, urubus, insetos, um ser humano – uma mulher de cerca de 9 mil anos – e uma infinidade de espécies de até 50 mil anos estão entre os 3,5 milhões de fósseis já retirados dos poços. Dos ossos de um tigre-dentes-de-sabre, os paleontólogos já extraíram até mesmo restos de DNA.

Segundo os relatos bíblicos, Noé usou betume a fim de impermeabilizar sua arca. Ele provavelmente encontrou vestígios de animais fossilizados havia milhares de anos durante os 120 anos em que gastou na construção da barcaça de 200 metros de comprimento onde reuniu um casal de todos os animais do mundo, incluindo cangurus vindos da Austrália e pinguins-imperadores provenientes da Antártica. (Desculpe o sarcasmo, mas é óbvio que parte da história de Noé é uma metáfora.) Embora sua preocupação naquele momento fosse outra, o que será que pensavam Noé e sua família quando encontravam restos de animais já extintos, como tigres-dentes-de-sabre, mamutes etc., muito diferentes dos que habitavam sua região e mesmo daqueles que ele levou em sua arca? O que dizer então dos restos de hominídeos, como o *Homo erectus*, e homens de Neandertal que andaram pela região norte da península Arábica? Imagine a confusão!

SOLO CONGELADO

Animais pré-históricos pouco mais antigos que Noé, alguns de até 50 mil anos, foram encontrados preservados em solo congelado. Diferentemente do que imaginamos, esses animais não foram achados no interior de blocos de gelo transparente flutuando como *icebergs* nos oceanos. Nas regiões mais frias da Sibéria, próximo ao círculo polar ártico, o solo está congelado há milhares de anos. Animais imensos, como mamutes, aprisionados há centenas de séculos, são encontrados há muito tempo por povos primitivos siberianos, e atualmente também pelos caçadores de marfim. Os marfins imensos, perfeitamente conservados, são ainda hoje relíquias cobiçadas por colecionadores e museus. Existem rumores de que czares comiam a carne congelada desses animais. A lista de animais encontrados congelados inclui um rinoceronte de 39 mil anos, um cãozinho de 17 mil anos, um bisão de 10,5 mil anos, lobos gigantes, leões, aves, entre muito outros. Cientistas coreanos retiraram sangue e urina líquida de um cavalinho de 39 mil anos. Há alguns anos, cientistas russos cultivaram uma planta da tundra a partir de sementes enterradas no solo por esquilos, congeladas há 32 mil anos.

GELO

Ötzi, o Homem do Gelo, foi encontrado por montanhistas em 1991. Ele estava com metade do corpo para fora de uma geleira que derretia nas montanhas Ötztal, nos Alpes, entre a Itália e a Áustria. A época em que viveu foi determinada entre 3400 e 3100 a.C., a Era do Cobre. Ötzi é a mais antiga múmia natural de um humano moderno de cerca de 5.320 anos, mas o gelo o manteve intacto, como se tivesse morrido faz apenas algumas semanas. Tudo no corpo de Ötzi foi estudado: a pele com 61 tatuagens, pelos, órgãos, e seu genoma completo, bem como as coisas que carregava: polens de ervas encontrados em sua bolsa, materiais usados na confecção de roupas, sapatos, ferramentas etc. Tudo contava um pouco da sua história. Ötzi é considerado um patrimônio da humanidade porque boa parte da sua vida, vivida há mais de 5 mil anos, pôde ser reconstruída, uma janela extraordinária por onde enxergamos a vida primitiva de humanos daquela região, um sonho para qualquer arqueólogo. Sabemos onde viveu, sua infância, os lugares por onde andou e sua trágica morte. Conheça sua história no documentário *The ice man*. Você pode até mesmo ver seu corpo no Museu de Arqueologia do Tirol do Sul, em Bolzano, no norte da Itália.

O gelo e o betume são ótimos para preservar partes rígidas e tecidos, mas não resistem ao tempo. O gelo mais antigo conhecido do mundo foi encontrado nos

Vales Secos de McMurdo (McMurdo Dry Valleys), na Antártica, e não deve passar de 8 milhões de anos. Animais muito antigos, guardados no tempo geológico profundo, só mesmo nas rochas sedimentares.

ÂMBAR

A resina vegetal (âmbar) também teve papel importante na preservação de fósseis. Diferentemente do que muitos acreditam, o âmbar não se originava da seiva, mas de uma resina viscosa e antisséptica produzida pelas árvores, especialmente os pinheiros. Essa resina tinha como função proteger, contra o ataque de insetos, bactérias e outros parasitas, os tecidos expostos pela quebra de galhos ou perfurações feitas por predadores.

Uma vez exposta na superfície, a perda de diversas substâncias voláteis favorecia a formação de polímeros que tornavam a resina pouco densa, porém muito rígida. Ainda imatura, a resina se desprendia das árvores e flutuava pelos rios até o mar, onde era incorporada aos sedimentos. O aumento da pressão e da temperatura completava o processo com a expulsão de hidrocarbonetos terpenos, o que alterava sua coloração para o laranja-amarelado característico, sua densidade e rigidez, para finalmente transformá-la em âmbar.

Pegajosa, ainda na superfície, era um eficiente pega-moscas, aranhas, besouros, carrapatos, ácaros, piolhos, insetos em diferentes estágios de metamorfose, lagartos, flores e até restos com ossos e penas de pequenos dinossauros. Plasmódios dos protozoários de 98 milhões de anos causadores da malária foram encontrados no abdômen de pernilongos flebotomídeos sugadores de sangue preservados em fragmentos de âmbar em Myanmar. Até mesmo bolhas de ar que ficaram aprisionadas na resina dão pistas aos cientistas sobre a composição da atmosfera durante o Eoceno.

Grandes quantidades de âmbar envolvendo todo tipo de fósseis de animais e plantas dos períodos Cretáceo e Paleógeno são hoje encontradas em várias regiões do mundo, em especial nas praias do mar Báltico (de 44 milhões de anos) e minas de Myanmar (de 99 milhões de anos). No Brasil, temos apenas fragmentos microscópicos de 115 milhões de anos em rochas no Ceará contendo minúsculos protozoários. Em 2022, paleontólogos encontraram nessas mesmas rochas pequenos crustáceos ostracodes preservados em fragmentos de âmbar de 1 milímetro de comprimento.

CAVERNAS

Outro ambiente favorável à preservação de esqueletos, e mesmo de organismos mumificados, é o cavernícola: cadáveres ou animais ainda vivos chegam até esses locais ao precipitarem por abismos, muitas vezes por causa do colapso do teto das cavernas. Na maioria das vezes, locais inacessíveis permitem que tecidos e ossos fiquem guardados por milhares de anos, seja mumificados, em se tratando de uma caverna seca, seja encobertos por crostas de carbonato de cálcio, no caso de cavernas onde a água ainda esteja fluindo.

Pele ainda com pelos e excrementos de uma preguiça-gigante que viveu milhares de anos atrás foram encontrados no interior de cavernas da Patagônia argentina. No altiplano boliviano, às margens do extraordinário Salar de Uyuni, há cavernas com cadáveres humanos da civilização quéchua sepultados, ainda com parte da pele e cabelos preservados, após quinhentos anos. Recentemente, um grupo de paleontólogos da Universidade Federal de São Carlos removeu de uma caverna da Bahia um esqueleto completo, apenas parcialmente recoberto com sedimentos, de um enorme tatu pampatério, já extinto, de cerca de 21 mil anos.

ROCHAS

No entanto, do passado profundo, só nos restaram esqueletos, vestígios e fragmentos de âmbar que foram recobertos e protegidos por sedimentos acumulados em depressões das bacias sedimentares. Com o tempo, os sedimentos foram compactados e cimentados, até que deram origem às rochas sedimentares, os melhores e mais perenes reservatórios para os fósseis.

Portanto, não é coincidência que a maior parte dos principais sítios paleontológicos ricos em fósseis esteja situada em rochas formadas em ambientes com influência da água, o agente mais eficiente no transporte e deposição de sedimentos. No caso dos dinossauros, também foi assim. As rochas da formação Morrison, a mais rica fonte de fósseis de dinossauros dos Estados Unidos, se desenvolveram de uma sucessão de ambientes marinhos, lacustres e fluviais. As rochas da formação Dinosaur Park – um sítio paleontológico rico em esqueletos articulados do sul do Canadá, onde ainda hoje é possível tropeçar em fósseis de dinossauros esquecidos nas trilhas do Parque dos Dinossauros – foram depositadas em ambientes fluviais. Os incríveis dinossauros com penas do período Cretáceo da China foram encontrados em rochas formadas a partir de sedimentos depositados no fundo de lagos.

No Brasil, os principais sítios paleontológicos com dinossauros dos períodos Triássico e Cretáceo são representados em rochas que tiveram origem a partir de sedimentos acumulados em rios, lagos, mares confinados, desertos e planícies de maré, nos Estados do Rio Grande do Sul, Paraná, São Paulo, Minas Gerais, Ceará, Maranhão e Paraíba.

Adiante, vamos conhecer um pouco da história de cada um deles.

5

DINOSSAUROS DO BRASIL

Vimos até aqui quem foram os ancestrais dos dinossauros e como evoluíram, como defini-los e quais seus principais ramos. Vamos agora caminhar por cada uma das bacias sedimentares brasileiras onde seus esqueletos foram encontrados, viajar no tempo de carona com as rochas e conhecer cada um deles, bem como alguns dos animais que conviveram com eles em terrenos brasileiros.

O ALVORECER DOS DINOSSAUROS: A BACIA DO PARANÁ

A bacia do Paraná é uma imensa depressão que ocupa cerca de 1,5 milhão de quilômetros quadrados sobre a placa continental sul-americana, uma área equivalente à do Estado do Amazonas. Durante cerca de 330 milhões de anos – desde seu início, no Ordoviciano, até seu final, no começo do Cretáceo –, guardou sedimentos cujas rochas nos contam hoje momentos da pré-história ocorridos nas regiões Sul, Sudeste e Centro-Oeste brasileiras. Nessa ampla depressão, a pilha de rochas sedimentares e de basaltos oriundos do grande vulcanismo cretáceo alcança, em alguns locais, cerca de 7 quilômetros de espessura. Mares, geleiras, florestas, desertos, campos de magma, rios e lagos se estabeleceram e tiveram seus sinais guardados durante o tempo que existiram. Na parte final do Triássico, um episódio úmido global permitiu a chegada de vegetação de um sistema de rios ao interior do Pangea, terras hoje brasileiras. É na espessa pilha de rochas acumuladas nesse tempo que começa a história mundial dos dinossauros, 233 milhões de anos atrás.

Rochas desse tempo afloram no Rio Grande do Sul e contêm os restos dos mais cobiçados e antigos esqueletos de dinossauros conhecidos. O Triássico terminou com uma grande extinção e, no que diz respeito aos dinossauros, nos 55 milhões de anos seguintes do período Jurássico a bacia é praticamente um vasto vazio. Poucas bacias brasileiras guardaram sedimentos desse longo período. Por enquanto, apenas três sinais de dinossauros foram encontrados em rochas jurássicas. A bacia do Paraná, então, começa a chegar ao seu fim. No início do Cretáceo, um imenso deserto de dunas a cobria completamente. Aquelas areias guardaram dezenas de milhares de pegadas de dinossauros e de outros animais, bem como uma das duas únicas marcas de xixi atribuídas a um dinossauro em todo o mundo. Seu *gran finale* chegou com um fabuloso vulcanismo que perdurou por 10 milhões de anos, inundando o deserto com uma espessa camada de magma cujas idades indicam que os derrames de lava ocorreram entre 134 e 124 milhões de anos atrás. Estava em curso o início da separação da América do Sul da África, episódio que faltava para colocar um fim ao que restava do Gondwana.

O TRIÁSSICO

Conhecemos hoje no Brasil um número expressivo (onze) de dinossauros triássicos, os mais antigos conhecidos no mundo, de 233 milhões de anos. Eles ajudam os paleontólogos a decifrar os primeiros passos da sua evolução. No que diz respeito aos dinossauros e até onde a paleontologia nos mostrou, seu berço esplêndido foram as terras hoje brasileiras. Recentemente, paleontólogos do Centro de Apoio à Pesquisa Paleontológica (CAPPA), em São João do Polêsine, Rio Grande do Sul, anunciaram a descoberta de um fêmur de 11 centímetros de comprimento, atribuído a um dinossauromorfo de 337 milhões de anos. Essas rochas gaúchas ainda têm pelo menos mais quatro milhões de anos de histórias para nos contar.

Essas camadas de rochas triássicas receberam dos geólogos os nomes de Formação Santa Maria e Formação Caturrita e datam dos estágios Carniano e Noriano, intervalos de tempo da parte superior do Triássico, de idades entre 237 e 208 milhões de anos.

Embora o clima muito seco fosse a regra nas regiões do Pangea que estavam distantes do mar, pelo menos dois intervalos úmidos globais empurraram a vida para o interior. Rochas da região Sul do Brasil compõem-se de sedimentos finos depositados em sistemas de rios e lagos intermitentes, onde uma grande e variada quantidade de esqueletos foi preservada.

O estágio Carniano foi marcado por um longo episódio pluvial global induzido pelo vulcanismo wrangelliano em atividade no noroeste do Pangea. A umidade adentrou o Pangea, trazendo a fauna de arcossauros. Rios nascidos em clima mais úmido corriam por canais mais perenes e transbordavam na época das cheias inundando vastas planícies. Essas regiões eram ótimas para se viver, pois a umidade do solo sustentava a vegetação ao menos durante alguns meses do ano. As rochas dessa região ainda preservaram fósseis de vegetais, como troncos de araucárias pré-históricas e folhas de *Dicroidium*, um grupo de plantas que lembram samambaias, porém com sementes, e extintas no final do Triássico. *Dicroidium*, cicas, samambaias, e diversas raízes, alimentavam uma variada fauna de herbívoros que, por sua vez, serviam de alimento para os carnívoros, entre os quais pequenos dinossauros.

Essas planícies inundadas também eram ótimas para a preservação de fósseis. Suas águas não eram turbulentas e os esqueletos foram delicadamente recobertos por camadas de argila. Até mesmo excrementos – chamados "coprólitos", com significado literal de "cocôs de pedra" – de terapsídeos dicinodontes foram fossilizados aos milhares, muitos dos quais com pegadas de filhotes marcadas na superfície.

Nas formações Santa Maria e Caturrita foram descobertos esqueletos e pegadas de variada fauna que conviveu com os primeiros dinosssauros. Eles nos mostram que a vida nessa região do Pangea estava longe de ser monótona. São representantes de pelo menos 25 linhagens de répteis arcossauromorfos e arcossauros, e sinápsidos terapsídeos, como dicinodontes, gonfodontes e chiniquodontídeos.

Até o momento são conhecidas onze espécies de dinossauro cujos fósseis foram encontrados em rochas do Triássico no Brasil, todas do Rio Grande do Sul, na ordem de descoberta: *Staurikosaurus pricei, Saturnalia tupiniquim, Guaibasaurus candelariai, Unaysaurus tolentinoi, Pampadromaeus barberenai, Buriolestes schultzi, Bagualosaurus agudoensis, Macrocollum itaquii, Nhandumirim waldsangae, Gnathovorax cabreirai* e *Erythrovenator jacuiensis*.

O *Sacisaurus agudoensis*, descrito em 2006 como possível dinossauro ornitísquio, teve seu esqueleto e suas afinidades reexaminadas. Desde então, reanálises dos seus fósseis, incluindo o osso pré-dentário ainda não fundido, o tipo de tecido e o crescimento ósseo o deixam fora da linhagem dos dinossauros. Estava quase lá, um silessaurídeo dinossauriforme, a linhagem de animais mais aparentados aos dinossauros.

Outros dois esqueletos considerados como possíveis dinossauros – *Spondylosoma absconditum* e *Teyuwasu barberenai* – estão representados por restos parciais que dificultam a identificação precisa de suas afinidades. No entanto, já sabemos que os fósseis do *Teyuwasu barberenai* pertenceram, de fato, ao *Staurikosaurus pricei*, outro caso de sinônimo que discutimos em capítulo anterior. O *Spondylosoma* é hoje considerado um afanossauro, um grupo relativamente distante dos dinossauros ou mesmo dos dinossauromorfos. Vamos a cada um deles.

STAURIKOSAURUS PRICEI – O PRIMEIRO DINOSSAURO A GENTE NUNCA ESQUECE

O *Staurikosaurus pricei* foi o primeiro dinossauro formalmente reconhecido em rochas brasileiras. Seus restos incluem a mandíbula com fragmentos de dentes, boa parte da coluna vertebral, a cintura pélvica e uma das pernas. Seu crânio nunca foi encontrado. As mandíbulas têm o comprimento do fêmur, o que mostra que o *Staurikosaurus* tinha uma cabeça relativamente grande.

O *Staurikosaurus* é um saurísquio basal, um herrerassaurídeo, assim como outro brasileiro, o *Gnathovorax*, e os argentinos *Herrerasaurus* e *Sanjuansaurus*, uma linhagem de predadores que perdurou até o final do Triássico. É, portanto, um dinossauro filogeneticamente muito próximo dos ancestrais dinossauriformes encontrados em rochas pouco mais antigas da Argentina. Muito basal, o *Staurikosaurus* trouxe dos seus ancestrais não dinossauros diversas características consideradas primitivas para os dinossauros, entre elas a fusão de apenas duas de suas vértebras sacrais (dinossauros mais modernos possuem, no mínimo, três) e o acetábulo, uma abertura entre os ossos da cintura – ísquio, ílio e púbis –, não completamente desenvolvido. Análises filogenéticas mostram que os herrerassaurídeos divergiram-se antes dos terópodos e dos sauropodomorfos no ramo dos saurísquios. Assim, podem ser eles os dinossauros que mais guardam semelhanças na aparência e nos hábitos de vida com os ancestrais imediatos dos dinossauros.

Sua antiguidade é também confirmada pelas datações geológicas de rochas próximas ao nível onde foi encontrado. Cristais de zircão de 233,2 milhões foram encontrados 10 metros acima das rochas onde estavam os fósseis do *Staurikosaurus*. Os mais antigos dinossauros argentinos, o *Eoraptor* e o *Herrerasaurus,* foram achados em rochas de 231,4 milhões de anos, portanto 1,8 milhão de anos mais jovens.

O *Staurikosaurus* e outros herrerassaurídeos eram predadores ágeis, mas ainda disputavam suas presas com outros grandes predadores arcossauros, como os rauissuquídeos, fitossauros e ornitossuquídeos, animais muito comuns nas rochas do estágio Carniano da Formação Santa Maria. Convivendo com predadores maiores e mais poderosos, provavelmente não eram numerosos, e essa pode ser uma das razões que explicam por que seus fósseis são raros.

Trabalhos científicos

Bittencourt J. D. S.; Kellner A. W. A. 2009. The anatomy and phylogenetic position of the Triassic dinosaur *Staurikosaurus pricei* Colbert, 1970. *Zootaxa*, 2079:1-56.

Colbert, E. H. 1970. A saurischian dinosaur from the Triassic of Brazil. *American Museum Novitates*, 2405:1-39.

Garcia, M. S.; Müller, R. T.; Dias-da-Silva, S. 2019. On the taxonomic status of *Teyuwasu barberenai* Kischlat, 1999 (Archosauria: Dinosauriformes), a challenging taxon from the Upper Triassic of southern Brazil. *Zootaxa,* 4629(1): 146-150.

Significado do nome	*Staurikosaurus* significa "lagarto do Cruzeiro do Sul"; *pricei* é uma homenagem ao seu descobridor, o paleontólogo brasileiro Llewellyn Ivor Price.
Quando e onde foi encontrado	Em 1936, em afloramento de rochas de uma fazenda distante alguns quilômetros do centro da cidade de Santa Maria, no Rio Grande do Sul.
Bacia sedimentar, formação geológica e idade	Bacia do Paraná, Formação Santa Maria, período Triássico, 233 milhões de anos.
Comprimento	2 metros.
Onde está o esqueleto	O principal espécime encontrado está depositado no Museu de Anatomia Comparada da Universidade de Harvard, Boston, Estados Unidos.

GNATHOVORAX CABREIRAI – O INÍCIO DE DUAS HISTÓRIAS

O *Gnathovorax* pode ser o mais revelador dos novos dinossauros encontrados no Rio Grande do Sul. Muito antigo, foi fossilizado próximo ao local onde morreu, deitado sobre seu lado direito e praticamente completo. Esqueletos intactos facilitam a determinação segura de suas relações de parentesco. Trata-se de um dinossauro saurísquio herrerassaurídeo, uma linhagem de predadores que prosperou no Pangea desde sua origem, há cerca de 233 milhões de anos, até o final do Triássico, quando todos os seus representantes foram extintos. Seu endocrânio perfeito, preservado sem distorções, passou por uma longa sessão de tomografias. A diferença de densidade entre os ossos e a rocha que preenche a cavidade onde antes estava sua massa encefálica produziu um conjunto de imagens do cérebro com mil fatias. Reunindo-as, os paleontólogos recuperaram um modelo 3D do seu cérebro de quatro centímetros, o qual revelou os flóculos muito desenvolvidos do seu cerebelo, região que controla os movimentos dos olhos, cabeça e pescoço, típicos de dinossauros caçadores.

O *Gnathovorax* representa o primeiro pulso de radiação de predadores de topo da história dos dinossauros. Ao lado de outros herrerassaurídeos, como o brasileiro *Staurikosaurus pricei* e os argentinos *Herrerasaurus ischigualastensis* e *Sanjuansaurus gordilloi*, o *Gnathovorax* oprimia a fauna triássica do sul do Pangea na companhia de outros grandes arcossauros crurotársios. Nessa época, evoluíam na mesma região nossos antigos ancestrais terapsídeos cinodontes, dos quais, ainda no Triássico, surgiriam os primeiros mamíferos. Sim, nossos ancestrais estavam lá sendo devorados por eles. Sobreviveram aqueles que, graças à evolução, tiveram o tamanho reduzido, o que os tornou capazes de esconder-se em tocas e tocos, e, como animais de sangue quente, dotados de pelos e grandes olhos, podiam procurar alimento na escuridão das noites. Essa é uma forte conexão e seguramente a mais antiga a ligar a nossa linhagem à vida e à ecologia dos dinossauros.

Trabalho científico

Pacheco, C.; Müller, R.; Langer, M.; Pretto, F.; Kerber, L.; Dias-da-Silva, S. 2019. *Gnathovorax cabreirai:* a new early dinosaur and the origin and initial radiation of predatory dinosaurs. *PeerJ*, 7963.

Significado do nome	*Gnathovorax* significa "mandíbula devoradora"; *cabreirai* é uma homenagem ao importante paleontólogo gaúcho Sérgio F. Cabreira.
Quando e onde foi encontrado	Em 2014, no sítio paleontológico Marchezan, São João do Polêsine, Rio Grande do Sul.
Bacia sedimentar, formação geológica e idade	Bacia do Paraná, Formação Santa Maria, período Triássico, 233 milhões de anos.
Comprimento	3 metros.
Onde está o esqueleto	Centro de Apoio à Pesquisa Paleontológica da Quarta Colônia da Universidade Federal de Santa Maria (CAPPA/UFSM), São João do Polêsine, Rio Grande do Sul.

PAMPADROMAEUS BARBERENAI – QUERO SER VEGETARIANO

O *Pampadromaeus* é um sauropodomorfo que representa bem a transição dos ancestrais carnívoros dos quais evoluíram os herbívoros pescoçudos que caracterizam todo o futuro da linhagem. A carnivoria estava presente na maioria dos grupos ancestrais, desde os dinossauriformes e herrerassaurídeos até os grupos mais basais dos sauropodomorfos, como indicada por seus crânios relativamente maiores, dentes cônicos, curvos e pontiagudos com bordas finamente serrilhadas. O *Pampadromaeus* tinha o crânio reduzido, com dentes já em desenvolvimento para a forma foliácea, de curvatura reduzida e serrilhas mais robustas, indicando seu hábito alimentar transicional de herbívoro para onívoro. As análises filogenéticas o agrupam com outra forma transicional, o *Saturnalia tupiniquim*. Este sauropodomorfo ainda retinha parte da expansão das áreas do cerebelo (flóculos e paraflóculos) associadas ao hábito predatório e ao bipedalismo, dentes recurvados e finamente serrilhados, presentes nos ancestrais faunívoros. No entanto, a leve redução dos flóculos e dos paraflóculos aproxima o *Saturnalia* do hábito onívoro. É nessa região de transição da árvore filogenética que se encontram vários dos dinossauros triássicos brasileiros, o que faz deles um dos maiores desafios filogenéticos da paleontologia mundial dos dinossauros.

O *Pampadromaeus* provavelmente se alimentava de tudo o que pudesse lhe oferecer carboidratos, gorduras e proteínas, fossem insetos, pequenos vertebrados e grande variedade de vegetais.

Trabalhos científicos

Cabreira, S. F.; Schultz C. L.; Bittencourt, J. S.; Soares, M. B.; Fortier, D. C.; Silva, L. R.; Langer, M. C. 2011. New stem-sauropodomorph (Dinosauria, Saurischia) from the Triassic of Brazil. *Die Naturwissenschaften*, 98:1035-1040.

Langer, M. C.; McPhee, B. M.; Marsola, J. C. A.; Silva, L. R.; Cabreira, S. F. 2019. Anatomy of the dinosaur *Pampadromaeus barberenai* (Saurischia-Sauropodomorpha) from the Late Triassic Santa Maria Formation of southern Brazil. *PLOS ONE*, 14: 1-64.

Müller, R. T.; Langer, M. C.; Cabreira, S. F.; Dias-da-Silva, S. 2015. The femoral anatomy of *Pampadromaeus barberenai* based on a new specimen from the Upper Triassic of Brazil. *Historical Biology*, 28 (5):656-665.

Significado do nome	*Pampadromaeus* significa "corredor dos pampas"; *barberenai* é uma homenagem a um importante paleontólogo gaúcho chamado Mário Costa Barberena.
Quando e onde foi encontrado	Em 2004, pelo paleontólogo Sergio Furtado Cabreira, no sítio paleontológico Janner, Agudo, Rio Grande do Sul.
Bacia sedimentar, formação geológica e idade	Bacia do Paraná, Formação Santa Maria, período Triássico, 233 milhões de anos.
Comprimento	1,5 metro.
Onde está o esqueleto	Museu de Ciências Naturais, Universidade Luterana do Brasil (Ulbra), Canoas, Rio Grande do Sul.

191

BURIOLESTES SCHULTZI – RAIZ DE GIGANTES

As rochas carnianas aparentes do Rio Grande do Sul guardam não apenas os mais antigos dinossauros, mas também registros dos primeiros pulsos de diversidade do tronco dinossauriano inicial. Foi nesse tempo e nessa região que brotaram ramos como os dos herrerassaurídeos, sauropodomorfos e de possíveis terópodos. Dos sauropodomorfos nasceriam, no Jurássico, os maiores gigantes que já existiram sobre os continentes.

No que diz respeito aos sauropodomorfos, a longa história parece ter se iniciado com pequenos dinossauros, como o *Buriolestes schultzi*. Faunívoro, comedor de pequenos vertebrados e insetos, deu origem a formas intermediárias onívoras, das quais, ainda no Triássico, nasceram formas herbívoras que encheram o mundo com gigantes por 135 milhões de anos. Diferentemente dos ornitísquios e dos terópodos, que por vezes escaparam para nichos não tradicionais, os sauropodomorfos do Jurássico e do Cretáceo se mantiveram fiéis às plantas por toda a sua existência.

O *Buriolestes* é um exemplo perfeito do processo evolutivo como um mosaico de feições, uma mistura de características herdadas de seus ancestrais carnívoros, como revelam as análises que consideraram apenas seu crânio e dentes, e seu futuro como herbívoro, quando apenas os ossos do corpo e membros são considerados.

Geneticamente muito próxima de seus ancestrais dinossauriformes, essa pequena raiz de gigantes quadrúpedes que chegariam a 40 metros não passava de 1,5 metro de comprimento. Era bípede e veloz, caçador de pequenos animais: mais um dinossauro que empurrou nossos antigos ancestrais mamaliformes para a vida na escuridão.

Os dois esqueletos descobertos fazem dessa espécie uma das mais completas conhecidas no Brasil. Não por acaso e anunciando sua antiguidade filogenética, um de seus esqueletos foi encontrado ao lado de um exemplar do lagerpetídeo *Ixalerpeton polesinensis*, um remanescente dinossauromorfo, ótimo representante de linhagens das quais os primeiros dinossauros e pterossauros evoluíram. É a parceria filogenética fóssil mais antiga conhecida no que diz respeito aos dinossauros e representantes das suas linhagens ancestrais.

Trabalhos científicos

Cabreira, S. F.; Kellner, A. W. A.; Dias-da-Silva, S.; da Silva, L. R.; Bronzati, M.; de Almeida Marsola, J. C.; Müller, R. T.; de Souza Bittencourt, J.; Batista, B. J.; Raugust, T.; Carrilho, R.; Brodt, A.; Langer, M. C. 2016. A unique late triassic dinosauromorph assemblage reveals dinosaur ancestral anatomy and diet. *Current Biology,* 26(22):3090-3095.

Ezcurra, M. D.; Nesbitt, S. J.; Bronzati, M.; Dalla Vecchia, F. M.; Agnolin, F. L.; Benson, R. B. J.; Langer, M. C. 2020. Enigmatic dinosaur precursors bridge the gap to the origin of pterosauria. *Nature,* 588:445-449.

Müller, R. T.; Langer, M. C.; Bronzati, M.; Pacheco, C. P.; Cabreira, S. F.; Dias-da-Silva, S. 2018. Early evolution of sauropodomorphs: anatomy and phylogenetic relationships of a remarkably well-preserved dinosaur from the Upper Triassic of southern Brazil. *Zoological Journal of the Linnean Society,* 184(4):1187-1248.

Significado do nome	*Buriolestes* significa "Ladrão de Buriol", uma homenagem à família Buriol, proprietária das terras onde os fósseis foram encontrados; *schultzi* é um tributo ao renomado paleontólogo gaúcho Cesar Leandro Schultz.
Quando e onde foi encontrado	O primeiro espécime, entre 2009 e 2010, e o segundo, em 2015, no sítio paleontológico de Buriol, São João do Polêsine, Rio Grande do Sul.
Bacia sedimentar, formação geológica e idade	Bacia do Paraná, Formação Santa Maria, período Triássico, 230 milhões de anos.
Comprimento	1,5 metro.
Onde está o esqueleto	Museu de Ciências Naturais da Universidade Luterana do Brasil (Ulbra), Canoas, e Centro de Apoio à Pesquisa Paleontológica da Quarta Colônia da Universidade Federal de Santa Maria (CAPPA/UFSM), São João do Polêsine, Rio Grande do Sul.

BAGUALOSAURUS AGUDOENSIS – PASSAPORTE PARA O FUTURO

O *Bagualosaurus* é outra forma transicional, uma mistura de modelos antigos e modernos que levou sua espécie para a vanguarda dos dinossauros sauropodomorfos que começaram a crescer e a se alimentar exclusivamente de plantas. Membros da sua espécie, embora distantes de alcançar as grandes dimensões dos sauropodomorfos do final do Triássico, eram bem maiores que os outros do seu tempo.

No que diz respeito às adaptações para a vida vegetariana, sua maxila e dentes pareciam estar à frente do seu tempo e, embora grandalhão, o *Bagualosaurus* ainda não apresentava as patas traseiras expandidas, típicas dos enormes sauropodomorfos do final do Triássico. A vida vegetariana, portanto, se desenvolveu antes do crescimento corporal.

O *Bagualosaurus* foi encontrado em uma camada de rocha formada por sedimentos transportados pelas águas de um rio que periodicamente inundavam uma ampla planície. A lama e a areia que chegaram àquele ponto cobriram dezenas de outros esqueletos: o dinossauro *Pampadromaeus*, os cinodontes, rincossauros e dinossauromorfos – um verdadeiro cemitério triássico.

Trabalho científico

Pretto, F. A.; Langer, M. C.; Schultz, C. L. 2019. A new dinosaur (Saurischia: Sauropodomorpha) from the Late Triassic of Brazil provides insights on the evolution of sauropodomorph body plan. *Zoological Journal of the Linnean Society*, 185:388-416.

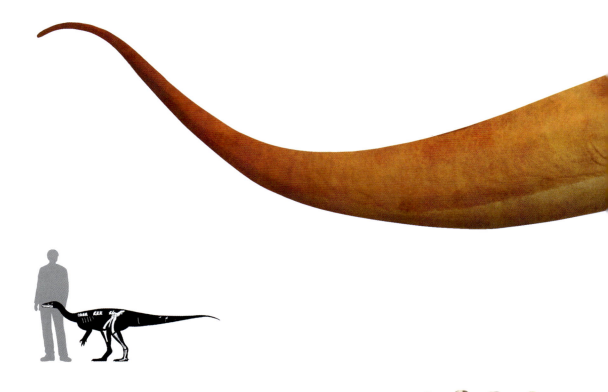

Significado do nome	*Bagualosaurus* significa "lagarto grandalhão", porque até a época da sua descoberta era o maior dinossauro conhecido da região; *agudoensis*, uma homenagem à cidade de Agudo.
Quando e onde foi encontrado	Em 2007, no sítio paleontológico Janner, Agudo, Rio Grande do Sul.
Bacia sedimentar, formação geológica e idade	Bacia do Paraná, Formação Santa Maria, período Triássico, 230 milhões de anos.
Comprimento	2,5 metros.
Onde está o esqueleto	Coleção de paleontologia de vertebrados do Instituto de Geociências da Universidade Federal do Rio Grande do Sul, Porto Alegre, Rio Grande do Sul.

NHANDUMIRIM WALDSANGAE – QUEM SOU EU?

O *Nhandumirim* é conhecido por um esqueleto parcial, que inclui ossos da perna direita, cintura, vértebras sacrais e caudais, achado no Rio Grande do Sul em rochas de 233 milhões de anos. Na primeira tentativa de determinação de seu parentesco na árvore dos dinossauros, os paleontólogos o ligaram aos terópodos, até então os únicos e mais antigos representantes dessa linhagem conhecidos no Triássico brasileiro e mundial. O *Nhandumirim* mostra que não apenas os gigantes sauropodomorfos do Jurássico e do Cretáceo tiveram suas raízes no Brasil, mas também os grandes predadores que os atacariam no futuro.

Porém, análises mais recentes contestaram suas afinidades com os terópodos e passaram o *Nhandumirim* para as profundezas dos sauropodomorfos. Por tratar-se de material incompleto, sem o crânio, e anatomicamente muito próximo dos seus ancestrais não dinossaurianos, as análises do *Nhandumirim* são dificultadas pela natureza transicional das suas características.

Trabalho científico

Marsola, J. C. A.; Bittencourt, J. S. J.; Butler, R.; da Rosa, A. A. S.; Sayão, J. M.; Langer, M. C. 2019. A new dinosaur with theropod affinities from the Late Triassic Santa Maria, South Brazil. *Journal of Vertebrate Paleontology*, 38(5):e1531878.

Significado do nome	*Nhandumirim* significa "pequeno corredor"; *waldsangae* é uma homenagem ao sítio paleontológico Waldsanga.
Quando e onde foi encontrado	Em 2012, no sítio paleontológico Waldsanga, Santa Maria, Rio Grande do Sul.
Bacia sedimentar, formação geológica e idade	Bacia do Paraná, Formação Santa Maria, período Triássico Superior, 230 milhões de anos.
Comprimento	1,5 metro.
Onde está o esqueleto	Laboratório de Paleontologia de Ribeirão Preto da Universidade de São Paulo (LPRP/USP), Ribeirão Preto, São Paulo.

SATURNALIA TUPINIQUIM – UM VEGETARIANO CAÇADOR?

O *Saturnalia* é outro sauropodomorfo e sua anatomia é ainda mais reveladora da natureza transicional dos dinossauros encontrados no Rio Grande do Sul. Seu esqueleto revela incríveis sinais da sua ancestralidade. Embora a anatomia do seu esqueleto já apresente características mais seguras quanto à sua posição no ramo dos dinossauros, como maior número de vértebras sacrais, o acetábulo aberto e a cabeça do fêmur voltada em direção à cintura, o molde do seu cérebro reconstruído com imagens de tomografia causou uma grande surpresa.

Desde sua primeira descrição em 1999, o *Saturnalia* era considerado como um animal herbívoro quadrúpede, porque sua anatomia o incluía no grupo dos sauropodomofos, um ramo até então tido como tipicamente vegetariano pelo fato de representar a evolução inicial dos gigantes quadrúpedes herbívoros. No entanto, imagens em 3D do seu cérebro revelaram flóculos e paraflóculos desenvolvidos em seu cerebelo, estruturas típicas de animais que necessitam de controle sofisticado do pescoço, cabeça e olhos para a captura de presas. O *Saturnalia* era um predador.

De fato, o pescoço alongado, os dentes levemente curvos com serrilhado fino e a cabeça reduzida indicam hábito faunívoro do *Saturnalia*, um caçador de pequenos animais que ocasionalmente fazia uso do bipedalismo. Ele pertencia a uma linhagem que futuramente estaria representada exclusivamente por animais herbívoros quadrúpedes, uma clara transição em andamento no tronco dinossauriano, quando a evolução empurrava seus primeiros representantes para diferentes modos de vida.

Significado do nome	*Saturnalia* equivale, em latim, a "carnaval", pois foi no período dessa festa que o esqueleto foi encontrado; *tupiniquim*, do guarani, uma maneira de se caracterizar fatos ou objetos tipicamente brasileiros.
Quando e onde foi encontrado	Os três esqueletos parciais foram encontrados em 1998 pela equipe de paleontólogos do Museu de Ciências e Tecnologia da Pontifícia Universidade Católica do Rio Grande do Sul, em rochas aflorantes de uma propriedade particular situada ao lado da rodovia BR-508, nos arredores da cidade de Santa Maria, Rio Grande do Sul.
Bacia sedimentar, formação geológica e idade	Bacia do Paraná, Formação Santa Maria, período Triássico, 230 milhões de anos.
Comprimento	2 metros.
Onde está o esqueleto	Museu de Ciências e Tecnologia da Pontifícia Universidade Católica do Rio Grande do Sul, Porto Alegre, Rio Grande do Sul.

Trabalhos científicos

Bronzati M.; Rauhut O. W.; Bittencourt J. S.; Langer M. C. 2017. Endocast of the Late Triassic (Carnian) dinosaur *Saturnalia tupiniquim*: implications for the evolution of brain tissue in Sauropodomorpha. *Scientific Reports*, 7:11931.

Langer, M. C.; Abdala, F.; Richter, M.; Benton, M. 1999. A sauropodomorph dinosaur from the Upper Triassic (Carnian) of Southern Brazil. *Comptes Rendus de l'Académie des Sciences*, 329:511-517.

Langer, M. C. 2003. The pelvic and hind limb anatomy of the stem-sauropodomorph *Saturnalia tupiniquim* (Late Triassic, Brazil). *PaleoBios*, 23(2):1-40.

Langer, M. C.; França M. A. G. de; Gabriel, S. 2007. The pectoral girdle and forelimb anatomy of the stem-sauropodomorph *Saturnalia tupiniquim* (Upper Triassic, Brazil). *Special Papers in Palaeontology*, 77:113-137.

GUAIBASAURUS CANDELARIENSIS – SONO GEOLÓGICO

O *Guaibasaurus candelariensis* é outro dinossauro do Triássico, conhecido por três esqueletos parciais. Seu crânio, bem como dentes e vértebras do pescoço, nunca foi encontrado. Embora o *Guaibasaurus* tenha o acetábulo fechado, ou quase totalmente fechado, e a fusão de uma terceira vértebra sacral apenas sugerida, os paleontólogos o incluem no grupo dos dinossauros saurísquios, como um sauropodomorfo basal. Datações radiométricas determinaram idade de 225,4 milhões de anos para as rochas da Formação Caturrita que guardaram seus esqueletos no Rio Grande do Sul.

Um aspecto muito interessante no fóssil do *Guaibasaurus* é a posição em que seu esqueleto foi encontrado. O corpo está apoiado sobre as duas pernas flexionadas, o braço, lateral ao tronco, também está dobrado, e a posição da última vértebra cervical junto do tronco indica que seu pescoço estava curvado para trás. Essa postura com membros, pescoço e cauda recolhidos para junto do corpo é a mesma observada nas aves modernas quando dormem e, entre os dinossauros, conhecida somente em terópodos manirraptores não avianos, cujos fósseis são encontrados a partir do Jurássico. O *Guaibasaurus* dormia como terópodos 30 milhões de anos antes e como as aves modernas já no Triássico.

No entanto, o fato de o *Guaibasaurus* pertencer à linhagem dos sauropodomorfos, e essa postura ter sido comum também nos terópodos, pode demonstrar que, provavelmente, esse hábito já estava presente nos ancestrais de ambas as linhagens. De fato, o *Saltopus,* um dinossauriforme encontrado na Argentina em rochas 3 milhões de anos mais antigas, tem o esqueleto em postura semelhante.

Mas as implicações vão além das semelhanças de postura. As aves atuais descansam e dormem nessa posição, assim como os mamíferos como cães e gatos, porque é a postura mais eficiente para a retenção de calor em organismos homeotérmicos. Por isso, também nos encolhemos no frio para não deixar o calor escapar.

Não podemos dizer com toda a certeza, mas é provável que dinossauros sauropodomorfos, terópodos e até seus ancestrais dinossauriformes já fossem animais de sangue quente, apresentando, ao menos, algum tipo de homeotermia.

E mais: as aves herdaram a mesma postura estratégica para reter o calor quando dormem e, quem sabe, também as raízes da homeotermia.

Trabalhos científicos

Agnolin, F.; Martinelli, A. G. 2012. *Guaibasaurus candelariensis* (Dinosauria, Saurischia) and the early origin of avian-like resting posture. *Alcheringa*, 36 (2):263-267.

Bonaparte, J. F.; Brea, G.; Schultz, C. L.; Martinelli, A. G. 2006. A new specimen of *Guaibasaurus candelariensis* (basal Saurischia) from the Late Triassic Caturrita Formation of Southern Brazil. *Historical Biology,* 19:1-10.

Bonaparte, J. F.; Ferigolo, J.; Ribeiro, A. M. 1999. A new Early Late Triassic saurischian dinosaur from Rio Grande do Sul State, Brasil. Proceedings of the Second Gondwanan Dinosaur Symposium, edited by Y. Tomida, T. H. Rich and P. Vickers-Rich. *National Science Museum Monographs*, 15:89-109.

Langer, M. C.; Bittencourt, J. S.; Schultz, C .L. 2011. A reassessment of the basal dinosaur *Guaibasaurus candelariensis*, from the Late Triassic Caturrita Formation of South Brazil. *Earth and Environmental Science Transactions of the Royal Society of Edinburgh*, 101(3-4):301-332.

Significado do nome	*Guaibasaurus* significa "lagarto do rio Guaíba"; *candelariensis*, uma homenagem à cidade de Candelária, no Rio Grande do Sul.
Quando e onde foi encontrado	O primeiro exemplar, na década de 1990; o segundo, em 2002, em rochas aparentes 7 quilômetros a oeste de Candelária.
Bacia sedimentar, formação geológica e idade	Bacia do Paraná, Formação Caturrita, período Triássico, 225 milhões de anos.
Comprimento	2 metros.
Onde está o esqueleto	Coleção de paleontologia de vertebrados do Instituto de Geociências da Universidade Federal do Rio Grande do Sul, Porto Alegre, e Museu de Ciências Naturais da Fundação Zoobotânica do Rio Grande do Sul, Porto Alegre.

MACROCOLLUM ITAQUII – ENFIM, A MODERNIDADE

O *Macrocollum* é quase uma miniatura dos futuros gigantes pescoçudos. Três esqueletos, um dos quais praticamente completo, deram aos paleontólogos a chance de decifrar completamente sua anatomia, afinidades e hábitos de vida. O crânio bem reduzido e o pescoço duas vezes maior que o dos sauropodomorfos antecessores deram a ele uma enorme vantagem para obtenção de alimento nos estratos mais altos dos bosques triássicos. Os dentes praticamente foliáceos, sem curvatura, e com serrilhado robusto, indicam uma dieta já praticamente herbívora. O fêmur maior que a tíbia é um sinal de que já deixava o hábito cursorial (corredor). No entanto, as patas traseiras eram ainda delicadas como as de seus ancestrais faunívoros/onívoros. Macrocollum é outro mosaico evolutivo do Triássico brasileiro.

Os três esqueletos desse dinossauro foram encontrados próximos um ao outro em uma área de 2 metros quadrados. Se foram soterrados juntos, é grande a chance de que tenham morrido também juntos, o que deu aos paleontólogos um forte sinal de que esses dinossauros já tinham hábito gregário e eram animais sociais.

A vida em grupo é uma eficiente estratégia de defesa para explorar os recursos para facilitar o acasalamento, cuidar dos ninhos e proteger os filhotes.

Muito mais que um simples aumento da diversidade, a evolução inovou com os dinossauromorfos em diferentes frentes da sua biologia e ecologia. Foram essas inovações que deram sentido ao primeiro pulso de diversidade da história dos dinossauros, registradas em rochas do Triássico brasileiro como em nenhum outro lugar do mundo.

Trabalho científico

Müller, R. T.; Langer, M. C.; Silva, S. D. 2018. An exceptionally preserved association of complete dinosaur skeletons reveals the oldest long-necked sauropodomorphs. *Biology Letters,* 14 (11):1744-9561.

Significado do nome	*Macrocollum* significa "pescoço grande"; *itaquii,* uma homenagem a José Jerundino Machado Itaqui, um dos idealizadores do Centro de Apoio à Pesquisa Paleontológica da Quarta Colônia da Universidade Federal de Santa Maria, na cidade de São João do Polêsine, Rio Grande do Sul.
Quando e onde foi encontrado	Em 2012, no sítio paleontológico de Wachholz, Agudo, Rio Grande do Sul.
Bacia sedimentar, formação geológica e idade	Bacia do Paraná, Formação Candelária, período Triássico, 225 milhões de anos.
Comprimento	3,5 metros.
Onde está o esqueleto	Centro de Apoio à Pesquisa Paleontológica da Quarta Colônia da Universidade Federal de Santa Maria (CAPPA/UFSM), São João do Polêsine, Rio Grande do Sul.

203

UNAYSAURUS TOLENTINOI – QUEM NÃO AMA VIAJAR?

O *Unaysaurus* é conhecido de rochas norianas triássicas do Rio Grande do Sul. O esqueleto parcial, o crânio quase completo, parte dos membros, tronco, cintura escapular e cauda garantem-lhe uma posição filogenética relativamente segura entre os sauropodomorfos. Ele faz parte da primeira radiação de dinossauros herbívoros ocorrida entre os sauropodomorfos, cerca de 8 milhões de anos antes.

Muito interessante são suas afinidades com dinossauros plateossaurídeos, o *Plateosaurus gracilis*, encontrado na Alemanha, e o *P. engelhardti*, descoberto na França, em rochas norianas e raetianas alguns milhões de anos mais jovens. Essas ocorrências indicam que logo após seu aparecimento no sul dc Pangea, os sauropodomorfos se dispersaram por todo o supercontinente, a mais antiga evidência de cosmopolitismo para essa linhagem. O Pangea parecia não oferecer barreiras geográficas ou climáticas para os dinossauros, uma condição determinante para que, também no futuro, os dinossauros ocupassem praticamente todos os ecossistemas continentais de diferentes latitudes e sistemas climáticos.

Os plateossauros comprovam que a dispersão trans-Pangea era possível já nos primeiros milhões de anos da evolução dos dinossauros. Quem sabe, futuramente, os herrerassaurídeos, como o *Staurikosaurus* e o *Gnathovorax*, sejam descobertos também em rochas formadas na região norte do Pangea.

Trabalhos científicos

Leal, L. A.; Azevedo, S. A. K.; Kellner, A. W. A.; Rosa, A. A. S. 2004. A new early dinosaur (Sauropodomorpha) from the Caturrita Formation (Late Triassic), Paraná Basin, Brazil. *Zootaxa,* 690:1-24.

McPhee, B. W.; Bittencourt, J. S.; Langer, M. C.; Apaldetti, C.; da Rosa, A. A. S. 2019. Reassessment of *Unaysaurus tolentinoi* (Dinosauria: Sauropodomorpha) from the Late Triassic (early Norian) of Brazil, with a consideration of the evidence for monophyly within non-sauropodan sauropodomorphs. *Journal of Systematic Palaeontology,* 18(3):259-293.

Significado do nome	*Unay*, palavra indígena que significa "água negra", em referência à cidade onde foi encontrado; *saurus* quer dizer "lagarto"; *tolentinoi*, uma homenagem ao seu descobridor, Tolentino Flores Marafiga.
Quando e onde foi encontrado	Em 1998, na localidade de Água Negra, São Martinho da Serra, Rio Grande do Sul.
Bacia sedimentar, formação geológica e idade	Bacia do Paraná, Formação Caturrita, período Triássico, 225 milhões de anos.
Comprimento	2,5 metros.
Onde está o esqueleto	Laboratório de Estratigrafia e Paleobiologia da Universidade Federal de Santa Maria, Santa Maria, Rio Grande do Sul.

SACISAURUS AGUDOENSIS – ONDE ESTÃO MINHAS PERNAS ESQUERDAS?

O *Sacisaurus agudoensis* foi considerado um possível ornitísquio no tempo da sua descrição original, em 2006, e seria a primeira espécie com restos ósseos encontrados no Brasil atribuída à mesma linhagem dos famosos *Triceratops* e *Iguanodon*. Todos os outros dinossauros ornitísquios de rochas brasileiras formalmente descritos são conhecidos apenas pelas pegadas.

Os dinossauros ornitísquios apresentam como característica marcante um osso único na extremidade da mandíbula, o pré-dentário, o qual, em vida, suportava um bico córneo semelhante ao de uma ave. No *Sacisaurus*, o pré-dentário ainda é composto por duas partes não fundidas, que identificam um momento evolutivo pouco anterior à fusão encontrada em ornitísquios legítimos.

O *Sacisaurus* é hoje considerado um dinossauriforme silessaurídeo, único representante desse grupo conhecido no Brasil. Outros silessaurídeos incluem sua espécie irmã *Diodorus scytobrachion*, encontrado em rochas de 215 milhões de anos no Marrocos, o *Silesaurus opolensis*, de rochas polonesas de 230 milhões de anos, o *Asilisaurus kongwe*, encontrado em rochas de 245 milhões de anos na Tanzânia, entre outros.

O *Sacisaurus* era um animal herbívoro, mas a anatomia dos dentes e dos coprólitos indica ser um silessaurídeo cuja dieta comportava todo tipo de alimento. Esses dinossauros viveram por todo o Pangea e foram extintos no final do Triássico. No entanto, o *Sacisaurus* está listado aqui ao lado de outros dinossauros triássicos porque, em 2020, uma nova análise de parentesco realizada por pesquisadores do Centro de Apoio à Pesquisa Paleontológica da Quarta Colônia (CAPPA), de São João do Polêsine, no Rio Grande do Sul, o recuperou, assim como outros silessaurídeos, dentre os dinossauros ornitísquios. Um resultado ainda mais interessante foi o fato de que até então não eram conhecidos dinossauros ornitísquios nos estágios iniciais do período Triássico. Os silessaurídeos preencheram uma lacuna temporal e filogenética ansiosamente esperada pelos paleontólogos.

Um dos fatos mais enigmáticos sobre o *Sacisaurus* é que vinte pernas direitas foram encontradas em seu sítio paleontológico e raros fragmentos da perna esquerda. Esse é um fato geológico e biológico tão improvável de ocorrer, que a única explicação até hoje aceita para o que pode ter acontecido ali é a pura casualidade.

Trabalhos científicos

Ferigolo, J.; Langer, M. C. 2007. Late Triassic dinosauriform from South Brazil and the origin of the ornithischian predentary bone. *Historical Biology*, 19(1):23-33.

Kammerer, C. F.; Nesbitt, S. J.; Shubin, N. H. 2011. The first basal dinosauriform (Silesauridae) from the Late Triassic of Morocco. *Acta Palaeontologica Polonica*, 57(2):277-284.

Müller R. T.; Garcia M. S. 2020. A paraphyletic "Silesauridae" as an alternative hypothesis for the initial radiation of ornithischian dinosaurs. *Biological Letters*, 1620200417.

Significado do nome	*Sacisaurus* significa "lagarto saci", porque apenas fêmures de doze patas traseiras direitas foram encontrados; *agudoensis*, porque descoberto na cidade de Agudo.
Quando e onde foi encontrado	Em 2001, pela equipe da Fundação Zoobotânica do Rio Grande do Sul, na zona urbana de Agudo, Rio Grande do Sul.
Bacia sedimentar, formação geológica e idade	Bacia do Paraná, Formação Caturrita, período Triássico, 225 milhões de anos.
Comprimento	1,5 metro.
Onde está o esqueleto	Museu de Ciências Naturais da Fundação Zoobotânica do Rio Grande do Sul, Porto Alegre.

ERYTHROVENATOR JACUIENSIS – A FORÇA DE UM BRASÃO

O *Erythrovenator* é um dos dinossauros mais incompletos conhecidos do Brasil. Seu fóssil é único e tão pequeno, que podemos dizer que esse é um dinossauro que, na prática, não foi encontrado. Mas paleontologia é assim. É possível fazer muito com pouco!

Pense o seguinte: se, ao atravessar uma rua, você encontrar no asfalto um brasão metálico de formato triangular, no qual um lindo cavalo negro com longas crinas se empina vigorosamente sobre um fundo amarelo, você pode dizer com certa segurança que uma Ferrari pode ter passado por ali. Você pode concluir muito com pouco, porque encontrou a parte certa. Tivesse encontrado um parafuso, não poderia dizer tanto!

O fóssil que originou o *Erythrovenator* é a parte proximal de um fêmur esquerdo. Tem mais ou menos as dimensões de uma caixa de fósforo, mas, assim como o brasão da Ferrari, o pequeno fragmento tem as assinaturas clássicas de um dinossauro terópodo: a porção proximal do trocânter anterior, uma cicatriz muscular marcada perto da cabeça do fêmur, tem forma piramidal quando em vista anterior, e uma fenda bem marcada a separa do eixo principal do fêmur. Só os terópodos têm essas peculiaridades. E mais: outra cicatriz muscular, o trocânter dorsolateral, não é destacada como se vê em todos os outros dinossauros triássicos. Um novo sinal, uma espécie nova: assim nasceu o *Erythrovenator jacuiensis*, de um pequeno fragmento que diz muito. O osso certo, um brasão para os terópodos.

Dinossauros terópodos são muito raros em rochas de idades carniana e noriana em todo o mundo. A evolução já havia inventado os predadores de topo entre as linhagens iniciais de dinossauros, os herrerassauriídeos. O *Erythrovenator* pertencia a outra linhagem tentativa, e os terópodos acabaram por prosperar expressivamente a partir do Jurássico, logo após a extinção dos herrerassaurídeos. O *Erythrovenator* foi mais um pioneiro e é considerado um dos terópodos mais antigos conhecidos do mundo.

Trabalho científico

Müller, R. T. 2021. A new theropod dinosaur from a peculiar Late Triassic assemblage of Southern Brazil, *Journal of South American Earth Sciences*,107: Article 103026.

Significado do nome	*Erythro*, do grego, significa "vermelho", e *venator*, do latim, "caçador"; *jacuiensis*, faz referência ao rio Jacuí, que corre próximo à cidade de Agudo: "caçador vermelho do rio Jacuí".
Quando e onde foi encontrado	Em 2017, no sítio paleontológico Niemeyer, Agudo, Rio Grande do Sul.
Bacia sedimentar, formação geológica e idade	Bacia do Paraná, Formação Candelária, período Triássico, 228 milhões de anos.
Comprimento	2 metros.
Onde está o esqueleto	Centro de Apoio à Pesquisa Paleontológica da Quarta Colônia da Universidade Federal de Santa Maria (CAPPA/USFM), São João do Polêsine, Rio Grande do Sul.

TRILHA
JURÁSSICA

O período Jurássico da América do Sul não foi tão bem guardado nas rochas quanto gostaríamos. A geologia fazia o movimento contrário daquele que promoveria o acúmulo de sedimentos que mais tarde seriam transformados em rochas. Em vez de afundar, ela elevava as rochas, impedindo que os sedimentos fossem acumulados em grandes depressões. Na superfície, o pouco que havia sido depositado no Triássico, ou mesmo em curtos intervalos do Jurássico, era

exposto à erosão e apagado. É por isso que temos um conhecimento escasso desse período da América do Sul, em especial do Brasil, um intervalo em que os dinossauros pela primeira vez se agigantaram e aprenderam a voar.

No Gondwana, regiões hoje ocupadas pela Argentina, África e Índia tiveram mais sorte com a geologia e por isso dezenas de dinossauros jurássicos já foram encontrados por lá. Na Austrália e no Brasil, a geologia não colaborou e os milhões de esqueletos deixados pelas espécies que por aí viveram foram transformados em pó e jogados em bacias sedimentares dos fundos dos oceanos.

No Brasil, rochas jurássicas aparecem aqui e ali, como os fósseis de uma antiga floresta petrificada no Ceará, o importante crocodilo no Maranhão, pegadas de dinossauros no Rio Grande do Sul e restos de esqueletos muito retrabalhados em Pernambuco. A geologia podia ter sido mais generosa, mas não foi. Os 46 milhões de anos do Jurássico brasileiro permanecerão um grande mistério para nós até que novas e improváveis descobertas ocorram.

ORNITÍSQUIO NODOSSAURÍDEO – TRILHA JURÁSSICA

Um achado surpreendente em terras gaúchas foi uma trilha de 2,4 metros de comprimento com cinco pegadas, quatro das quais de patas traseiras (cada uma delas de 32 centímetros de comprimento) e uma de pata dianteira (de 6 centímetros de comprimento). As marcas mostram heteropodia, isto é, pares de patas dianteiras e traseiras de tamanhos diferentes, e paratoxonia, quando os dedos III e IV são os mais longos, como em nossas mãos. Sinais como esses, comparados com os de diversas pegadas de várias regiões do mundo, são diagnósticos de um dinossauro ornitísquio, um anquilossauro, um possível nodossaurídeo, única evidência dessa linhagem até o momento encontrada no Brasil.

Ainda mais revelador é o fato de que o conjunto de informações geológicas e paleontológicas indica que as rochas que contêm as pegadas eram do Jurássico Superior. Essa idade faz delas não apenas uma das três evidências de dinossauros no Jurássico brasileiro, mas também identifica o mais antigo anquilossauro conhecido da América do Sul. No Gondwana, anquilossauros são mais comuns em rochas do Cretáceo da Argentina, Nova Zelândia e até da Antártica.

É ainda inexplicável por que dinossauros ornitísquios são conhecidos no Brasil somente pelos icnofósseis que deixaram, trilhas que mostram suas atividades em um dia qualquer, quando procuravam algum lugar onde pudessem passar o dia pastando placidamente.

Trabalho científico

Francischini, H.; Sales, M. A. F.; Dentzien-Dias, P.; Schultz, C. L. 2017. The presence of ankylosaur tracks in the Guará Formation (Brazil) and remarks on the spatial and temporal distribution of late Jurassic dinosaurs. *Ichnos – An International Journal for Plant and Animal Traces,* 25:1-15.

Significado do nome	"Dinossauro fundido", devido aos vários ossos ligados em seu corpo, o que deixava seu esqueleto muito robusto.
Quando e onde foi encontrado	Em 2014, no sítio paleontológico Cerro Torneado, Rosário do Sul, Rio Grande do Sul.
Bacia sedimentar, formação geológica e idade	Bacia do Paraná, Formação Guará, período Jurássico Superior, 150 milhões de anos.
Comprimento	3,5 metros.
Onde está o esqueleto	Normalmente, pegadas não são coletadas. Moldes e réplicas em resina são produzidos e armazenados em laboratório.

213

O FIM DA BACIA DO PARANÁ

Para os geólogos, a bacia do Paraná parou de funcionar e registrar a história geológica das regiões Sul e Sudeste do Brasil no início do Cretáceo. Cerca de 130 milhões de anos atrás, o gigantesco vulcanismo Paraná-Etendeka, o mesmo que ocasionou o nascimento da América do Sul e da África, derramou magma em uma superfície de 1 milhão de quilômetros quadrados na área hoje ocupada quase integralmente por aquelas regiões brasileiras.

Sob as espessas camadas de basalto, que em algumas regiões podem chegar a 1,7 quilômetro de espessura de pura rocha, encontram-se os arenitos do grande deserto Botucatu. Nas suas areias, 140 milhões de anos atrás, dinossauros, mamíferos, lagartos e artrópodes deixaram impressos milhões de pegadas. Embora não tenhamos os tão desejados esqueletos, conhecer as marcas que deixaram nos ajuda a perceber os dinossauros, e todos os outros animais que por ali viveram, de um modo diferente: em movimento. Podemos imaginá-los ainda vivos, no dia a dia, caçando, caminhando, fazendo xixi.

A maior coleção de pegadas de dinossauros e de outros animais pré-históricos em exposição na América do Sul está hoje no Museu da Ciência Mário Tolentino, na cidade de São Carlos, interior de São Paulo, e merece a visita de todos os brasileiros.

ORNITÍSQUIO ORNITÓPODO – MARCANDO TERRITÓRIO

A bacia do Paraná parou de afundar quando um imenso vulcanismo ligado ao início da separação do Gondwana (América do Sul e África) cobriu de magma uma área original estimada em dez vezes a do Estado de São Paulo. Essas rochas deram origem à Formação Serra Geral e estão expostas no Brasil em grandiosos cânions, cataratas e extensas *cuestas*, bem como em países vizinhos, como Uruguai, Paraguai e Argentina. Foram longos 10 milhões de anos de erupções, muitas vezes explosivas, ocorridas entre 134 e 124 milhões de anos atrás, empilhando camadas de basalto que alcançam hoje 1,5 quilômetro de espessura.

Era o início do Cretáceo e os dinossauros estavam por aqui. Intercalados nos basaltos, por vezes de até 600 metros de espessura, estão os arenitos originários das areias do que foi o maior campo de dunas que o mundo conheceu, o deserto Botucatu. Aquelas areias guardaram milhões de pegadas da fauna que acabou ardendo com o vulcanismo, mas também uma curiosa marca deixada por um dinossauro ornitópodo. Essa marca de xixi, chamada urólito, é uma das duas conhecidas em todo o mundo com autoria atribuída a um dinossauro.

Diferentemente das aves modernas, é possível que os dinossauros armazenassem a urina separada das fezes em uma expansão da cloaca, uma "bexiga" improvisada, assim como sucedeu com a dos mamíferos ao longo da sua história evolutiva. Pelo menos uma ave, o avestruz, tem essa bexiga e é capaz de urinar como um grande mamífero em longos e abundantes jatos.

A outra marca foi descoberta em rochas formadas às margens de um grande lago no atual Estado do Colorado, nos Estados Unidos, produzida 150 milhões de anos atrás. Associada a imensas pegadas, uma depressão de pouco mais de 3 metros de comprimento, 1,5 metro de largura e 30 centímetros de profundidade pode ter sido feita pela extrusão de pelo menos 20 litros de uma substância liquefeita de uma altura de pelo menos 4 metros, exatamente o que se esperaria de um saurópodo gigante como o *Apatosaurus*, cujas pegadas são encontradas nas mesmas rochas.

Assim como no Colorado, no antigo deserto Botucatu, somente um organismo capaz de eliminar 2 ou 3 litros de urina de uma altura de pelo menos 1 metro deixaria uma marca como a encontrada, com 40 centímetros de comprimento, 20 de largura e 3 de profundidade. Suas pegadas também foram deixadas nas rochas e atribuídas pelos paleontólogos da Universidade Estadual de São Carlos a um dinossauro ornitópodo.

Significado do nome	"Pata de ave", devido à impressão com apenas três dedos.
Quando e onde foi encontrado	Provavelmente em 1976, no sítio paleontológico Pedreira do Ouro, Araraquara, São Paulo.
Bacia sedimentar, formação geológica e idade	Bacia do Paraná, Formação Botucatu, período Cretáceo Inferior, 140 milhões de anos.
Comprimento	7 metros.
Onde está o esqueleto	Uma grande coleção de pegadas e o urólito estão em exposição permanente no Museu de Ciências Professor Mário Tolentino, São Carlos, São Paulo.

Trabalhos científicos

Fernandes, M. A.; Fernandes, L. B. R.; Souto, P. R. F. 2004. Occurrence of urolites related to dinosaurs in the Lower Cretaceous of the Botucatu Formation, Paraná Basin, São Paulo State, Brazil. *Revista Brasileira de Paleontologia*, 263-268.

Leonardi, G.; Carvalho, I. S. 2002. Jazigo icnofossilífero do ouro, Araraquara, SP. Ricas pistas de tetrápodos do Jurássico. *In*: Schobbenhaus, C.; Campos, D. A.; Queiroz, E. T., Winge, M.; Berbert-Born, M. L. C. (ed.). *Sítios geológicos e paleontológicos do Brasil*. 1. ed. Brasília: DNPM/CPRM – Comissão Brasileira de Sítios Geológicos e Paleobiológicos (Sigep), 01:39-47.

TERÓPODO CELUROSSAURO – A VIDA NO DESERTO

Diversas trilhas de pequenos dinossauros estendem-se por rochas do arenito Botucatu, o antigo deserto que ocupou quase toda a bacia do Paraná durante o início do Cretáceo. Elas são vistas ao lado de pegadas de mamíferos, bem como em sequências sedimentares que mostram que esses pequenos dinossauros também conviviam com grandes ornitópodos, além de artrópodes como besouros, escorpiões, miriápodos e isópodos. Recentemente, a descoberta de novas pegadas nas rochas da Formação Botucatu foi oficialmente anunciada, dessa vez de um lagarto de 35 centímetros de comprimento, as primeiras reconhecidas de rochas originadas de dunas em ambiente desértico do período Cretáceo. Além das marcas do arrasto da cauda deixadas entre as pegadas, a identidade do lagarto foi reconhecida pela posição do dedo V (o dedo mindinho) das patas traseiras voltado para trás, em posição oposta aos dedos I (o dedão), apontados para a frente. Imagine as "pegadas" deixadas pelas palmas da sua mão abertas e viradas para os lados depois de andar de gatinhas na areia de um parquinho.

Voltando ao dinossauro, as pequenas pegadas tridáctilas indicam tratar-se de terópodos celurossauros, tipicamente caçadores faunívoros e, seguramente, emplumados. Possivelmente de hábitos crepusculares para evitar a desidratação durante o intenso calor do dia, caçavam de manhã e à tardezinha pequenos mamíferos e artrópodes que viviam nas áreas mais úmidas entre as dunas.

A fim de evitar a desidratação durante o dia, talvez permanecessem submersos na areia e armazenassem umidade na espessa camada de penas, assim como fazem hoje diversos animais.

Trabalhos científicos

Fernandes, M. A.; Ghilardi, A. M.; Carvalho, I. S. 2014. Paleodeserto Botucatu: inferências ambientais e climáticas com base na ocorrência de icnofósseis. In: Carvalho, I. S; Garcia, M. J.; Lana, C. C.; Strohschoen Jr., O. (org.). *Paleontologia: cenários de vida – Paleoclimas*. 1. ed. Rio de Janeiro: Interciência, 5, 71-80.

Leonardi, G.; Carvalho, I. S. 2002. Jazigo icnofossilífero do ouro, Araraquara, SP. Ricas pistas de tetrápodes do Jurássico. In: Schobbenhaus, C.; Campos, D. A.; Queiroz, E. T.; Winge, M.; Berbert-Born, M. L. C. (ed.). *Sítios geológicos e paleontológicos do Brasil*. 1. ed. Brasília: DNPM/CPRM – Comissão Brasileira de Sítios Geológicos e Paleobiológicos (Sigep), 01:39-47.

Significado do nome	"Lagarto de cauda oca."
Quando e onde foi encontrado	Suas pegadas são encontradas há décadas no sítio paleontológico Pedreira do Ouro, Araraquara, São Paulo.
Bacia sedimentar, formação geológica e idade	Bacia do Paraná, Formação Botucatu, período Cretáceo Inferior, 140 milhões de anos.
Comprimento	1 metro.
Onde está o esqueleto	Uma coleção de pegadas está em exposição permanente no Museu de Ciências Professor Mário Tolentino, São Carlos, São Paulo.

BACIA SANFRANCISCANA

Uma longa bacia sedimentar se estende desde o noroeste de Minas Gerais até o Piauí. Chamada bacia Sanfranciscana, guarda pacotes de sedimentos intercalados por longos intervalos sem registro nas três eras geológicas fanerozoicas. Ela inicia com espessos pacotes de rochas glaciais dos períodos Carbonífero e Permiano, do final da era Paleozoica, segue com campos áridos e sedimentos lacustres mesozoicos que guardaram dinossauros que viveram no início do Cretáceo e termina com restos de sistemas fluviais que marcam o fim do seu registro no Quaternário, o último período da era Cenozoica.

Das rochas de 130 milhões de anos encontradas em uma fazenda do município de Coração de Jesus, no noroeste de Minas Gerais, dois grandes tesouros paleontológicos foram coletados e estudados por paleontólogos do Museu de Zoologia da Universidade de São Paulo. Eles serão descritos juntos aqui, pois seus restos foram encontrados agrupados nas rochas da Formação Quiricó.

SPECTROVENATOR RAGEI – SOLITÁRIO OU EM GRUPO?

Os dinossauros predadores se reuniam para caçar? Formavam grupos assim como leões, lobos, ou mesmo orcas e golfinhos que caçam nas águas? De fato, a grande maioria dos caçadores atuais preferem caçar sozinhos. Embora tenham mais trabalho e a caça seja restrita a presas pequenas, caçadores solitários não precisam dividir o prêmio com ninguém. Mas caçar em grupo tem suas vantagens. A colaboração exige menor esforço, e presas maiores podem ser abatidas para alimentar parceiros e filhotes. Em grupo, também é mais fácil defender o jantar, diferentemente do solitário, que entre um bocado e outro tem que ficar de olho nos oportunistas.

E os dinossauros? Evidências fósseis diretas que indicam que esses animais caçavam em grupo não existem. Mas não são raros fósseis que reúnem grupos de caçadores que por alguma razão morreram juntos. É o caso dos cinco esqueletos de *Teratophoneus*, um tiranossaurídeo do período Cretáceo, encontrados na América do Norte em um mesmo sítio paleontológico. As análises indicaram a presença de um adulto, um subadulto e três jovens. Embora pudessem apenas estar a caminho de um local onde passariam a noite, não é impossível que estivessem caçando. No mundo atual, é comum que os mais velhos e experientes orientem os mais jovens a caçar. Podia ser o caso.

Não sabemos se o grupo de *Teratophoneus* caçava quando uma torrente de lama matou a todos, nem se grupos de *Spectrovenator* se reuniam para caçar. É possível, e muito provável, pois, assim como hoje, acontecia de tudo na vida selvagem do tempo dos dinossauros. Mas uma coisa é certa: assim como vemos hoje no mundo natural, brincar com pequenos animais e mais tarde devorá-los, ou não, era passatempo e aprendizado para qualquer jovem predador.

Significado do nome	*Spectrovenator* significa "caçador fantasma" devido à repentina aparição do seu esqueleto sob o fóssil do *Tapuiasaurus*; *ragei* é uma homenagem ao paleontólogo francês Jean-Claude Rage.
Quando e onde foi encontrado	Em 2008, no sítio paleontológico da Serra da Embira Branca, Coração de Jesus, no noroeste de Minas Gerais.
Bacia sedimentar, formação geológica e idade	Bacia Sanfranciscana, Formação Quiricó, período Cretáceo Inferior, 130 milhões de anos.
Comprimento	2,5 metros.
Onde está o esqueleto	Laboratório de Paleovertebrados do Museu de Zoologia da Universidade de São Paulo, São Paulo.
	Na imagem, o *Spectrovenator* captura um *Neokotus sanfranciscanus*, o lagarto fóssil mais antigo conhecido da América do Sul, encontrado nas mesmas rochas.

Trabalho científico

Zaher, H.; Pol, D.; Navarro, B. A.; Delcourt, R.; Carvalho, A. B. 2020. An Early Cretaceous theropod dinosaur from Brazil sheds light on the cranial evolution of the abelisauridae. *Comptes Rendus Palevol*, 19 (6): 101-115.

TAPUIASAURUS MACEDOI E *SPECTROVENATOR RAGEI* – O ÍMPETO JUVENIL

Tapuiasaurus e *Spectrovenator* representam dois dos maiores tesouros da pré-história dos dinossauros do Brasil. Além da maior parte dos ossos do corpo e membros preservados, ambos tiveram o crânio conservado – no caso do *Tapuiasaurus*, o mais completo de um titanossauro conhecido no mundo – com dentes perfeitamente fossilizados. Eles constituem dois dos três crânios de dinossauros conhecidos no Brasil ao longo de todo o Cretáceo.

O *Tapuiasaurus* retrocedeu em cerca de 30 milhões de anos o tempo que se acreditava ter acontecido a bem-sucedida radiação das linhagens modernas, quando titanossauros mais avançados evoluíram pelo Gondwana, em meados do Cretáceo. O *Tapuiasaurus* era um titanossauro moderno, com características muito avançadas para a sua época, que só ficaram conhecidas em 2005 com a descoberta de seu fóssil.

Já o *Spectrovenator* era mesmo um dinossauro do seu tempo, sem várias das especializações que caracterizam os abelissaurídeos modernos, em especial a supermobilidade da mandíbula, indicativa de hábitos alimentares muito especiais. Até sua descoberta, nenhum outro crânio bem preservado de representantes das linhagens iniciais era conhecido. O *Spectrovenator* veio para nos contar uma parte desconhecida do início da história de uma linhagem que no futuro seria a dona dos nichos de superpredadores.

O *Spectrovenator* pode ter sido vítima de uma brutal fatalidade. Seu esqueleto foi encontrado sob o pescoço do *Tapuiasaurus*, ambos fossilizados nos sedimentos depositados nas margens de um lago antigo. É muito improvável que o *Spectrovenator* estivesse morto nas águas rasas do lago por razões desconhecidas quando, também por razões desconhecidas, um *Tapuiasaurus* já morto, que flutuava nessas mesmas águas, afundou sobre ele. Não é impossível que isso tenha acontecido, mas, se existe uma história mais simples, podemos optar por ela. De qualquer modo, fique à vontade para escolher ou mesmo para pensar em uma terceira possibilidade.

Exceto pelo tamanho pouco exorbitante do *Spectrovenator* – 2,5 metros —, não existem razões para acreditar que era um indivíduo jovem. Mas quem sabe? Ainda inexperiente naquele dia fatal que fazia parte de seu treinamento em caçadas com vários adultos, aproximou-se demais de uma vítima já exausta. Era só esperar e o *Tapuiasaurus* logo desabaria. Mas jovens dinossauros também podiam ser impetuosos. Deixados ali, uma carga de sedimentos os cobriu e nem mesmo foram devorados.

O esqueleto do *Spectrovenator* tinha, dentro da boca, um dos pés, que provavelmente foi parar ali quando se debatia tentando sair debaixo do volumoso pescoço.

Trabalho científico

Zaher, H.; Pol, D.; Carvalho, A. B.; Nascimento, P. M.; Riccomini, C.; Larson, P.; Juarez-Valieri, R.; Pires-Domingues, R.; Silva Jr., N. J.; Campos, D. A. 2011. A complete skull of an Early Cretaceous sauropod and the evolution of advanced titanosaurians. *PLOS ONE,* 6 (2):e16663.

Significado do nome	*Tapuia* é uma referência ao tronco linguístico indígena jê, usado para designar as tribos que habitavam o interior do Brasil; *macedoi*, uma homenagem a Ubirajara Alves Macedo, o descobridor do esqueleto.
Quando e onde foi encontrado	Em 2005, no sítio paleontológico da Serra da Embira Branca, Coração de Jesus, no noroeste de Minas Gerais.
Bacia sedimentar, formação geológica e idade	Bacia Sanfranciscana, Formação Quiricó, período Cretáceo Inferior, 130 milhões de anos.
Comprimento	13 metros.
Onde está o esqueleto	Laboratório de Paleovertebrados do Museu de Zoologia da Universidade de São Paulo, São Paulo.

BACIAS DO RIO DO PEIXE
DINOSSAUROS E BACTÉRIAS

O Estado da Paraíba abriga uma série de pequenas bacias que estiveram ativas durante a parte inferior do Cretáceo, 125 milhões de anos atrás. Os esforços que romperiam a América do Sul e a África fraturavam a crosta em longas depressões onde espessos pacotes de sedimentos se acumularam. São hoje as bacias tipo *rift* da região do rio do Peixe, denominadas Sousa, Uiraúna-Brejo das Freiras, Pombal, Vertentes e Triunfo, famosas por guardarem camadas de rochas com trilhas, e mais raramente ossos, de muitos dinossauros, bem como de outros animais. Dezenas de quilômetros quadrados abrigam pegadas de dinossauros terópodos, ornitísquios e saurópodos, além de crocodilos, tartarugas, pequenos lagartos, sapos e rãs.

Um substrato ideal para impressão das pegadas era formado anualmente nas planícies inundadas de lama fina trazida em suspensão nas águas que transbordavam dos rios na época das cheias. Úmida e de consistência plástica, recebia a visita da fauna que habitava a região.

Mas o curioso é que as águas que anualmente chegavam a essa região não apagavam as pegadas deixadas nos anos anteriores. Ao contrário, preenchiam as marcas com sedimentos, o que evitava que fossem desfeitas. O fato é que as pegadas ficavam incólumes por meses ou mesmo anos, até que fossem completamente recobertas por sedimentos. As razões dessa dádiva geológica têm explicações biológicas que foram recentemente desvendadas por paleontólogos do Departamento de Geologia da Universidade Federal do Rio de Janeiro.

Aquela lama era rica em nutrientes e alimentava, alguns centímetros abaixo, um espesso tapete microbiano formado por um exército de cianobactérias e bactérias anaeróbicas. Impermeável, evitava que a água evaporasse, mantendo o sedimento úmido e macio, ideal para reprodução de pegadas. Mas o maior segredo era outro! O metabolismo bacteriano induzia a precipitação de cimentos carbonáticos que enrijeciam o substrato com as impressões, tornando-o resistente ao vento, chuvas e correntes de água. Era a união inusitada de bactérias e dinossauros escrevendo a nossa pré-história!

ORNITÍSQUIO ORNITÓPODO – UM VIAJANTE AFRICANO?

A maior e mais famosa trilha encontrada na região é uma sequência de cerca de 40 metros composta por 32 pegadas, cada uma delas com um diâmetro médio de 45 centímetros. Ela foi deixada 125 milhões de anos atrás quando um dinossauro ornitópodo atravessava calmamente uma área lamacenta em busca de água ou alimento.

As grandes pegadas indicam a presença de um dinossauro ornitópodo de aproximadamente 12 metros de comprimento. E só. É praticamente impossível a determinação de uma espécie quando se conta apenas com as pegadas para estudar. Portanto, não é possível prosseguirmos na sua identificação além do fato de que se tratava de um ornitísquio da grande linhagem dos ornitópodos.

Mas a paleontologia nos permite ir um pouco além. Nesse mesmo intervalo geológico, nas terras africanas vizinhas ainda coladas à América do Sul, viveu um ornitópodo pouco menor, de 8,30 metros: o *Ouranosaurus nigeriensis*. Seus fósseis foram encontrados em rochas do Cretáceo Inferior 8 milhões de anos mais jovens. Seu sítio, no Níger, localizado a sudoeste da cidade de Agadèz, estava a cerca de 1.500 quilômetros das pegadas encontradas hoje no Vale dos Dinossauros, em Sousa, na Paraíba. Não conhecemos suas pegadas, mas temos seu esqueleto quase completo, incluindo as patas. As incertezas são várias e de diferentes naturezas, mas podemos perguntar: será que as pegadas existentes no Brasil foram feitas pelo *Ouranosaurus* quando ainda não havia fronteiras na parte ocidental do Gondwana?

Trabalhos científicos

Almeida, E.B.; Avilla, L.S.; Candeiro, C. R. A.; 2002. Restos caudais de Titanosauridae da Formação Adamantina (Turoniano-Santoniano), Sítio do Prata, Estado de Minas Gerais, Brasil. *Revista Brasileira de Paleontologia,* 7(2):239-244.

Kellner, A. Z. A.; de Azevedo, S. A. K. 1999. A new sauropod dinosaur (Titanosauria) from the Late Cretaceous of Brazil. *In:* Tomida, Y., Rich, T. H.; Vickers-Rich, P. (ed.) Proceedings of the Second Gondwanan Dinosaur Symposium. National Science Museum Monographs, 15:111-142.

Santucci, R. M.; de Arruda-Campos, A. C.; 2011. A new sauropod (Macronaria, Titanosauria) from the Adamantina Formation, Bauru Group, Upper Cretaceous of Brazil and the phylogenetic relationships of Aeolosaurini. *Zootaxa.* 3085 (1):1.

Silva, J. C. Jr.; Martinelli, A. G.; Iori, F. V.; Marinho, T. S.; Hechenleitner, E. M.; Langer, M. C.; 2021. Reassessment of *Aeolosaurus maximus*, a titanosaur dinosaur from the Late Cretaceous of Southeastern Brazil. *Historical Biology: An International Journal of Paleobiology*, 1-9.

Vidal, L. S.; Pereira, P. V. L. G. C.; Tavares, S.; Brusatte, S.; Bergqvist, L. P.; Candeiro, C. R. A.; 2020. Investigating the enigmatic Aeolosaurini clade: The caudal biomechanics of *Aeolosaurus maximus* (Aeolosaurini/Sauropoda) using the Neutral Pose Method and the first case of protonic tail condition in Sauropoda. *Historical Biology*, 63:1-21.

Significado do nome	"Pata de ave."
Quando e onde foi encontrado	Na década de 1920, pelo engenheiro de minas Luciano Jacques de Moraes, no sítio paleontológico do Vale dos Dinossauros, Sousa, Paraíba.
Bacia sedimentar, formação geológica e idade	Bacia de Sousa, Formação Sousa, Cretáceo Inferior, 125 milhões de anos.
Comprimento	12 metros.
Onde está o esqueleto	Em exposição permanente no sítio paleontológico do Vale dos Dinossauros, aberto ao público durante o ano todo, na cidade de Sousa, Paraíba.

DINOSSAURO TERÓPODO – UMA PAZ

O sítio paleontológico do Vale dos Dinossauros, em Sousa, Paraíba, é um dos maiores tesouros da paleontologia brasileira. Diferentemente das pegadas descobertas no grande deserto Botucatu, hoje conhecidas, em seu maior esplendor, no interior de um museu, os icnofósseis paraibanos estão no mesmo local onde foram impressos 125 milhões de anos atrás. É um sentimento novo visitar aquele lugar onde, curiosamente, não há sinais da morte, o estigma que sempre acompanha os fósseis. Embora não tão secas como as areias do deserto Botucatu, as rochas com as marcas de centenas de pegadas têm nas rachaduras típicas da lama que cobria aquela região as marcas da sequidão. No entanto, assim como no deserto, a sensação que se tem ao encarar pela primeira vez as pegadas é a de dinossauros em trânsito, em um deslocamento aparentemente sereno, talvez em busca de abrigo ou um retorno à área onde costumavam passar a noite. Aquelas pegadas nos ajudam a imaginar os dinossauros em um cotidiano muito diferente do que vemos na maioria dos livros e filmes, nos quais os animais passam boa parte do tempo em perseguições e matanças. Como vimos, dinossauros eram animais sociais, e mesmo os terópodos caçadores tinham muitas outras coisas para fazer além de encher a barriga com carne. As mais de quinhentas trilhas conhecidas daquela região ainda nos ensinarão muito sobre a vida dos dinossauros.

Trabalhos científicos

Carvalho, I. S., Leonardi, G.; Borghi, L. 2013. Preservation of dinosaur tracks induced by microbial mats in the Sousa Basin (Lower Cretaceous), Brazil. *Cretaceous Research,* 44(213):112-121.

Leonardi, G.; Carvalho, I. S. 2000. As pegadas de dinossauros das bacias Rio do Peixe, PB. In: Schobbenhaus, C.; Campos, D. A.; Queiroz, E. T.; Winge, M.; Berbert-Born, M. (ed.) *Sítios geológicos e paleontológicos do Brasil.* http://sigep.cprm.gov.br/sitio026/sitio026.htm

Leonardi, G.; Carvalho, I. S. 2002. Jazigo icnofossilífero do ouro, Araraquara, SP. Ricas pistas de tetrápodes do Jurássico. In: Schobbenhaus, C.; Campos, D. A.; Queiroz, E. T., Winge, M.; Berbert-Born, M. L. C. (ed.). *Sítios geológicos e paleontológicos do Brasil.* 1. ed. Brasília: DNPM/CPRM – Comissão Brasileira de Sítios Geológicos e Paleobiológicos (Sigep), 01:39-47.

Novas, F. 2009. *The Age of Dinosaurs in South America.* Bloomington: Indiana University Press, 2009. 452p.

Significado do nome	"Pata de fera."
Quando e onde foi encontrado	Na década de 1920, pelo engenheiro de minas Luciano Jacques de Moraes, no sítio paleontológico do Vale dos Dinossauros, Sousa, Paraíba.
Bacia sedimentar, formação geológica e idade	Bacia de Sousa, Formação Sousa, período Cretáceo Inferior, 125 milhões de anos.
Comprimento	5 metros.
Onde está o esqueleto	Em exposição permanente no sítio paleontológico do Vale dos Dinossauros, aberto ao público durante todo o ano, na cidade de Sousa, Paraíba.

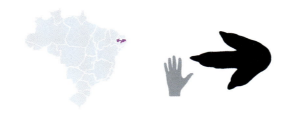

TRIUNFOSAURUS LEONARDII – ONDE ESTÃO OS OSSOS?

O *Triunfosaurus* é conhecido por fragmentos de ossos, muito incomuns na região das bacias paraibanas. Até então, um único osso, ainda informalmente denominado *Sousatitan*, havia sido encontrado por lá. Uma região repleta de pegadas, explorada por paleontólogos há décadas, rendeu apenas quatro ou cinco fragmentos de ossos. É praticamente o mesmo caso dos arenitos do deserto Botucatu: milhares de pegadas e nenhum osso depois de mais de um século de exploração. Enigmas da geologia! As áreas favoráveis à preservação de pegadas normalmente não propiciam a preservação de partes rígidas, e vice-versa.

Sedimentos com pegadas poderiam permanecer expostos até que a enchente anual trouxesse a lama capaz de protegê-las. A parceria com os tapetes microbianos fez diferença para as pegadas deixadas pelos dinossauros enquanto finas camadas as cobriam anualmente. Mas isso não aconteceu com os ossos. A falta de uma rápida cobertura por uma espessa camada os deixavam à mercê do intemperismo físico e químico. Com o correr dos anos, transformados em pó, sumiam. A chegada sazonal, através das enchentes anuais, de finas coberturas sedimentares pode explicar a ausência quase completa de ossos, assim como a grande abundância de pegadas. Mas seus moldes deveriam ficar gravados na lama. Não ficaram. Vai entender!

O *Triunfosaurus* é um dos mais antigos titanossauros conhecidos e constitui uma possível origem dessa importante linhagem em terras tropicais do Gondwana no início do Cretáceo.

Trabalho científico

Carvalho, I. S.; Salgado, L.; Lindoso, R. M.; de Araújo-Júnior, H. I.; Costa Nogueira, F. C.; Soares, J. A.; 2017. A new basal titanosaur (Dinosauria, Sauropoda) from the Lower Cretaceous of Brazil. *Journal of South American Earth Sciences,* 75:74-84.

Significado do nome	*Triunfo* é uma homenagem à bacia sedimentar de Triunfo, onde os ossos foram encontrados; *leonardii,* uma homenagem ao famoso paleontólogo estudioso de pegadas Giuseppe Leonardi.
Quando e onde foi encontrado	Não sabemos a data da sua descoberta no sítio paleontológico da Fazenda Areias, Triunfo, Paraíba.
Bacia sedimentar, formação geológica e idade	Bacia Triunfo, Formação Rio Piranhas, período Cretáceo Inferior, 125 milhões de anos.
Comprimento	13 metros.
Onde está o esqueleto	Coleção de Paleontologia do Departamento de Geologia da Universidade Federal do Rio de Janeiro, Rio de Janeiro.

CARCHARODONTOSAURIA – OS PRIMEIROS GIGANTES NO BRASIL

Os mesmos esforços que abriram as bacias do rio do Peixe também provocaram pouco mais ao sul a formação das bacias do Recôncavo, Tucano e Jatobá. Esta última, no Estado de Pernambuco, guardou sedimentos jurássicos, e os primeiros dinossauros recentemente começaram a ser descobertos em suas rochas.

Não se pode fazer muita coisa com um fóssil só: uma das cinquenta vértebras caudais que sustentavam a cauda de um dinossauro caçador. Mas uma vértebra faz muita diferença quando não se tem nada. Ainda que parcial, pois só o corpo vertebral foi encontrado, uma constrição em seu comprimento médio dá a ela a forma de uma ampulheta; o caráter anficélico, isto é, as extremidades côncavas, como nas vértebras de um tubarão, e um sulco longitudinal curto e profundo na sua face ventral, são sinais de que um allossauroide, possivelmente um Carcharodontosauria, andou por terras brasileiras enquanto a África e a América do Sul ainda faziam parte de um mesmo continente. E mais: encontrado em rochas do final do Jurássico, não é apenas o único osso de dinossauro descrito até o momento em rochas desse período no Brasil como também a mais antiga evidência dessa linhagem conhecida na América do Sul.

A vértebra parcial ajudou também na determinação das suas afinidades com outros allossauroides, como o *Lusovenator santosi* (Portugal), o *Lajasvenator ascheriae* (Argentina) e o *Veterupristisaurus milneri* (África). Esse parentesco pode indicar a presença de corredores de comunicação terrestre entre regiões do Gondwana e Laurásia 150 milhões de anos atrás, no Jurássico Superior. A grande depressão na crosta onde se depositavam os sedimentos que guardaram esse fóssil fazia parte dos fenômenos geológicos que só no período seguinte partiriam o grande continente que deu origem à América do Sul e à África.

E não pense que era um dinossauro pequeno. A falta de sutura permanente entre o espinho neural e o centro vertebral indica que era ainda jovem, no máximo um subadulto. Se a vida lhe tivesse sido mais generosa, provavelmente ele chegaria aos 10 ou 12 metros de comprimento na sua plena maturidade.

Trabalho científico

Bandeira, K. L. N.; Brum, A. S.; Pêgas, R. V.; Souza, L. G.; Pereira, P. V. L. G. C.; Pinheiro, A. E. P. 2021. The first Jurassic theropod from The Sergi Formation, Jatobá Basin, Brazil. *Anais da Academia Brasileira de Ciências,* 93:1-30.

Significado do nome	"Lagarto com dente do tubarão *Carcharodon*" (hoje, *Otodus megalodon*), em referência ao enorme tamanho dos dentes.
Quando e onde foi encontrado	Provavelmente em 1962, em um sítio paleontológico nas margens do rio São Francisco, próximo a Petrolândia, Pernambuco.
Bacia sedimentar, formação geológica e idade	Bacia do Jatobá, Formação Sergi, período Cretáceo Inferior, 140 milhões de anos.
Comprimento	Entre 3 e 4 metros.
Onde está o esqueleto	Museu de Ciências da Terra, Companhia de Pesquisa de Recursos Minerais (CPRM), Rio de Janeiro.
Osso encontrado	Uma vértebra caudal.

DINOSSAUROS DA CAATINGA

Vamos conhecer agora os dinossauros do Cretáceo do Ceará e de Pernambuco. Aproximadamente 120 milhões de anos os separam dos antigos dinossauros que infestavam as planícies triássicas do Rio Grande do Sul. Aqui estamos praticamente na metade da longa história mesozoica dos dinossauros.

A Terra havia atravessado o Jurássico, tempo que praticamente não deixou registro geológico no Brasil. O imenso Pangea já não existia, recém-partido em dois megacontinentes: a Laurásia ao norte e o Gondwana ao sul. Durante o Cretáceo Médio, cerca de 115 milhões de anos atrás, já era possível perceber que também o Gondwana estava próximo do seu fim.

A parte sul do oceano Atlântico começava a nascer com as fraturas iniciais entre a América do Sul e a África, elas se separaram como um zíper que se abre a partir da extremidade sul dos dois futuros continentes. A parte oriental do Gondwana já estava desfeita, com a Índia e a Austrália já separadas da Antártica. Nesse momento, como reflexos dos eventos geológicos que provocavam a fragmentação do Gondwana, inúmeras depressões se formaram na crosta da atual região nordeste do Brasil. Essas fraturas deram origem a uma série de pequenas bacias sedimentares que ainda guardam o registro da vida pré-histórica do Cretáceo.

Uma delas é a bacia sedimentar do Araripe. Sua camada mais famosa é composta pelo grupo Santana, que inclui as formações Crato, Ipubi e Romualdo e soma dezenas de metros de espessura. Elas registraram paleoambientes lacustres que periodicamente eram invadidos por águas marinhas, duas das quais, Crato e Romualdo, ricamente fossilíferas, constituem seguramente o maior tesouro da paleontologia brasileira e um dos dez sítios paleontológicos mais notáveis do mundo.

Essas camadas aparecem hoje nas bordas da imensa chapada do Araripe e são comercialmente exploradas por mineradoras como rochas ornamentais e para pavimentação. É por isso que a maioria dos fósseis foi descoberta ao longo de décadas por trabalhadores locais.

Os fósseis lá encontrados incluem numerosa e variada quantidade de plantas – folhas, flores, ramos e estróbilos –, insetos, peixes, tartarugas, crocodilos, pterossauros e, ainda que raros, restos de dinossauros. Embora sob um clima semiárido, a umidade fornecida pela laguna sustentava na sua periferia uma vegetação típica de clima árido. Muitas espécies de pterossauros, como o *Tapejara imperator*, o *Anhanguera piscator* e o *Thalassodromeus sethi*, rasgavam o céu em busca de frutos e as águas à cata de peixes. Por lá andaram também grandes dinossauros pescadores, bem como outros predadores de pequenos animais.

Recentemente, tecidos moles, como cristas de pterossauros, pele e penas de dinossauro e vísceras de peixes foram encontradas fossilizadas na Formação Crato. Até mesmo organelas, que armazenam melanina, os minúsculos melanossomos responsáveis pela coloração dos animais, já foram localizadas. São elas que ajudarão a nova geração de paleontólogos brasileiros a determinar as cores de muitos daqueles animais.

Até o momento, das rochas da Formação Santana são conhecidas oito espécies de dinossauro, todos terópodos: *Irritator challengeri, Angaturama limai, Mirischia asymmetrica, Santanaraptor placidus, Cratoavis cearensis, Kaririavis mater, Aratasaurus museunacionali*, um megarraptor, e o magnífico *Ubirajara jubatus*, sequestrado de terras brasileiras há algumas décadas. Restos de outras três ou quatro espécies de dinossauros de difícil identificação já foram encontrados, bem como algumas pegadas.

ANGATURAMA LIMAI – VELHO LOBO DO MAR

O *Angaturama limai* foi um dinossauro terópodo espinossaurídeo, o primeiro dessa interessante linhagem reconhecido no Brasil. Esses terópodos ficaram famosos porque uma das espécies encontradas na África, o *Spinosaurus aegyptiacus*, além de ser o maior conhecido no mundo, de 16 metros, tinha nas costas uma imensa vela sustentada por longos processos vertebrais. O focinho alongado, com narinas recuadas, dentes cônicos, pescoço longo, enormes garras curvas nos dedos das mãos, uma ampla cauda propulsora e ossos muito densos sugerem que o *Spinosaurus* era um animal semiaquático. Restos de peixes associados a esqueletos de outros espinossaurídeos indicam que provavelmente eram mesmo pescadores. Porém, nem todos os espinossaurídeos gostavam de pescar. O *Suchomimus tenerensis*, por exemplo, sem a vela ou ossos adensados, tinha hábito de vida mais ligado à terra firme e, provavelmente, se alimentava de outros vertebrados terrestres.

O *Angaturama limai*, no entanto, é representado por um pequeno fragmento da extremidade da mandíbula, vértebras e ossos da cintura pélvica, um fêmur e um fragmento de tíbia. A sua aparência – como a existência, ou não, de uma vela nas costas –, bem como o seu tamanho, pode ser interpretada apenas de maneira indireta, com base no gigante africano.

Porém, um estudo da microestrutura de sua tíbia, realizado por paleontólogos brasileiros do Instituto de Geociências da Universidade Estadual de Campinas, mostrou um padrão de osteosclerose, isto é, um adensamento e compactação do osso que o tornava mais pesado. Ossos mais densos são úteis porque facilitam o mergulho em animais pescadores, por isso são comuns também ainda hoje em vertebrados de hábito aquático ou semiaquático, como as focas e o peixe-boi. O *Angaturama* era seguramente um pescador e, provavelmente, possuía uma vela dorsal.

Mas sua dieta não excluía pequenos animais, nem mesmo pterossauros. Nas mesmas rochas onde foram fossilizados os restos do *Angaturama*, um dente de espinossaurídeo foi encontrado inserido na vértebra de um pterossauro, quebrado provavelmente durante um ataque.

Trabalhos científicos

Aureliano, T.; Ghilardi, A. M.; Buck, P. V.; Fabbri, M.; Samathi, A.; Delcourt, R.; Fernandes, M. A.; Sander, M. 2018. Semi-aquatic adaptations in a spinosaur from the Lower Cretaceous of Brazil. *Cretaceous Research*, 90:283-295.

Kellner, A. W. A.; Campos, D. A. 1996. First Early Cretaceous theropod dinosaur from Brazil. *Neues Jahrbuch für Geologie und Paläontologie*, 199(2):151-166.

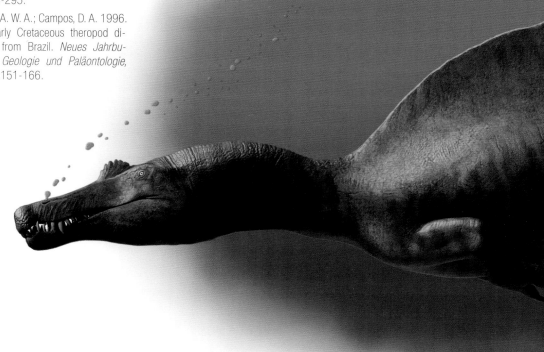

Significado do nome	*Angaturama* significa "nobre"; *limai*, uma homenagem ao paleontólogo Murilo Rodolfo de Lima.
Quando e onde foi encontrado	Seu esqueleto foi descrito em 1996, mas pode ter sido encontrado décadas antes na chapada do Araripe, Ceará, por trabalhadores que retiravam lajes das pedreiras para calçamento de passeios e piscinas.
Bacia sedimentar, formação geológica e idade	Bacia do Araripe, Formação Romualdo, período Cretáceo, 110 milhões de anos.
Comprimento	8 metros.
Onde está o esqueleto	Coleção de Paleovertebrados do Museu Nacional, Rio de Janeiro.

IRRITATOR CHALLENGERI – MAR INTERDITADO

O *Irritator challengeri* é conhecido apenas pelos restos parciais de um crânio enorme de 84 centímetros de comprimento. No trabalho original de 1996, ele foi equivocadamente designado como um dinossauro manirraptor, uma linhagem mais moderna de dinossauros, muitos dos quais já emplumados. No entanto, em 2002, os paleontólogos reconheceram algumas características no crânio e perceberam que se tratava de mais um espinossaurídeo.

Há quem acredite que o fragmento de mandíbula identificado com o nome de *Angaturama*, o outro espinossaurídeo da chapada do Araripe, seja a parte que completaria a extremidade que falta no focinho do *Irritator*. No entanto, uma análise recente, realizada por paleontólogos do Instituto de Geociências da Universidade Federal do Rio Grande do Sul, descartou a possibilidade de que o pedaço da mandíbula e o crânio sejam de um mesmo indivíduo. Mas não foi descartada a possibilidade de que se trate de uma mesma espécie, pois não existem elementos para esse refinamento. Se confirmada qualquer uma dessas possibilidades, o *Angaturama* deixaria de existir por ter sido descrita alguns meses (dezembro de 1996) após o *Irritator* (fevereiro de 1996). São, portanto, indivíduos diferentes, mas não necessariamente espécies distintas. A dúvida permanece.

Dinossauros espinossaurídeos são raros, pois o número de espécies conhecidas em todo o mundo não passa de uma dúzia, três das quais brasileiras. Para dinossauros que se alimentavam de peixes, a imensa laguna cretácea da bacia do Araripe era uma ótima praça de alimentação. As cerca de trinta espécies de peixes fósseis conhecidos lá não deixam dúvidas. Não é por menos que, junto de uma laguna envolta por um ambiente semiárido, espécies de dinossauros com hábitos especialmente ligados à água estejam entre os mais representados.

A evolução do hábito da pesca não foi exclusividade da linhagem dos dinossauros. Grandes répteis predadores marinhos, como os ictiossauros, plesiossauros e mosassauros, passaram pelo mesmo processo em diferentes momentos da era Mesozoica. Desaparecidos na grande extinção do final do Cretáceo, deixaram espaço para os mamíferos. Cinquenta milhões de anos mais tarde, entre 50 e 40 milhões de anos atrás, quando pequenos mamíferos terrestres começaram a pescar, a evolução os levou para uma vida totalmente aquática. Assim nasceram os cetáceos.

De forma semelhante, com os espinossaurídeos a evolução parecia conduzir os dinossauros para a vida aquática, mas o processo foi interrompido provavelmente porque as águas já estavam ocupadas.

Dinossauros espinossaurídeos são ótimos exemplos da criatividade adaptativa dos dinossauros nos ecossistemas da era Mesozoica. Os dinossauros se diversificaram rapidamente após sua origem em meados do Triássico, tornaram-se gigantes ou minúsculos no Jurássico, aprenderam a comer plantas, ou mesmo animais mortos, a voar, a cavar tocas e, por fim, a pescar. Evoluir sempre será a maior virtude dos seres vivos.

Trabalhos científicos

Martill, D. M.; Cruickshank, A. R. L.; Frey, E.; Small, P. G.; Clark, M. 1996. A new crested maniraptoran dinosaur from the Santana Formation (Lower Cretaceous) of Brazil. *Journal of the Geological Society*, 153:5-8.

Martill, D. M.; Cruickshank, A. R. L.; Frey, E.; Small, P. G.; Scott, D. M. 2002. *Irritator challengeri*, a spinosaurid (Dinosauria: Theropoda) from the Lower Cretaceous of Brazil. *Journal of Vertebrate Paleontology*, 22 (3):535-547.

Sales, M. A. F.; Schultz, C. L. 2017. Spinosaur taxonomy and evolution of craniodental features: evidence from Brazil. *PLOS ONE*, 12(11):e0187070.

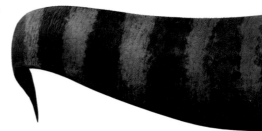

Significado do nome	*Irritator* é uma referência ao fato de o fóssil haver sido alterado pelos mineradores que o encontraram a fim de torná-lo mais bonito, uma prática comum realizada com os fósseis da chapada do Araripe. A dificuldade para eliminar as feições artificiais "irritou" os paleontólogos que o estudaram, dando origem ao nome; *challengeri*, uma homenagem ao professor Challenger, um caçador de dinossauros do romance *O mundo perdido* (*Lost world*), de Arthur Conan Doyle.
Quando e onde foi encontrado	O fóssil foi estudado e descrito em 1996 e reestudado em 2002, mas a data de sua descoberta na chapada do Araripe, Ceará, provavelmente por trabalhadores das pedreiras, é desconhecida.
Bacia sedimentar, formação geológica e idade	Bacia do Araripe, Formação Romualdo, período Cretáceo, 120 milhões de anos.
Comprimento	8 metros.
Onde está o esqueleto	Museu Estadual de História Natural de Stuttgard, Alemanha.

MIRISCHIA ASYMMETRICA – PERDIDO NO GONDWANA

O *Mirischia asymmetrica* foi um dinossauro terópodo celurossauro, precisamente um compsognatídeo, uma linhagem de apenas uma dúzia de espécies conhecidas que inclui pequenos dinossauros até então encontrados somente na Ásia e na Europa. O *Mirischia* é um dos dois compsognatídeos conhecidos em todo o Gondwana e, portanto, outra espécie brasileira muito interessante.

O primeiro dinossauro não aviano emplumado descoberto foi um compsognatídeo, o *Sinosauropteryx*, um primo chinês do *Mirischia*, encontrado em rochas 10 milhões de anos mais antigas e descrito em trabalhos entre 1996 e 1998, para grande espanto da comunidade de paleontólogos. Não sem razão. Todo o seu dorso – cabeça, pescoço e tronco, bem como a cauda –, e provavelmente todo o corpo, era coberto por um tipo de filamento simples, interpretado como penas pelos paleontólogos. Além disso, o maior dos espécimes encontrados tinha o conteúdo do estômago fossilizado e dois ovos no abdômen, uma morte trágica depois de um almoço. Em 2010, o *Sinosauropteryx* tornou-se o primeiro animal extinto, bem como o primeiro dinossauro a ter as cores determinadas. Em tonalidades que variavam de laranja-claro a laranja-escuro, tinha coloração dorsal mais escura com transição abrupta para a ventral mais clara, a cauda com anéis claros e escuros intercalados, e máscara parecida com aquelas dos modernos guaxinins. A mudança abrupta da coloração dorsal para a ventral está presente hoje em animais que ocupam áreas abertas – diferentemente de animais que vivem no interior de matas, cuja mudança das cores é gradual –, o que contrariou a afirmação de que as rochas Jehol chinesas onde os animais foram encontrados haviam se formado em ambiente florestal. A determinação das cores, portanto, pode nos dizer muito da ecologia e do ambiente onde viveram os animais extintos. Novo capítulo nos livros sobre dinossauros!

O *Mirischia* não teve as penas preservadas, mas seguramente era emplumado, dado o seu parentesco com o *Sinosauropteryx* e o *Ubirajara jubatus*. Quem sabe, no futuro, restos de outros *Mirischia* sejam encontrados nas rochas cretáceas da bacia do Araripe. O *Mirischia* também tinha atrás do púbis uma área vazia, provavelmente deixada pela presença de um saco aéreo, estrutura presente em dinossauros terópodos e em todas as aves modernas, eficiente como anexo do sistema respiratório, bem como para a redução do peso corporal. Restos do seu intestino também foram preservados. Já sua presença no Gondwana nos mostra que ainda temos muito que aprender sobre a distribuição geográfica dos celurossauros.

Trabalhos científicos

Martill, D. M.; Frey, E.; Sues, H. D.; Cruickshank, A. R. I. 2000. Skeletal remains of a small theropod dinosaur with associated soft structures from the Lower Cretaceous Santana Formation of northeastern Brazil. *Canadian Journal of Earth Sciences*, 37(6):891-900.

Naish, D.; Martill, D. M.; Frey, E. 2004. Ecology, systematics and biogeographical relationships of dinosaurs, including a new theropod from the Santana Formation (Albian, Early Cretaceous) of Brazil. *Historical Biology*, 18:1-14.

Significado do nome	*Mirischia*, do latim *mir*, que significa "maravilhosa", e do grego *ischia*, "pertencente à pélvis"; *asymmetrica*, por possuir feições distintas nos ossos ísquios direito e esquerdo.
Quando e onde foi encontrado	Não existem informações sobre a data da descoberta na região de Araripina, chapada do Araripe, Pernambuco.
Bacia sedimentar, formação geológica e idade	Bacia do Araripe, Formação Romualdo, período Cretáceo, 110 milhões de anos.
Comprimento	2 metros.
Onde está o esqueleto	Museu Estadual de História Natural de Karlsruhe, Alemanha.

SANTANARAPTOR PLACIDUS – O PEQUENO TIRANO

O esqueleto de *Santanaraptor* é parcial: restos de vértebras da cauda, um ísquio, fêmur, tíbia, fíbula e um pé. Seu crânio, vértebras cervicais e dorsais e membros anteriores nunca foram encontrados. No entanto, com o pouco que conhecemos, é possível determiná-lo como um terópodo celurossauro tiranossauroide, um pequeno predador aparentado a *Guanlong*, do Jurássico, e *Dilong*, do Cretáceo, ambos de rochas pouco mais antigas da China. De dinossauros como esses, 50 milhões de anos mais tarde, evoluiriam na América do Norte gigantes como o *Tyrannosaurus rex* e o *Albertosaurus sarcophagus*.

Mas o fato mais extraordinário referente aos restos do *Santanaraptor* é que, com seus ossos, foram encontrados vestígios de tecidos moles fossilizados, como garras, fibras musculares, vasos sanguíneos e restos de pele. Isso ocorreu porque no fundo lamoso da laguna onde se acumularam os sedimentos da Formação Romualdo existiam condições especiais de preservação, como a baixa concentração de oxigênio (o oxigênio é um terrível inimigo dos tecidos moles) e a consequente ausência de animais detritívoros. Além disso, naquele fundo inóspito prosperava um exército de microrganismos anaeróbicos. À medida que decompunham os tecidos, induziam a precipitação de carbonato de cálcio, fosfato de cálcio ou hematita, que delicadamente substituíam as partes moles preservando sua forma original. Substituídos e enrijecidos, tornavam-se fossilizáveis. Além disso, um ambiente pobre em oxigênio não favorece a vida de invertebrados como nematódeos, anelídeos e artrópodes, que poderiam se alimentar dos animais mortos. O fundo daquela laguna era impróprio aos comedores de detritos e por isso permitiu a preservação extraordinária das carcaças dos animais que ali chegaram. Esses fósseis de tecidos moles são, portanto, réplicas perfeitas e minuciosamente copiadas dos tecidos originais que foram substituídos por outro material.

Outro achado extraordinário dessa formação foram as réplicas de ovos de peixes no interior de peixes, pela mesma razão fossilizados no fundo da laguna. Recentemente, arcos branquiais, fragmentos de intestino, escamas e o coração do pequeno peixe *Rhacolepis buccalis* foram descobertos petrificados no seu interior.

Gerações de paleontólogos serão necessárias para desvendar tantos mistérios ainda escondidos nas rochas da bacia do Araripe!

Trabalhos científicos

Delcourt, R.; Grillo, O. N. 2018. Tyrannosauroids from the Southern hemisphere: implications for biogeography, evolution, and taxonomy. *Palaeogeography, Palaeoclimatology, Palaeoecology*, 511: 379-387.

Kellner, A. W. A. 1996. Fossilized theropod soft-tissue. *Nature*, 379:32.

_____. 1999. Short note on a new dinosaur (Theropoda, Coelurosauria) from the Santana Formation (Romualdo Member, Albian), Northeastern Brazil. *Boletim do Museu Nacional*, 49:1-8.

Kellner, A. W. A.; Campos, D. A. 1998. Archosaur soft tissue from the Cretaceous of the Araripe Basin, Northeastern Brazil. *Boletim do Museu Nacional, Geologia*, 42:1-22.

Significado do nome	*Santanaraptor*, em referência às rochas do grupo Santana onde seu esqueleto foi encontrado; *placidus*, uma homenagem a Plácido Cidade Nuvens, fundador do Museu de Paleontologia da cidade de Santana do Cariri, chapada do Araripe, Ceará.
Quando e onde foi encontrado	Em 1991, na região de Santana do Cariri, chapada do Araripe, Ceará.
Bacia sedimentar, formação geológica e idade	Bacia do Araripe, Formação Romualdo, período Cretáceo, 110 milhões de anos.
Comprimento	1,5 metro.
Onde está o esqueleto	Coleção de Paleovertebrados do Museu Nacional, Rio de Janeiro.

CRATOAVIS CEARENSIS – UMA PEDRA PRECIOSA NO JARDIM DO ÉDEN

As aves evoluíram, no final do Jurássico, dos dinossauros terópodos emplumados e miniaturizados, um ramo chamado *Avilae*, grupo que hoje chamamos de ave. O registro fóssil de aves é raro, e dizem por aí que, por tratar-se de pequenos animais com ossos frágeis e delicados, é mais difícil serem fossilizados. No Brasil, fragmentos fósseis aparecem em rochas mesozoicas da bacia Bauru, na parte final do Cretáceo, nas formações Adamantina e Marília. Evidências mais representativas existem na bacia do Araripe, na Formação Crato, onde ossos e penas ocorrem associados, bem como milhares de penas isoladas que podem ou não ter pertencido a alguma linhagem de ave daquela região 115 milhões de anos atrás. E só!

Logo que os dinossauros decolaram como aves no final do Jurássico, já no início do Cretáceo irradiaram para diferentes linhagens, das quais duas são as principais: os Enantiornithes, aves ainda com dentes e garras nos dedos das mãos, foram os mais comuns durante o Cretáceo, mas não resistiram às mudanças do final do período e desapareceram com os dinossauros não voadores na grande extinção; e os Ornitura, que incluem aves aquáticas famosas, como as extintas esperornitiformes, as ictiornitiformes e os dois grupos das aves sem dentes ainda viventes: as paleognatas – com kiwis, casuares, emas, avestruzes e tinamídeos – e as neognatas, que agrupam todas as outras aves, dos pinguins aos condores.

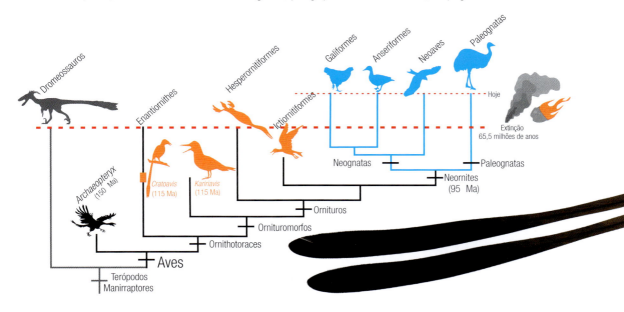

A *Cratoavis* foi um Enantiornithe e sua fossilização, outro prodígio natural da geologia. Seu esqueleto completo tem os dentes e penas delicadamente preservados nas rochas cearenses de 115 milhões de anos. Do tamanho de um beija-flor, ela nos mostra muito bem o que a evolução foi capaz de fazer com os dinossauros terópodos caçadores, miniaturizando algumas linhagens até poucos centímetros e alguns gramas e expandindo outras até 16 metros de comprimento e várias toneladas. Sua preservação foi tão delicada e minuciosa que um dia ainda vamos saber as cores das suas penas. Espere e verá!

Trabalho científico

Carvalho, I. S.; Novas, F. E.; Agnolín, F. L.; Isasi, M. P.; Freitas, F. I.; Andrade, J. A. 2015. A new genus and species of enantiornithine bird from the Early Cretaceous of Brazil. *Brazilian Journal of Geology*, 45(2):161-171.

Significado do nome	*Cratoavis* significa "ave do Crato", nome da rocha onde seu fóssil foi encontrado, em homenagem ao Estado do Ceará.
Quando e onde foi encontrado	Em 2011, no sítio paleontológico Pedra Branca, Nova Olinda, Ceará.
Bacia sedimentar, formação geológica e idade	Bacia do Araripe, Formação Crato, período Cretáceo, 115 milhões de anos.
Comprimento	13 centímetros.
Onde está o esqueleto	Coleção de Paleontologia do Departamento de Geologia da Universidade Federal do Rio de Janeiro, Rio de Janeiro.

KARIRIAVIS MATER – UM DINOSSAURO NO CÉU DO GONDWANA

A *Kaririavis* é conhecida apenas por dez dos quinze ossos do pé direito e algumas penas. O restante do seu corpo pode ter flutuado para longe ou então ter sido completamente devorado por um exército de pequenos peixes.

Um pé incompleto de apenas 4 centímetros de comprimento não parece uma grande descoberta. Porém, para um paleontólogo que estuda aves fósseis, um pé do início do período Cretáceo é, de fato, um precioso tesouro.

A forma de alguns ossos, bem como a falta de cristas, sulcos e depressões ligadas ao funcionamento dos músculos e tendões, indica que a *Kaririavis* não era uma raptora, como corujas e gaviões, e que nem mesmo costumava empoleirar. Seus ossos mais robustos, diferentes dos mais delicados encontrados em aves aquáticas ou semiaquáticas, mostram que a *Kaririavis* também não era afeita às aguas.

Seu pé é relativamente robusto e, embora ainda existam incertezas, os paleontólogos acreditam que a *Kaririavis* era uma ave que vivia no chão, mas sua garra pouco maior do segundo dedo mostra que não era uma ave corredora. Ela provavelmente caçava pequenos lagartos e insetos entre os arbustos que cercavam o lago Araripe 115 milhões de anos atrás. Quem sabe arriscasse um ou outro voo curto para fugir do ataque de algum predador, pois pequenos dinossauros predadores também andavam por ali.

A *Kaririavis* é a mais antiga representante da linhagem dos ornituromorfos, não apenas na América do Sul e, ainda que não fosse ótima voadora, pode ter sido o primeiro dinossauro a arriscar curtas decolagens nas terras do supercontinente Gondwana.

Trabalho científico

Carvalho, I. S.; Agnolín, F. L.; Rozadilla, S.; Novas, F. E.; Andrade, J. A. F. G.; Xavier-Neto, J. 2021. A new ornithuromorph bird from the Lower Cretaceous of South America. *Journal of Vertebrate Paleontology:* e1988623.

Significado do nome	*Kaririavis* significa "ave do Cariri", uma homenagem aos povos da região Nordeste onde seu fóssil foi encontrado, e *mater*, mãe, por tratar-se do ornituromorfo mais antigo conhecido da América do Sul.
Quando e onde foi encontrado	Em 2015, no sítio paleontológico Pedra Branca, Nova Olinda, Ceará.
Bacia sedimentar, formação geológica e idade	Bacia do Araripe, Formação Crato, período Cretáceo, 115 milhões de anos.
Comprimento	20 centímetros.
Onde está o esqueleto	Coleção de Macrofósseis do Departamento de Geologia da Universidade Federal do Rio de Janeiro, Rio de Janeiro.

MEGARAPTOR – FLUTUANDO EM DIREÇÃO AO FUTURO

Megaraptora é um grupo de dinossauros terópodos cuja evolução ocorreu inteiramente no Cretáceo. Depois de sua provável origem na Austrália, espalharam-se por todo o mundo, mas se diversificaram especialmente na Argentina. No Brasil, as ocorrências dessa espécie se limitam ao Ceará, a mais antiga conhecida da América do Sul, e a Minas Gerais.

No passado, seus fragmentos encontrados na bacia do Araripe foram considerados como pertencentes à Oviraptorosauria, uma linhagem conhecida somente nos continentes do hemisfério norte e completamente ausente no Gondwana.

Esse *Megaraptor* é um dos sete terópodos conhecidos das rochas da bacia do Araripe. Com ossos pneumáticos, mais leves e delicados, provavelmente flutuavam até as regiões mais afastadas da costa, mais profundas, onde afundavam e encontravam as melhores condições de fossilização. Dinossauros ornitísquios e sauropodomorfos, com esqueletos mais robustos e pesados, nunca foram encontrados nas rochas da bacia do Araripe.

Trabalho científico

Rolando, A. M. A.; Egli, F. B.; Sales, M. A. F.; Martinelli, A. G.; Canale, J. I.; Ezcurra, M. D. 2017. A supposed gondwanan oviraptorosaur from the Albian of Brazil represents the oldest South American megaraptoran. *Cretaceous Research*, 84:107-119.

Significado do nome	"Megaladrão."
Quando e onde foi encontrado	A data da sua descoberta é desconhecida. Não se conhece a localização exata da região da bacia do Araripe, se no Piauí, Ceará ou Pernambuco.
Bacia sedimentar, formação geológica e idade	Bacia do Araripe, Formação Romualdo, período Cretáceo, 115 milhões de anos.
Comprimento	8 metros.
Onde está o esqueleto	Museu Estadual de História Natural de Stuttgart, Alemanha.

ARATASAURUS MUSEUNACIONALI – NASCIDO DAS CHAMAS

O *Aratasaurus* morreu jovem, com cerca de 4 anos. Sabemos disso porque, assim como algumas árvores, ossos de dinossauros mostram anéis de crescimento anuais. Períodos de crescimento rápido estão intercalados com intervalos de estagnação ou baixa taxa de deposição de tecido ósseo. Essa variação fica impressa em desenhos de anéis concêntricos e pode ser vista em seções transversais dos ossos. As variações refletem disposição e escassez sazonal de alimentos intercalados por períodos de crescimento rápido e mais lento. Um osso do pé do *Aratasaurus*, o segundo metatarso, foi secionado e lixado até se tornar uma película tão fina a ponto de suas estruturas se tornarem translúcidas para a luz de um microscópio. Dos quatro ciclos, o primeiro mostrou ser o mais extenso – seu primeiro ano de vida –, tempo em que cresceu quase cinco vezes mais rápido que nos outros três anos. Crescimento rápido foi uma das razões que determinaram o sucesso dos dinossauros. Alcançar rapidamente um tamanho considerável era fundamental para sua sobrevivência, tanto para evitar predadores como para se tornar um caçador independente. Ele chegou a 3,2 metros de comprimento e 34 quilos de peso em apenas quatro anos!! Compare a taxa de crescimento do *Aratasaurus* com a de um bebê humano para ter uma ideia do que é crescer rápido.

Outra questão interessante está ligada à sua morte, ainda muito jovem. As rochas onde seus ossos foram encontrados estavam repletas de restos de plantas carbonizadas. Incêndio na mata! O *Aratasaurus* pode ter sido vítima das chamas ou mesmo da fumaça, que o sufocou. No Cretáceo, o oxigênio disponível na atmosfera chegava a 25% ou 30% (superior aos 21% atuais), o que favorecia a propagação das chamas. Além disso, a vegetação seca no clima árido daquela região, constituída quase completamente por plantas resinosas de fácil combustão, as gimnospermas (araucárias e pinheiros), fazia daquele paraíso um lugar muito perigoso para viver.

Um incêndio pode ter tirado a vida do *Aratasaurus* 115 milhões de anos atrás. No entanto, seus ossos sobreviveram a uma outra tragédia, o incêndio que destruiu o Museu Nacional, na Quinta da Boa Vista, no Rio de Janeiro, em setembro de 2018. Depositado em um prédio anexo, não teve o mesmo fim dos diversos fósseis expostos na coleção principal, que foi completamente devorada pelas chamas.

Trabalho científico

Sayão, J. M.; Saraiva, A. A. F.; Brum, A. S.; Bantim, R. A. M; Andrade, R. C. L. P.; Cheng, X.; Lima, F. J.; Silva, H. P.; Kellner, A. W. A. 2020. The first theropod dinosaur (Coelurosauria, Theropoda) from the base of the Romualdo Formation (Albian), Araripe Basin, Northeast Brazil. *Scientific Reports*, 10 (1):10892.

Significado do nome	*Aratasaurus* significa "lagarto nascido do fogo"; *museunacionali* é uma homenagem ao Museu Nacional do Rio de Janeiro, nosso mais antigo museu de história natural, destruído por um incêndio em 2018.
Quando e onde foi encontrado	Em 2008, no sítio paleontológico Mina Pedra Branca, Santana do Cariri, Ceará.
Bacia sedimentar, formação geológica e idade	Bacia do Araripe, Formação Romualdo, período Cretáceo, 110 milhões de anos.
Comprimento	3,2 metros.
Onde está o esqueleto	Museu de Paleontologia da Universidade Regional do Cariri, Santana do Cariri, Ceará.

UBIRAJARA JUBATUS – DINOSSAURO DO PARAÍSO

O fóssil do *Ubirajara* está entre os *top* cinco dos dinossauros já descobertos no Brasil. Ele trouxe muitas novidades para a história geral dos dinossauros de todo o mundo e é motivo de orgulho que tenha sido descoberto em rochas brasileiras. Até seu nascimento oficial para a ciência em 2020, jamais um dinossauro não aviano emplumado havia sido descoberto nos quase 75 milhões de quilômetros quadrados dos continentes que compunham as terras gondwânicas mesozoicas. O *Ubirajara* possuía uma longa juba sobre o pescoço e o dorso e dois pares de longas penas filamentosas que emergiam da região dos ombros, muito similares às da *Semioptera*, uma ave-do-paraíso. Jamais um dinossauro com estruturas tão elaboradas havia sido encontrado fora da linhagem dos manirraptores, no caso do *Ubirajara* um celurossauro compsognatídeo.

E mais: parte do corpo do *Ubirajara* apresenta adipocere, a cera cadavérica formada pela decomposição de gordura pelas bactérias anaeróbicas, além de restos de pele e de queratina que formava suas garras.

Mas são os dois pares de longos filamentos que chamaram a atenção de paleontólogos do mundo todo. O fato de não estarem preservados juntos do corpo, mas "eretos", ocorreu possivelmente pela contração causada pela desidratação dos tecidos musculares nas águas hipersalinas da grande laguna. Esses músculos provavelmente movimentavam os longos filamentos como sinais para a conquista de parceiras na época do acasalamento. São comuns em machos atuais. Eles os faziam vibrar enquanto os mudavam de posição, possivelmente emitindo ruídos como parte da sedução. A pré-história era mais movimentada do que imaginamos! No entanto, uma dúvida sobre a função dessa estrutura como *display* sexual surgiu do fato de que, no tempo da morte do *Ubirajara,* os arcos neurais de suas vértebras ainda não estarem fundidos aos centros vertebrais, como no caso do allossauroide do Jurássico pernambucano, bem como as vértebras que formam o sacro também não se encontrarem completamente fundidas, sinais de que ainda era jovem, sem idade para acasalar. Machos de aves modernas ainda jovens não apresentam estruturas para *display* sexual. Sendo esse o caso do *Ubirajara*, precisamos encontrar outra função para os longos filamentos. Mas é curioso que estruturas elaboradas como essas aparecem em jovens imaturos de aves mais antigas, como na *Cratoavis* do grupo dos Enantiornithes. Pairam dúvidas nos céus do Cretáceo!

Mas o fóssil do *Ubirajara* é também motivo de angústia para a paleontologia brasileira: ele foi levado para a Alemanha de modo suspeito e os pesquisadores, bem como o museu que hoje o hospeda, se recusam a devolvê-lo. Mas há rumores de que o *Ubirajara* está voltando para casa em breve. Vamos visitá-lo quando estiver por aqui.

Trabalho científico

Smyth, R. S. H.; Martill, D. M.; Frey, E.; Rivera S., Héctor E.; Lenz, N. 2020. A maned theropod dinosaur from Gondwana with elaborate integumentary structures. *Cretaceous Research,* 104686.

Significado do nome	*Ubirajara*, em tupi, significa "senhor da lança", em referência às longas penas preservadas junto do corpo; *jubatus*, do latim, "juba ou crista", em referência à penugem preservada de sua região dorsal.
Quando e onde foi encontrado	A data e o local da descoberta são desconhecidos, mas é anterior a 1995 e de origem provável na região situada entre as cidades de Santana do Cariri e Nova Olinda, Ceará.
Bacia sedimentar, formação geológica e idade	Bacia do Araripe, Formação Crato, período Cretáceo, 120 milhões de anos.
Comprimento	1,5 metro.
Onde está o esqueleto	Museu Estadual de História Natural de Karlsruhe, Alemanha.

255

DINOSSAUROS TERÓPODOS DO GRUPO SANTANA

É notável que, entre os restos de esqueletos de dinossauros preservados nas rochas do Grupo Santana, das formações Crato e Romualdo, sejam encontrados apenas terópodos, sempre incompletos.

Embora sob clima seco, existem muitas evidências de vegetação que poderia sustentar pequenos dinossauros herbívoros na região. Além de pegadas, há apenas uma única menção de fragmento ósseo atribuído hipoteticamente a um dinossauro ornitísquio. Restos corporais de herbívoros, portanto, são praticamente inexistentes nas rochas formadas na antiga laguna. Embora ocorram em menor número que o esperado para rochas do Cretáceo, ossos e pegadas de dinossauros terópodos são mais comuns.

Por que os sete dinossauros das formações Crato e Romualdo representam apenas espécies de terópodos? Embora raros, os herbívoros devem ter perambulado por lá. Mas por que restos deles não são encontrados com a frequência esperada?

Existem algumas possibilidades quanto a essas questões, entre as quais a insuficiência de alimentos produzidos pela vegetação do clima semiárido da região da laguna para o sustento de uma população numerosa, o que fazia deles animais raros na região. Carnívoros sobreviveriam de peixes e da enorme variedade de insetos, além de pterossauros, tartarugas e crocodilos, muito comuns por lá.

Outro fato importante ligado à preservação do registro das rochas é que os sedimentos mais costeiros – isto é, depositados às margens da laguna, onde, seguramente, por causa da proximidade do ecossistema terrestre, havia maior quantidade de animais – não estão bem representados. A erosão destruiu boa parte, assim como cuidadosamente recolhemos das margens de um prato porções mais frias da sopa servida muito quente. Desse modo, muito do que conhecemos das formações Crato e Romualdo representa sedimentos depositados nas áreas mais afastadas e profundas. Quem quisesse se fossilizar de alguma forma precisaria deixar as margens para afundar nessas áreas mais centrais da bacia.

Embora presentes, mesmo os esqueletos dos dinossauros terópodos são muito raros e incompletos, apenas membros ou a cabeça, e sempre isolados, nunca associados. Esse fato pode indicar que foram transportados e preservados longe do local onde viveram e morreram.

A fim de garantir a leveza e a agilidade necessárias para um caçador, características típicas da maioria dos terópodos, a evolução fez com que parte dos seus ossos fosse oca, e os sacos aéreos ligados ao sistema respiratório como o das aves que preenchiam seu corpo possibilitavam que suas carcaças flutuassem mesmo após a morte. Uma vez mortos próximos às margens da laguna, eram levados pelas correntes e pelo vento para longe das praias. Durante a viagem, as carcaças podiam ser decompostas pelo ataque de peixes e, uma vez desarticuladas, afundavam longe da costa, em águas profundas que ofereciam excelentes condições de preservação. Como o crânio é uma unidade pesada do esqueleto, mas se mantém preso ao corpo pela articulação relativamente mais frágil, era a primeira parte a ser desmembrada do corpo. Isso pode explicar o fato de um crânio nunca ter sido encontrado junto com o corpo de um dinossauro nessas rochas, e vice-versa. Suas carcaças se desarticulavam enquanto flutuavam.

As rochas das formações Crato e Romualdo são conhecidas também pelas camadas com peixes mortos, acumulados durante episódios de mortandade em massa desencadeados por tempestades. Periodicamente, grandes tormentas revolviam as águas anóxicas e venenosas estagnadas do fundo da laguna, misturando-as às águas saudáveis das camadas superiores onde os peixes viviam. Na zona habitável, essas águas envenenavam e matavam grandes quantidades de peixes. Ao mesmo tempo, as ondas formadas durante as tempestades lançavam para as margens grandes quantidades de peixes mortos, ainda frescos, que poderiam atrair dinossauros como o *Santanaraptor* e o *Mirischia,* que visitavam ocasionalmente as praias para se alimentar.

A laguna Araripe foi uma grande oportunidade para os dinossauros, assim como para outros animais que tinham uma vida mais ligada ao ambiente aquático. O Cretáceo foi um momento de grande diversidade de dinossauros; no entanto, como veremos adiante, mais uma vez o clima era seco demais na região e impôs limites à diversidade. Com isso, a possibilidade de preservação de muitos esqueletos foi também baixa, pois os dinossauros eram raros nessa região do Gondwana.

Vamos agora dar um salto para o noroeste, até o Estado do Maranhão, a cerca de 700 quilômetros da bacia do Araripe, local onde, durante o Cretáceo, 15 milhões de anos mais tarde, outra bacia recebia sedimentos e se tornava o lar de muitos dinossauros: a bacia de São Luís-Grajaú.

QUANDO A ÁFRICA ERA LOGO ALI: A BACIA DE SÃO LUÍS-GRAJAÚ

Durante o Cretáceo, a geologia do atual litoral maranhense guardou nas rochas de duas unidades geológicas, as formações Itapecuru e Alcântara, sinais de ambientes deposicionais pouco mais úmidos e com eles uma variada fauna de vertebrados terrestres e aquáticos. Embora depositadas em ambientes distintos, as faunas encontradas nas duas formações são muito similares e revelam poucas mudanças, por vezes com variações apenas entre espécies, outras vezes genéricas.

As primeiras camadas, de cerca de 115 milhões de anos e 500 metros de espessura, guardam rochas da Formação Itapecuru, que evidenciam um sistema de deltas, rios e planícies inundadas. Dessas rochas foram retirados os esqueletos do dinossauro diplodocídeo *Amazonsaurus maranhensis* e o crocodiliforme *Candidodon maranhensis*, além de restos de dinossauros terópodos e saurópodos de difícil identificação, além de tartarugas, peixes diversos e invertebrados que indicam um ambiente continental de água doce.

Em seguida, sobre as rochas Itapecuru, em ambiente mais árido, mas com maior energia, depositaram-se as camadas da Formação Alcântara. Elas refletem um antigo estuário onde rios e o mar periodicamente se misturavam com o avanço das marés, um ambiente muito similar ao que se observa ainda hoje na mesma região, a desembocadura do rio Mearim nas baías de São Marcos e do Arraial.

Embora naquela época o clima predominante da região também fosse seco, evidências fósseis demonstram que a proximidade com o mar favorecia a presença de umidade capaz de sustentar uma vegetação variada e densa, composta principalmente por samambaias arborescentes e gimnospermas. A presença das plantas, por sua vez, tornava a região um lugar favorável à vida de grandes vertebrados, com maior variedade de ambientes para uma fauna continental mais diversificada, incluindo dinossauros como o saurópodo rebaquissaurídeo *Itapeuasaurus cajapioensis*, o terópodo espinossaurídeo *Oxalaia quilombensis* e terópodos carcarodontossaurídeos, noassaurídeos e velocirraptoríneos, além de tartarugas, crocodiliformes, pterossauros e a serpente *Seismophis septentrionalis*. Fósseis de animais aquáticos, como tubarões e raias, peixes ósseos, sarcopterígios celacantiformes e diversas espécies de dipnoicos, são também muito comuns.

Restos fósseis desses animais são encontrados em rochas que aparecem na superfície da ilha do Cajual, na baía de São Marcos. Denominadas informalmente laje do Coringa, formam uma das camadas da chamada Formação Alcântara e são muito ricas em fósseis.

No entanto, o ambiente estuarino cretáceo que caracterizava aquela região, assim como ocorre hoje, sofria a influência das marés. O vaivém das correntes que diariamente avançavam e recuavam sobre os sedimentos retrabalhava os esqueletos que lá chegavam transportados pelos rios, bem como os animais mortos na região próxima à costa. Por isso, a maior parte dos restos encontrados na laje do Coringa apresentam-se desarticulados, fragmentados, com marcas de intenso retrabalhamento, quase completamente destruídos. E ainda, como no Cretáceo, as marés, atualmente muito fortes, atacam os fósseis sobre a superfície, mais uma vez retrabalhando os ossos já fossilizados. Deixe um quebra-cabeça de 250 peças montado na região de maré baixa de uma praia qualquer e volte 24 horas depois para ver o que aconteceu, e entenderá o que ocorria com os fósseis no litoral do Maranhão 100 milhões de anos atrás.

Assim, embora ricamente fossilífera, a laje do Coringa oferece aos paleontólogos apenas fragmentos de difícil identificação. Desse modo, boa parte dos dinossauros ali encontrados não puderam receber nomes específicos, sendo conhecidos apenas pela designação dos grandes grupos aos quais pertencem, tais como o carcarodontossaurídeo (aparentado ao *Carcharodontosaurus* encontrado na África), o espinossaurídeo (*Oxalaia quilombensis*, aparentado ao *Spinosaurus* africano), o velocirraptoríneo (similar ao *Velociraptor*), o noassaurídeo (aparentado ao africano *Masiakasaurus*), entre outros.

Apesar do estado de preservação precário, esses fragmentos foram suficientes para os paleontólogos perceberem que muitos dos grupos de dinossauros identificados como habitantes da região guardavam algum parentesco com aqueles que viviam na África no mesmo período. Embora os dois continentes já estivessem separados, há quem acredite que um caminho terrestre, cujos registros geológicos foram apagados, ainda ligava os dois continentes, o que explicaria um possível trânsito de dinossauros entre o Brasil e a África.

Outra possibilidade, mais provável, é que ancestrais desses grupos tenham vivido nas regiões norte do Brasil e noroeste da África antes da separação. Esses continentes ainda mantinham uma ligação terrestre até cerca de 120 milhões de anos, possibilitando o trânsito de grandes animais. Mas o que vemos no Maranhão são rochas pouco mais jovens, com os fósseis dos descendentes das espécies que viviam nas duas regiões. Muito próximas da espécie ancestral, o parentesco é revelado pela anatomia semelhante.

Entre os dinossauros descobertos nas rochas das formações Itapecuru (bacia do Parnaíba) e Alcântara (bacia de São Luís) estão: *Amazonsaurus maranhensis*, *Itapeuasaurus cajapioensis*, *Rayososaurus* sp. e outros saurópodos, além de vários dinossauros terópodos, como o *Oxalaia quilombensis*, noassaurídeos e outros conhecidos somente por pequenos fragmentos.

AMAZONSAURUS MARANHENSIS – UM TRIBUTO À GRANDE FLORESTA

O *Amazonsaurus maranhensis* foi um dinossauro saurópodo diplodocídeo, parente não muito distante do famoso *Diplodocus* do Jurássico da América do Norte. Embora mais raros, formavam com os titanossaurídeos o grupo dos grandes saurópodos (neossaurópodos) que caracterizaram a fauna de dinossauros herbívoros do Brasil durante o Cretáceo.

O *Amazonsaurus* viveu na época em que o oceano Atlântico era ainda jovem e as praias do Estado do Maranhão estavam a poucas centenas de quilômetros da costa africana. Os restos do seu esqueleto foram encontrados em sedimentos formados em um ambiente oposto ao da formação das rochas da laje do Coringa, onde um rio avançava para o mar sobre os depósitos de um delta, as futuras rochas da Formação Itapecuru. O *Amazonsaurus* vivia pastando nas planícies alagadas onde crescia alguma vegetação. Possivelmente, após a morte, sua carcaça foi transportada pelo canal do rio até encontrar as planícies deltaicas, onde ficou encalhado. Os ossos foram então retrabalhados pelas marés até serem quase completamente espalhados e, posteriormente, encobertos por sedimentos. Retrabalhamento foi o principal responsável pelo estado de preservação parcial do seu esqueleto, com muitos ossos fragmentados e sinais de que sofreram algum tipo de transporte. Diz a lenda que seus ossos foram encontrados por acaso quando o já falecido paleontólogo carioca Cândido Simões tropeçou em uma de suas vértebras. Foi o primeiro dinossauro descrito de toda a grande região amazônica.

Trabalho científico

Carvalho, I S.; Avilla, L.S.; Salgado, L. 2003. *Amazonsaurus maranhensis* gen. et sp. nov. (Sauropoda, Diplodocoidea) from the Lower Cretaceous (Aptian-Albian) of Brazil. *Cretaceous Research*, 24(6):697-713.

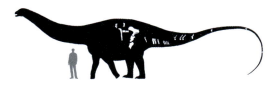

Significado do nome	*Amazonsaurus maranhensis*, em referência à região amazônica do Estado do Maranhão onde o fóssil foi encontrado
Quando e onde foi encontrado	Em 1991, em Itapecuru-Mirim, Estado do Maranhão.
Bacia sedimentar, formação geológica e idade	Bacia de São Luís-Grajaú, Formação Itapecuru, período Cretáceo, 110 milhões de anos.
Comprimento	10 metros.
Onde está o esqueleto	Museu Nacional e Departamento de Geologia da Universidade Federal do Rio de Janeiro, Rio de Janeiro.

RAYOSOSAURUS SP. – HERMANO

O *Rayososaurus* é o segundo dinossauro saurópodo diplodocídeo descoberto no Brasil. Assim como o *Amazonsaurus*, seus ossos foram encontrados em sedimentos transportados pelos rios e depositados próximos ao mar – nesse caso, no ambiente estuarino onde se depositaram as rochas da laje do Coringa. Nas mesmas rochas do *Rayososaurus* existem fósseis de animais e plantas de águas doce, salobra e marinha, indicativos de um ambiente transicional estuarino.

Apenas dezessete vértebras, entre as quase cem da sua cauda, foram encontradas, todas com sinais de intenso retrabalhamento. É por isso que o *Rayososaurus* não tem ainda uma designação específica e sua aparência pôde ser inferida somente quando comparada a dinossauros da Patagônia argentina, como o *Rayososaurus agrionensis*, uma espécie do mesmo gênero de aproximados 9 metros de comprimento, encontrado em rochas 10 milhões de anos mais jovens.

A vegetação densa da região acolheu outros grandes saurópodos, alguns dos quais com parentesco muito próximo dos dinossauros encontrados na Argentina e na América do Norte. Restos de dinossauros saurópodos, provavelmente relacionados aos titanossaurídeos (*Saltasaurus*, da Argentina) e aos braquiossaurídeos (*Pleurocoelus*, da América do Norte), foram encontrados nos depósitos da laje do Coringa, mas as evidências são precárias para a determinação precisa das suas afinidades. Outros possíveis saurópodos incluem os titanossaurídeos andesaurídeo, saltassaurídeo e outros similares ao *Aegyptosaurus* e ao *Malawisaurus*.

Trabalho científico

Medeiros, M. A.; Schultz, C. L. 2004. *Rayososaurus* (Sauropoda, Diplodocoidea) no Meso-Cretáceo do norte-nordeste brasileiro. *Revista Brasileira de Paleontologia*, 7(2):275-279.

Significado do nome	*Rayososaurus*, em referência à formação geológica onde esse animal foi originalmente encontrado, a Formação Rayoso, na Argentina.
Quando e onde foi encontrado	Sem data conhecida, foi descoberto na ilha do Cajual, no norte do Estado do Maranhão, pelo paleontólogo que o descreveu, Manuel Alfredo Medeiros, e pelos alunos do curso de ciências biológicas da Universidade Federal do Maranhão.
Bacia sedimentar, formação geológica e idade	Bacia de São Luís-Grajaú, Formação Alcântara, período Cretáceo, 100 milhões de anos.
Comprimento	9 metros.
Onde está o esqueleto	Coleção de Paleontologia da Universidade Federal do Maranhão, São Luís.

OXALAIA QUILOMBENSIS – UM GIGANTE PESCADOR

O *Oxalaia* é conhecido apenas por dois fragmentos: a extremidade superior do focinho (pré-maxila) e um caco da maxila superior esquerda. Praticamente tudo o que se conhece sobre os animais pré-históricos encontrados na laje do Coringa foi arrancado previamente da rocha pela força das marés. Porém, o fragmento da pré-maxila ainda estava presa à rocha quando foi descoberta.

Embora muito pouco dos mais de duzentos ossos que compunham seu esqueleto tenha sido encontrado, foi possível fazer inferências sobre suas afinidades. A extremidade expandida da pré-maxila dá ao fóssil a identidade de um espinossaurídeo. Já a ausência de uma crista sagital dorsal na pré-maxila o aproxima mais das espécies africanas que de seus conterrâneos *Angaturama* e *Irritator* encontrados no Ceará em rochas 20 a 15 milhões de anos mais antigas.

As afinidades do *Oxalaia* com espécies africanas refletem muito a geografia do seu tempo, no período Cretáceo, 100 milhões de anos atrás. A América do Sul e a África acabavam de se separar, mas as populações de dinossauros ainda refletiam a ancestralidade comum em terras do agora extinto supercontinente Gondwana.

Se por um lado o *Irritator*, outro espinossaurídeo encontrado em rochas cearenses, sustenta o *status* de possuir o crânio mais completo entre todos os espinossaurídeos conhecidos no mundo, o *Oxalaia* detém o recorde de maior terópodo conhecido do Brasil. Seu crânio chegava a 1,32 metro de comprimento, de um total estimado para seu corpo de até 14 metros.

O *Oxalaia* teve suas afinidades recentemente revisadas e alguns paleontólogos acreditam tratar-se de um *Spinosaurus*, possivelmente a mesma espécie que viveu na África nessa época. Se isso se confirmar, o *Oxalaia* torna-se um nome inválido, mas ganhamos para nossa lista de espécies brasileiras um dos mais famosos e impressionantes dinossauros conhecidos de todo o mundo.

Trabalhos científicos

Kellner, A. W. A.; Azevedo, S. A. K.; Machado, E. B.; Carvalho, L. B.; Henriques, D. D. R. 2011. A new dinosaur (Theropoda, Spinosauridae) from the Cretaceous (Cenomanian) Alcântara Formation, Cajual Island, Brazil. *Anais da Academia Brasileira de Ciências*, 83 (1):99-108.

Sales, M. A. F.; Schultz, C. L. 2017. Spinosaur taxonomy and evolution of craniodental features: evidence from Brazil. *PLOS ONE*, 12(11):e0187070.

Significado do nome	*Oxalaia* é um tributo à divindade africana Oxalá; *quilombensis*, uma homenagem aos assentamentos quilombolas da ilha do Cajual, onde os fósseis foram encontrados.
Quando e onde foi encontrado	Provavelmente, pouco antes de 1999, na laje do Coringa, ilha do Cajual, baía de São Marcos, Maranhão.
Bacia sedimentar, formação geológica e idade	Bacia de São Luís-Grajaú, Formação Alcântara, período Cretáceo, 100 milhões de anos.
Comprimento	14 metros.
Onde está o esqueleto	Museu Nacional, Rio de Janeiro.

TERÓPODOS DA LAJE DO CORINGA E DA PRAIA DA BARONESA

Fragmentos de ossos e dentes de dinossauros terópodos são comuns nas rochas cretáceas da bacia de São Luís-Grajaú, especialmente na laje do Coringa e em rochas da praia da Baronesa. Restos de pelo menos sete terópodos já foram encontrados. As correntes de maré daquela bacia estuarina, assim como aconteceu no caso dos gigantes saurópodos, também não pouparam seus esqueletos. Apenas dentes e vértebras resistiram, e os paleontólogos brasileiros fazem o que podem para tentar identificar a quais dinossauros pertenceram. Eles conjeturam a presença do *Elaphrosaurus iguidiensis*, *Bahariasaurus ingens*, *Spinosaurus* sp. (além do *Oxalaia*), *Carcharodontosaurus* sp., *Velociraptorinae* e um noassaurídeo semelhante ao *Masiakasaurus*.

Dentes são estruturas mineralizadas constituídas principalmente por dentina, revestida externamente pela substância mais dura e resistente presente no esqueleto dos vertebrados, o esmalte. Além disso, dentes são numerosos em cada indivíduo, podendo chegar a pouco mais de sessenta em um único dinossauro terópodo de grande porte, como o *Carcharodontosaurus*, e pouco mais de cinquenta em um pequeno animal, como o *Velociraptor*. Esse grande número de dentes por indivíduo pode ainda ser multiplicado porque, diferentemente dos mamíferos e assim como no caso dos crocodilos, os dinossauros podiam substituir os dentes permanentes que se perdiam durante as caçadas ou lutas. Por toda a vida, cada dinossauro pode ter espalhado centenas, se não milhares, de dentes no ambiente. Essa grande quantidade de dentes por indivíduo, associada à sua alta resistência mecânica, fez deles elementos comuns no registro fossilífero, muitas vezes as únicas evidências nos ambientes onde predominam processos destrutivos, como ondas e correntes, como ocorre na laje do Coringa e na praia da Baronesa.

RG DENTAL

Dentes são muito interessantes porque suas assinaturas morfológicas mudam de espécie para espécie. Eles podem apresentar diferentes formas, ser ou não comprimidos lateralmente, cônicos, curvos, e possuir incontáveis padrões de serrilhas nas bordas. Formadas por pequenos dentículos, as serrilhas também podem variar em número, forma, tamanho e espaçamento. Os paleontólogos perceberam que essas variações são peculiares a cada uma das diferentes linhagens dos terópodos, sendo, portanto, úteis para sua determinação. Além disso, essas variações podem estar ligadas ao tipo de função executada pelo dente. Dentes com características diferentes eram usados para prender, rasgar e cortar tecidos das presas ou mesmo para esmagar e cortar ossos.

Dentes de terópodos espinossaurídeos, por exemplo, são normalmente cônicos e podem não apresentar os dentículos que conferem ao dente o aspecto serrilhado. Eles não foram feitos para cortar, mas para prender e retirar grandes peixes da água. Não por acaso, são muito parecidos com os dentes dos atuais crocodilos, especialistas na captura de peixes.

Os dentes alongados, com bordas serrilhadas, pontiagudos e levemente encurvados do *Carcharodontosaurus* eram usados primeiramente para penetrar o couro das presas a fim de prendê-las, para então subjugá-las no chão com uma das patas. Em seguida, a forte musculatura do pescoço arrancava membros ou grandes pedaços de carne.

CARCHARODONTOSSAURÍDEO – PODEROSO CAÇADOR

Os mais antigos Carcharodontossaurídeos evoluíram no Jurássico, cerca de 155 milhões de anos atrás, e foram extintos perto do final do Cretáceo, há aproximadamente 90 milhões de anos. Poucas espécies chegaram à América do Norte, entre elas o famoso *Acrocanthosaurus*. Foi em terras gondwânicas, especialmente no norte da África e na Argentina, que viveram em grande número e diversidade. Entre essas duas regiões estavam as futuras terras brasileiras e é lógico imaginar que viveram por aqui. Seus dentes foram encontrados em rochas do Cretáceo na bacia de São Luís, no Maranhão.

A queda gradual da diversidade desses gigantes e finalmente sua extinção ocorreram na mesma época em que os dinossauros abelissaurídeos, com quem já conviviam fazia cerca de 40 milhões de anos, começaram a crescer, entre 85 e 90 milhões de anos atrás. Mais velozes e ágeis, os abelissaurídeos ocuparam o nicho ecológico de grandes predadores antes dominados pelos Carcharodontossaurídeos.

Mas o que impressiona nesses dinossauros caçadores é o tamanho que alcançavam. Os argentinos *Giganotosaurus* e *Tyrannotitan* chegavam a 13 metros de comprimento. Pouco menor, o africano *Carcharodontosaurus* alcançou 12 metros. O segredo desse tamanho exagerado foi descoberto com a análise dos anéis de crescimento encontrados no osso de um Carcharodontossaurídeo recentemente descrito na Argentina, o *Meraxes gigas*, um caçador que chegou a 10 metros de comprimento. Diferentemente dos *Tyrannosaurus rex*, que cresciam rapidamente durante a adolescência, entre 16 e 22 anos, os Carcharodontossaurídeos cresciam continuamente, por praticamente toda a vida. A idade estimada para a vida do *Meraxes* foi de cinquenta anos, mas ele havia parado de crescer apenas três anos antes de sua morte. Ele é o dinossauro terópodo mais velho que conhecemos.

Trabalhos científicos

Medeiros M. A.; Lindoso R. M.; Mendes I. D.; Carvalho I. S. 2014. The Cretaceous (Cenomanian) continental record of the Laje do Coringa flagstone (Alcântara Formation), Northeastern South America. *Journal of South American Earth Sciences*, 53:50-58.

Vilas Bôas, I.; Carvalho, I. S.; Medeiros, M. A.; Pontes, H. 1999. Dentes de Carcharodontosaurus (Dinosauria, Tyrannosauridae) do Cenomaniano, bacia de São Luís (norte do Brasil). *Anais da Academia Brasileira de Ciências*, 71(4):846e847.

Significado do nome	Carcharodontossaurídeo significa "lagarto com dente de *Carcharodon*", uma referência ao tubarão gigante, já extinto, que possuía dentes enormes.
Quando e onde foi encontrado	Alguns dentes foram encontrados nas décadas de 1980 e 1990 na laje do Coringa, ilha do Cajual, baía de São Marcos, Maranhão.
Bacia sedimentar, formação geológica e idade	Bacia de São Luís-Grajaú, Formação Alcântara, período Cretáceo, 100 milhões de anos.
Comprimento	12 metros.
Onde está o esqueleto	Coleção de Paleontologia da Universidade Federal do Maranhão, São Luís.

ITAPEUASAURUS CAJAPIOENSIS – BOOM SÔNICO

O *Itapeuasaurus* é um diplodocoide, uma linhagem de dinossauros saurópodos irmã dos titanossauros e, como esses, também gigantes. A essa superfamília pertencem os famosos como o *Diplodocus*, o *Apatosaurus* da América do Norte e os incríveis *Nigersaurus*, da África, e o *Amargasaurus*, da Argentina. Aparentemente, viveram apenas na região Norte do Brasil, provavelmente vindos da Europa e da África antes da separação final da América do Sul, como entendido pelo seu parentesco com os africanos *Nigersaurus* e o espanhol *Demandasaurus*.

Embora apenas cinco das mais de quarenta vértebras da sua cauda sejam conhecidas, outros diplodocoides aparentados ao *Itapeuasaurus* tinham a cauda extremamente longa e fina, possivelmente usada como defesa ou para fazer sinais de advertência. Um de seus parentes mais ilustres, o *Diplodocus*, tinha nas vértebras caudais próximas ao corpo estruturas que indicam a presença de uma poderosa musculatura responsável pelo seu movimento. Os paleontólogos acreditam que os diplodocoides usavam a cauda como um chicote e que o movimento final da sua extremidade superaria a velocidade do som. As caudas eram eficazes não apenas para golpear e ferir predadores, mas para produzir explosões sônicas de advertência, úteis até mesmo como estratégia para atrair parceiros na época do acasalamento. Com espinhos na extremidade, mesmo os animais jovens já usavam a cauda para se defender de ataques de grandes predadores.

Trabalho científico

Lindoso, R. M.; Medeiros, M. A. A.; Carvalho, I. S.; Pereira, A. A.; Mendes, I. D.; Iori, F. V.; Sousa, E. P.; Arcanjo, S. H. S.; Silva, T. C. M. 2019. A new rebbachisaurid (Sauropoda: Diplodocoidea) from the middle Cretaceous of northern Brazil. *Cretaceous Research*, 104:104191.

Significado do nome	Uma homenagem à praia de Itapéua e à cidade de Cajapió, onde seus fósseis foram encontrados.
Quando e onde foi encontrado	Ao longo de alguns anos a partir de 2010, no sítio paleontológico Praia de Itapéua, Cajapió, Maranhão.
Bacia sedimentar, formação geológica e idade	Bacia de São Luís-Grajaú, Formação Alcântara, período Cretáceo, 95 milhões de anos.
Comprimento	10 metros.
Onde está o esqueleto	Coleção de Paleontologia da Universidade Federal do Maranhão, São Luís.

O PARAÍSO INFERNAL DA PALEONTOLOGIA

É notável a grande diversidade de dinossauros da bacia de São Luís-Grajaú, sem dúvida um dos sítios paleontológicos mais importantes do Brasil. A umidade proporcionada pela proximidade com o mar fez daquela região um paraíso para a vegetação e um éden para os dinossauros. Mas, se, por um lado, era um paraíso para viver, por outro, era um verdadeiro inferno para a preservação dos esqueletos. De qualquer forma, embora na maior parte dos casos a identificação dos dinossauros não alcance a precisão necessária para a determinação da espécie, uma dúzia de possíveis novas espécies de dinossauros diferentes dos conhecidos no Brasil podem futuramente ser identificadas nessas rochas.

Cerca de 85 milhões de anos atrás, a separação da América do Sul da África finalmente se consumou. Entre as duas grandes massas continentais, um jovem e estreito oceano Atlântico pôs fim ao sistema de lagos de água doce que acumularam bilhões de toneladas de matéria orgânica que futuramente dariam origem a 80 bilhões de barris de óleo. A abertura dos oceanos permitiu a chegada das águas marinhas e com elas 2 quilômetros de espessura de sal, selando até hoje toda aquela camada rica em hidrocarbonetos. Eram as reservas de petróleo das camadas pré-sal nascendo no tempo dos dinossauros.

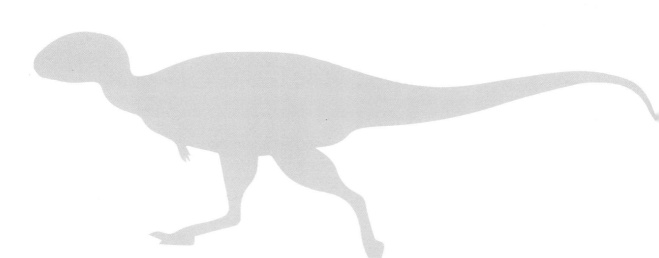

O ÚLTIMO REFÚGIO
O CRETÁCEO DA BACIA BAURU

A bacia Bauru abriga o pacote de rochas mais jovens responsáveis pela guarda dos dinossauros encontrados no Brasil. De modo geral, a sequência de ambientes onde esses sedimentos foram depositados esteve sob um clima semiárido durante os 30 milhões de anos que durou entre 95 e 65,5 milhões de anos. O mar já tinha se retirado de terras brasileiras havia pouco mais de 150 milhões de anos, no final do Permiano, deixando um amplo espaço para a fauna terrestre viver e se diversificar. No entanto, como vimos, o clima não ajudou.

O Cretáceo foi o período em que alguns grupos de dinossauros se multiplicaram em todo o mundo, com temperaturas mais altas e uma longa e duradoura estabilidade climática. Nos últimos 160 anos, a temperatura média superficial global ficou entre 14 °C e 16 °C. Durante praticamente todo o Cretáceo, por cerca de 80 milhões de anos, a temperatura média se manteve acima de 20 °C, com o termômetro a 24 °C nos últimos 40 milhões de anos do período. Durante esse longo intervalo, a maior parte da América do Sul esteve dentro de um cinturão de aridez que fez da vida um inferno por aqui. Assim, a enorme área da bacia Bauru, uma vez e meia o território ocupado pelo Estado de São Paulo, contém apenas uma tímida quantidade de espécies de dinossauros, bem como de outros vertebrados terrestres. As mesmas razões que impediram sua diversidade podem nos ensinar várias questões ligadas ao clima e aos ambientes do passado. Embora ainda não existam evidências, é possível que alguns dos dinossauros dessa bacia tenham conseguido chegar ao tempo da grande catástrofe ocorrida no final do Cretáceo.

A primeira metade da bacia Bauru foi preenchida com sedimentos diretamente sobre os basaltos da Formação Serra Geral, sob clima árido a semiárido, rochas hoje denominadas pelos geólogos de Grupo Caiuá. Pobre em fósseis se comparado ao pacote superior de rochas do Grupo Bauru, em 2019 teve seu primeiro dinossauro apresentado aos brasileiros.

VESPERSAURUS PARANAENSIS – PISANDO EM OVOS

O *Vespersaurus* é o primeiro dinossauro descrito das rochas do Grupo Caiuá, o primeiro em rochas do Estado do Paraná e o segundo mais completo terópodo já encontrado nos 30 milhões de anos de história da bacia Bauru. Foi outro dinossauro adaptado à aridez. Rochas da mesma região guardaram também restos do lagarto *Gueragama sulamericana* e camadas admiráveis de centenas de esqueletos desarticulados de pterossauros jovens e adultos da espécie *Caiuajara dobruskii*.

O *Vespersaurus* é conhecido por um fragmento do crânio, um dente, um bom número de vértebras, membros e cinturas parciais e duas patas completas de anatomia única entre os dinossauros. Esse material foi suficiente para determinar suas afinidades com os noassaurídeos, um grupo raro de pequenos dinossauros gondwânicos aparentados aos poderosos abelissaurídeos. Como estes últimos, seus braços já apresentavam forte redução, com o rádio tendo a metade do comprimento do úmero.

A anatomia dos pés, bem como pegadas encontradas nas mesmas rochas onde o esqueleto foi descoberto, sugere que o *Vespersaurus* era um monodáctilo funcional, isto é, embora os dedos II e IV estivessem presentes, ele se deslocava apoiando as patas apenas sobre os dedos do meio, o III. Em monodáctilos verdadeiros como o canguru *Procoptodon* e todos os cavalos viventes, os dedos I e II foram eliminados pela evolução, pois evitavam peso extra e gasto energético na sua construção. O canguru usa a monodactilia para saltar, mas o cavalo teve sua agilidade e velocidade ampliadas para fugir de predadores e capacidade de manobras nos deslocamentos. Essas talvez sejam boas explicações para nos ajudar a entender a monodactilia funcional do *Vespersaurus*.

Trabalho científico

Langer, M. C.; Martins, N. O.; Manzig, P. C.; Ferreira, G. S.; Marsola, J. C. A.; Fortes, E.; Lima, R.; Santana, L. C. F.; Vidal, L. S.; Lorençato, R. H. S.; Ezcurra, M. D. 2019. A new desert-dwelling dinosaur (Theropoda, Noasaurinae) from the Cretaceous of South Brazil. *Scientific Reports*, 9(1):9379.

Significado do nome	*Vespersaurus* significa "lagarto do oeste", em homenagem à cidade de Cruzeiro do Oeste, no Paraná, onde foi encontrado; *paranaensis* se refere ao Estado do Paraná.
Quando e onde foi encontrado	Ao longo de alguns anos a partir de 2010, em Cruzeiro do Oeste, Paraná.
Bacia sedimentar, formação geológica e idade	Bacia Bauru, Formação Rio Paraná, período Cretáceo Inferior, 80 milhões de anos.
Comprimento	1,5 metro.
Onde está o esqueleto	Museu de Paleontologia de Cruzeiro do Oeste, Cruzeiro do Oeste, Paraná.

BERTHASAURA LEOPOLDINAE – A BELA DESDENTADA

O *Berthasaura* é mais uma gema preciosa no que diz respeito aos dinossauros brasileiros. É o quarto ceratossauro noassaurídeo reconhecido por aqui, o segundo do Estado do Paraná. Embora nem todos os ossos tenham sido encontrados – faltam as patas traseiras, a extremidade distal do púbis, algumas costelas e metade das vértebras caudais –, é o esqueleto de um terópodo mais completo conhecido no Brasil. Pelo menos onze feições da sua anatomia o distinguem dos dinossauros noassaurídeos conhecidos até então, e das quais seis jamais foram vistas em qualquer outro dinossauro conhecido. No entanto, as descobertas não mostram que era uma espécie supermoderna. Os resultados da análise de parentesco com outros noassaurídeos o deixam na base mais próxima ao ancestral comum da linhagem. Ele chegou à modernidade com um paraquedas da Segunda Guerra Mundial, como um viajante do tempo.

Mas a grande cereja de todo o esqueleto foi o crânio praticamente completo. Delicado, sem dentes desde muito jovem – outros dinossauros desdentados conhecidos perdiam os dentes já mais adultos –, com bordas da pré-maxila e dentário cortantes, possivelmente revestidos de um bico córneo de bordas afiadas semelhante ao das tartarugas, levou os paleontólogos a suspeitar do hábito alimentar herbívoro desse terópodo esquisito. No entanto, a vida no deserto Caiuá, onde a escassez de água nem sempre deixava as gôndolas do hortifrúti repletas de vegetais, gerou suspeitas entre os paleontólogos: o *Berthasaura* provavelmente não dispensava um ovo ou filhotes de pterossauros, pequenos lagartos ou besouros que porventura encontrasse dando sopa.

Trabalho científico

Souza, G. A.; Soares, M. B.; Weinschütz, L. C.; Wilner, E.; Lopes, R. T.; de Araújo, O. M.; Kellner, A. W. 2021. The first edentulous ceratosaur from South America. *Scientific Reports*, 11 (1):Article number 2228.

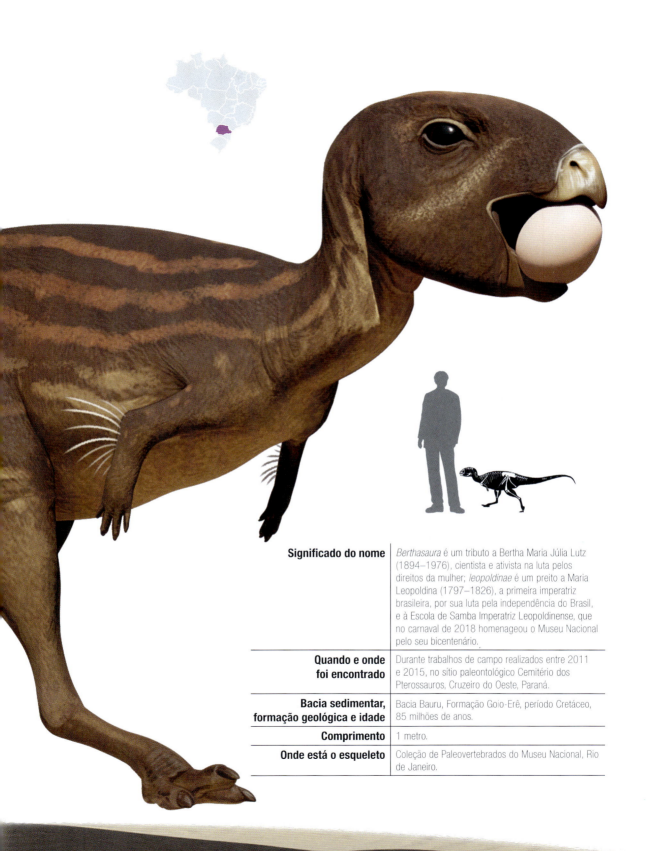

Significado do nome	*Berthasaura* é um tributo a Bertha Maria Júlia Lutz (1894–1976), cientista e ativista na luta pelos direitos da mulher; *leopoldinae* é um preito a Maria Leopoldina (1797–1826), a primeira imperatriz brasileira, por sua luta pela independência do Brasil, e à Escola de Samba Imperatriz Leopoldinense, que no carnaval de 2018 homenageou o Museu Nacional pelo seu bicentenário.
Quando e onde foi encontrado	Durante trabalhos de campo realizados entre 2011 e 2015, no sítio paleontológico Cemitério dos Pterossauros, Cruzeiro do Oeste, Paraná.
Bacia sedimentar, formação geológica e idade	Bacia Bauru, Formação Goio-Erê, período Cretáceo, 85 milhões de anos.
Comprimento	1 metro.
Onde está o esqueleto	Coleção de Paleovertebrados do Museu Nacional, Rio de Janeiro.

O grande deserto Botucatu havia sido extinto 50 milhões de anos antes, mas a aridez ainda castigava o sudeste da América do Sul, dessa vez com o deserto Caiuá. Ainda assim, a vida prosperava e um dos sítios paleontológicos mais espetaculares do Cretáceo brasileiro tem nos mostrado isso no Estado do Paraná. No céu, o pterossauro *Caiuajara dobruskii* patrulhava a região, enquanto o *Keresdrakon vilsoni* examinava uma carcaça em busca de algum alimento e o *Berthasaura leopoldinae* se divertia com o lagarto *Gueragama sulamericana*.

A OUTRA PARTE DO BOLO

A segunda metade da bacia Bauru, o chamado Grupo Bauru, foi preenchida sob clima mais úmido e por isso suportou maior diversidade. Até o momento, foram reconhecidos formalmente doze dinossauros provenientes de diversas regiões dos Estados de São Paulo, Minas Gerais e Mato Grosso: os terópodos *Pycnonemosaurus nevesi*, *Thanos simonattoi;* um manirraptor; os saurópodos titanossaurídeos *Antarctosaurus brasiliensis*, *Arrudatitan maximus*, *Baurutitan britoi*, *Trigonosaurus pricei*, *Maxakalisaurus topai*, *Adamantisaurus mezzalirai*, *Uberabatitan ribeiroi*, *Austroposeidon magnificus*, *Brasilotitan nemophagus*, *Megaraptora*, *Gondwanatitan faustoi*, ceratossauro noassaurídeo, *Kurupi itaata* e *Ibirania parva*. além de pegadas de um terópodo celurossauro e de um ornitísquio ornitópodo.

Com formações de rochas chamadas pelos geólogos de Araçatuba, Uberaba, Adamantina e Marília, as camadas que compõem a segunda metade da bacia Bauru guardaram esqueletos de dinossauros que viveram entre 85 e 65,5 milhões de anos atrás. Mas são as rochas da Formação Marília que podem ter chegado ao limite da era Mesozoica há 65,5 milhões de anos. Se isso aconteceu, evidências geológicas do dia do grande impacto do asteroide que destruiu o mundo dos dinossauros poderão ser um dia encontradas por paleontólogos brasileiros. Rochas desse momento geológico estão entre as mais estudadas e desejadas por paleontólogos e geólogos de todo o mundo, pois elas podem nos revelar novas histórias sobre aquele dia fatídico.

Você pode conhecer fósseis originais de dinossauros e de outros animais pré-históricos encontrados em rochas dessas formações nos museus de paleontologia das cidades de Monte Alto e Marília, no interior do Estado de São Paulo.

PYCNONEMOSAURUS NEVESI – GIGANTE DO DESERTO

O *Pycnonemosaurus nevesi* foi um terópodo abelissaurídeo, uma linhagem de dinossauros predadores gondwânicos muito comum na América do Sul, África e Índia – apenas duas espécies na Laurásia, ambas na França —, conhecidos pelo crânio curto, muito modificado, bem como pela extrema redução dos membros anteriores nas espécies mais modernas. Outros abelissaurídeos, assim como o *Pycnonemosaurus*, foram grandes predadores bípedes na América do Sul. Entre eles, os mais conhecidos são o *Abelisaurus*, do qual apenas um crânio quase completo foi encontrado, e o *Carnotaurus*, ambos da Argentina, este último representado por 80% do esqueleto e famoso pelas protuberâncias ósseas sobre os olhos, onde provavelmente se acomodavam chifres de queratina, e pela sua pele encontrada impressa na rocha onde se deitou pela última vez e onde são vistas as marcas dos osteodermos que ornamentavam seu corpo. Essas são as duas espécies mais aparentadas à espécie brasileira.

Por outro lado, o *Pycnonemosaurus*, como boa parte dos dinossauros brasileiros, não tem o crânio conhecido, mas apenas pouco mais de uma dúzia de ossos, além de fragmentos de dentes. Sua aparência é inferida pelo parentesco com as espécies argentinas.

No entanto, com os poucos ossos encontrados, paleontólogos brasileiros do Museu de Zoologia da Universidade de São Paulo e do Museu Nacional do Rio de Janeiro estimaram o seu comprimento em 9 metros, o que faz dele o maior abelissaurídeo conhecido do mundo.

Trabalhos científicos

Delcourt, R. 2017. Revised morphology of *Pycnonemosaurus nevesi* Kellner & Campos, 2002 (Theropoda: Abelisauridae) and its phylogenetic relationships. *Zootaxa*, 4276:1-45.

Grillo, O. N.; Delcourt, R. 2017. Allometry and body length of abelisauroid theropods: *Pycnonemosaurus nevesi* is the new king. *Cretaceous Research*, 69:71-89.

Kellner, A. W. A.; Campos, D. A. 2002. On a theropod dinosaur (Abelisauria) from the continental Cretaceous of Brazil. *Arquivo do Museu Nacional*, 60(3):163-170.

Significado do nome	*Pycnonemosaurus*, do grego *pycnós*, "denso", e *némos*, "mata", em referência ao local de densa vegetação onde o esqueleto foi encontrado; *nevesi*, homenagem a Iedo Batista Neves, que incentivou esse trabalho de pesquisa.
Quando e onde foi encontrado	Na década de 1950, por trabalhadores da Fazenda Roncador, próxima a Paulo Creek, Mato Grosso.
Bacia sedimentar, formação geológica e idade	Bacia do Cambambe, Formação Cambambe, período Cretáceo Superior, 70 milhões de anos.
Comprimento	9 metros.
Onde está o esqueleto	Museu de Ciências da Terra do Departamento Nacional de Produção Mineral, Rio de Janeiro.

MEGARAPTORA – CONSTRUTORES DE NINHOS

Somente o fragmento de uma vértebra caudal desse Megaraptora foi encontrado. Dinossauros terópodos são muito raros na bacia Bauru e, quando presentes, aparecem como fragmentos de ossos ou dentes isolados. Isso se deve a pelo menos duas razões, que incluem a fragilidade dos seus ossos pneumáticos e o fato de que suas populações não eram numerosas em um ambiente castigado pela aridez. Embora praticamente sob a cidade de Uberaba, as rochas da Formação Uberaba não guardaram muitos fósseis de dinossauros herbívoros que pudessem servir de presas aos grandes caçadores. Por quê?

Existe uma possibilidade que ciências como a paleontologia nos permitem explorar. Nas rochas da mesma Formação Uberaba foram encontrados ovos de terópodos, a poderosa linhagem de dinossauros caçadores que incluía os megarraptores. Ninguém ainda estudou os ovos a ponto de determinar suas possíveis afinidades. A estrutura das paredes da casca, sua porosidade e mesmo a presença de embriões no seu interior podem dizer muito sobre o grupo ou mesmo a espécie à qual pertenceu. Mas não é impossível que sejam ovos de megarraptores e que a escassez de ossos de dinossauros se deva ao fato de que essas rochas representem uma região mais afastada das áreas de caça e trânsito de grandes dinossauros e por isso mais favorável à construção de ninhos e à postura dos ovos, o que também explica a falta de outros esqueletos. Os paleontólogos e as futuras descobertas é que vão nos dizer.

Trabalhos científicos

Kellner, A. W. A.; Campos, D. A. 2000. Brief review of dinosaur studies and perspectives in Brazil. *Anais da Academia Brasileira de Ciências,* 72(4): 509-538.

Martinelli, A. G.; Ribeiro, L. C. B.; Neto, F. M.; Mendez, A.; Cavellani, C. L.; Felix, E.; Ferraz, M. L. F.; Teixeira, V. P. A. 2013. Insight on the theropod fauna from the Uberaba Formation (Bauru Group), Minas Gerais State: new megaraptoran specimen from the Late Cretaceous of Brazil. *Rivista Italiana di Paleontologia e Stratigrafia*, 119:205-214.

Significado do nome	"Megaladrão."
Quando e onde foi encontrado	Na cidade de Uberaba, Minas Gerais, em uma área onde estava sendo edificado um hospital. Mas a data é desconhecida.
Bacia sedimentar, formação geológica e idade	Bacia Bauru, Formação Uberaba, período Cretáceo Superior, 83 milhões de anos.
Comprimento	6 metros.
Onde está o esqueleto	Centro de Pesquisas Paleontológicas Llewellyn Ivor Price, distrito de Peirópolis, Uberaba, Minas Gerais.

287

ANTARCTOSAURUS BRASILIENSIS – MOCHILA HIGHTECH

O *Antarctosaurus brasiliensis* foi o primeiro titanossaurídeo descoberto nas rochas da bacia Bauru, uma linhagem de dinossauros saurópodos que apareceu no final do Jurássico e durante o Cretáceo se espalhou pelo mundo, especialmente pelo Gondwana. Restos de titanossaurídeos foram encontrados em todos os continentes que compunham o Gondwana, até mesmo na Antártica.

Titanossaurídeos eram quadrúpedes herbívoros que chegavam a 40 metros de comprimento. Há estimativas de que o *Bruhathkayosaurus*, encontrado em rochas do Cretáceo da Índia, chegasse a incríveis 44 metros e 90 toneladas!

O *Antarctosaurus* foi descrito a partir de fragmentos de ossos das pernas e uma vértebra, elementos que não forneceram feições diagnósticas seguras para determinação de seu gênero. Por isso, alguns paleontólogos não estão certos de que esses ossos pertençam de fato a um animal do gênero *Antarctosaurus* descoberto anteriormente em rochas da Argentina.

Antarctosaurus ou não, era um titanossauro, e titanossauros carregavam grandes placas ósseas incrustadas na pele, os osteodermos, que tinham a óbvia função de proteger a região dorsal, mais vulnerável, quebrando os dentes dos agressores que tentavam feri-los nas costas. Mas eram mais que isso: esponjosos e por vezes parcialmente ocos, eram sofisticados equipamentos de sobrevivência. A porosidade ajudava a torná-los menos densos, mais leves e econômicos para serem carregados. Funcionavam também como reserva de fluidos nutritivos quando havia falta de alimento em alguns meses do ano e, em indivíduos de idade avançada, o estoque ajudava a mantê-los alimentados por mais tempo, já que lhes era mais difícil obter comida devido a doenças e problemas nas articulações. Feitos de osso, eram ricos em cálcio e podiam servir como reserva de matéria-prima para as dezenas de ovos anuais postos pelas fêmeas, como uma eficiente mochila de sobrevivência.

Trabalhos científicos

Arid, F.M.; Vizotto, L. D. 1971. *Antarctosaurus brasiliensis*, um novo saurópodo do Crétaceo Superior do Sul do Brasil. *Anais do Congresso Brasileiro de Geologia*, 1971:297-305.

Candeiro, C.; Marinho, T.S.; Oliveira, E. C. 2004. Distribuição geográfica dos dinossauros da bacia Bauru (Cretáceo Superior). *Sociedade & Natureza*, 16(30):33–55.

Significado do nome	*Antarctosaurus*, do grego *anti*, "oposto", e *arktos*, "norte", e *saurus*, "lagarto"; assim, seu significado é "lagarto do sul"; e *brasiliensis*, do Brasil, pois várias espécies de *Antarctosaurus* já haviam sido descritas na Argentina.
Quando e onde foi encontrado	Em 1971, pela equipe do paleontólogo Farid Arid, da Universidade Estadual Paulista (Unesp), em São José do Rio Preto, São Paulo.
Bacia sedimentar, formação geológica e idade	Sedimentos da bacia Bauru, formação desconhecida. Possivelmente entre 90 e 65,5 milhões de anos.
Comprimento	Entre 20 e 25 metros.
Onde está o esqueleto	Faculdade de Filosofia, Ciências e Letras da Universidade Estadual Paulista (Unesp), São José do Rio Preto.

289

GONDWANATITAN FAUSTOI – NEM TÃO GIGANTE ASSIM

O *Gondwanatitan faustoi* é um dos titanossaurídeos mais completos já encontrados no Brasil, com cerca de 30% dos ossos preservados. Embora seu nome tenha o sufixo *titan*, uma designação comum para dinossauros gigantes, não tinha mais que 15 metros de comprimento, tamanho acanhado se comparado a outros titanossaurídeos. Com exceção do *Uberabatitan ribeiroi*, *Austroposeidon magnificus* e, provavelmente, *Antarctosaurus brasiliensis*, outros titanossaurídeos descobertos nas rochas da bacia Bauru não alcançavam 20 metros, como o *Adamantisaurus*, também de 15 metros, e o *Baurutitan*, o *Trigonosaurus* e o *Maxakalisaurus*, de aproximados 13 metros, e o mascote *Brasilotitan nemophagus*, de apenas 8 metros.

Por outro lado, os titanossaurídeos descobertos na Argentina, como o *Argentinosaurus*, o *Patagotitan* e o *Puertasaurus*, estão incluídos entre os maiores saurópodos conhecidos, tendo possivelmente chegado a 40 metros de comprimento.

Não é improvável que titanossaurídeos brasileiros encontrados na porção leste da bacia Bauru apresentassem algum tipo de nanismo por causa do ambiente semiárido que prevalecia na região durante o Cretáceo e devido à provável escassez de alimentos, como já foi sugerido por alguns paleontólogos. De fato, alguns titanossaurídeos da Bacia Bauru são pouco maiores que a metade do comprimento médio da maioria conhecida do mundo.

A redução do tamanho corporal de algumas linhagens, não apenas de dinossauros, pode ocorrer como uma estratégia de sobrevivência em locais onde o alimento é escasso. Exemplos de nanicos se verificam tanto em animais e plantas como no registro fóssil de linhagens que vivem ou viveram isoladas de fontes externas de alimento, como ilhas, cavernas ou oásis. Esse pode ter sido o caso da bacia Bauru no Cretáceo, onde restos de vegetais fósseis são raros, o que denota que a vegetação capaz de sustentar esses animais era insuficiente e restrita apenas nas proximidades de corpos de água efêmeros em ambientes que lembrariam os oásis atuais.

Existe um dinossauro com evidências incontestáveis de redução drástica do tamanho, descoberto em rochas do Jurássico da Alemanha, o *Europasaurus*. Um dinossauro nanico com parentesco muito próximo aos titanossaurídeos, tinha seu tamanho reduzido porque sua população ancestral ficou isolada e evoluiu em uma ilha. O *Europasaurus* é um genuíno caso comprovado, pois indivíduos jovens e adultos dessa espécie não passavam de 7 metros de comprimento, pouco mais que a metade dos menores titanossaurídeos brasileiros e só 1 metro menor que o *Brasilotitan*.

Estudos minuciosos de ossos mostram que titanossaurídeos brasileiros encontrados na bacia Bauru apresentavam desaceleração da taxa de crescimento, uma resposta ao estresse ambiental provocado pelo clima semiárido.

Trabalho científico

Kellner, A. W. A.; Azevedo, S. A. K. 1999. A new sauropod dinosaur (Titanosauria) from the Late Cretaceous of Brazil. *National Science Museum Monographs*, 15:111-142.

Significado do nome	*Gondwanatitan*, de Gondwana, em referência ao supercontinente existente na época; *titan*, por lembrar a família de gigantes da mitologia grega e por tratar-se de um dinossauro gigantesco; *faustoi*, umas homenagem ao paleontólogo Fausto L. de Souza Cunha, que foi quem coletou o esqueleto.
Quando e onde foi encontrado	Em 1983, pelo proprietário do Sítio Myzobuchi, Yoshitoshi Myzobuchi, em Álvares Machado, São Paulo.
Bacia sedimentar, formação geológica e idade	Bacia Bauru, possivelmente na Formação Adamantina, final do período Cretáceo, 80 milhões de anos.
Comprimento	15 metros.
Onde está o esqueleto	Museu Nacional, Rio de Janeiro.

ARRUDATITAN MAXIMUS – MUDANDO A IDENTIDADE

O *Arrudatitan* é o novo nome genérico atribuído ao antigo *Aeolosaurus*, um gênero que tem outras duas espécies descritas na Argentina e que no passado acreditava-se ter andado também por aqui. Um pequeno detalhe encontrado em uma das vértebras mostrou aos paleontólogos que se tratava de um animal diferente do *Aeolosaurus*, embora pertençam à mesma linhagem Aeolosaurini, dentro dos titanossaurídeos. Eram primos próximos na América do Sul, mas com a vida em populações separadas a evolução da anatomia seguiu caminhos diferentes, um exemplo de evolução na sua versão mais corriqueira!

Apenas para que tenha uma pequena amostra do conhecimento sobre anatomia que os paleontólogos precisam dominar para descrever um novo gênero ou uma nova espécie, leia abaixo a nova diagnose que justificou a mudança de identidade do *Aeolosaurus* para o novo gênero *Arrudatitan*.

"Vértebras cervicais posteriores com lâmina posterocentrodiapofiseal pelo menos 50% mais larga do que a lâmina pószigapofiseal; vértebras truncais com lâmina centropósdiapifiseal anterior oblíqua, que bigorna a partir da porção proximal da lâmina centropószigapofiseal; lâmina intrapószigapofiseal acessória nas vértebras truncais posteriores, criando duas pequenas câmaras na fossa espinopószigapofiseal; costelas truncais medianas com cristas anteriores e posteriores com seção transversal em forma da letra 'D'."

Recentemente, ossos do *Arrudatitan maximus* foram reestudados e a conclusão surpreendeu os paleontólogos. Durante décadas, desde as primeiras reconstruções dos dinossauros saurópodos em vida, acreditava-se que a enorme cauda assumia a postura protônica, isto é, com forma sigmoidal, mantida apoiada no chão até mesmo enquanto caminhavam. Estudos biomecânicos modernos mudaram essa visão: a cauda ficava distante do chão, mantida na posição horizontal com a força da musculatura, como vemos nas reconstruções mais recentes. No mais novo estudo, os ossos da cauda do *Arrudatitan* mostram novamente a postura protônica, porém suspensa, sem tocar o chão. Segundo os autores, a ideia é válida, ao menos para os Aeolosaurini, um grupo de titanossauros conhecidos somente no Brasil e na Argentina.

A posição protônica suspensa oferecia maior apoio para os músculos que conectavam os fêmures e as vértebras caudais, dando mais força e tração às pernas. Curiosamente, os resultados dos estudos da disposição dos ossos no sítio paleontológico indicaram que esse animal morreu atolado em alguma poça de lama misturada com areia. O 4x4 pode não ter funcionado naquele dia.

E assim caminha a paleontologia, como todas as ciências, testando e corrigindo incansavelmente tudo o que já foi proposto.

Trabalhos científicos

Almeida, E. B.; Avilla, L. S.; Candeiro, C. R. A. 2002. Restos caudais de Titanosauridae da Formação Adamantina (Turoniano-Santoniano), Sítio do Prata, Estado de Minas Gerais, Brasil. *Revista Brasileira de Paleontologia*, 7(2):239-244.

Kellner, A. Z. A.; de Azevedo, S. A. K. 1999. A new sauropod dinosaur (Titanosauria) from the Late Cretaceous of Brazil. In: Tomida, Y.; Rich, T. H.; Vickers-Rich, P. (ed.) Proceedings of the Second Gondwanan Dinosaur Symposium. *National Science Museum Monographs*, 15:111-142.

Santucci, R. M.; de Arruda Campos, A. C. 2011. A new sauropod (Macronaria, Titanosauria) from the Adamantina Formation, Bauru Group, Upper Cretaceous of Brazil and the phylogenetic relationships of Aeolosaurini. *Zootaxa,* 3085 (1): 1.

Silva Jr., J. C.; Martinelli, A. G.; Iori, F. V.; Marinho, T. S.; Hechenleitner, E. M.; Langer, M. C. 2021. Reassessment of *Aeolosaurus maximus*, a titanosaur dinosaur from the Late Cretaceous of Southeastern Brazil. *Historical Biology: An International Journal of Paleobiology,* 1-9.

Vidal, L. S.; Pereira, P. V. L. G. C.; Tavares, S.; Brusatte, S.; Bergqvist, L. P.; Candeiro, C. R. A. 2020. Investigating the enigmatic Aeolosaurini clade: the caudal biomechanics of *Aeolosaurus maximus* (Aeolosaurini/Sauropoda) using the Neutral Pose Method and the first case of protonic tail condition in Sauropoda. *Historical Biology,* 63:1-21.

Significado do nome	*Arrudatitan,* em homenagem ao professor Antônio Celso de Arruda Campos, coletor, popularizador da ciência e primeiro curador do Museu de Paleontologia de Monte Alto, São Paulo.
Quando e onde foi encontrado	Em 1997, na Fazenda Santa Irene, entre as cidades de Monte Alto e Cândido Rodrigues, São Paulo.
Bacia sedimentar, formação geológica e idade	Bacia Bauru, Formação Adamantina, final do período Cretáceo, 80 milhões de anos.
Comprimento	15 metros.
Onde está o esqueleto	Museu de Paleontologia Antônio Celso de Arruda Campos, Monte Alto, São Paulo.

MAXAKALISAURUS TOPAI – POR CIMA DO MEU CADÁVER

O *Maxakalisaurus topai* apresenta vários sinais de que seus ossos foram pisoteados e de que carniceiros tentaram matar a fome limpando seu esqueleto. Os ossos estão dispersos no sítio e apresentam marcas de dentadas, o que indica que carniceiros, ou mesmo os animais que causaram sua morte, exploraram longamente sua carcaça. Dentes de dinossauros terópodos e de crocodilos, além de fragmentos de tartarugas, foram encontrados dispersos pelo sítio.

O fato de o esqueleto do *Maxakalisaurus* indicar que se tratava de um animal jovem é outra forte evidência de que sua morte foi causada por predadores. Estes comumente atacam indivíduos mais velhos ou doentes, ou os mais jovens.

Os ossos do *Maxakalisaurus* apresentam também fissuras e rachaduras típicas do intemperismo, por ficarem expostos a céu aberto durante longos períodos. Além disso, os ossos estão desarticulados, dispostos caoticamente, têm diferentes tamanhos e os fragmentos possuem extremidades angulosas, indícios de que não foram acumulados após terem sido longamente levados por enxurradas. O transporte hidráulico comumente seleciona partes com tamanho, forma e peso aproximados, organizando os ossos e deixando-os com um alinhamento preferencial, além de arredondar suas extremidades. Essas quebras foram provavelmente provocadas por pisoteio ao longo de meses, ou mesmo anos, antes que fossem soterrados para sempre.

O *Maxakalisaurus* morreu jovem. Provavelmente atacado e parcialmente devorado por um grupo de dinossauros terópodos. Sua carcaça, ainda fresca, pode ter sido disputada por crocodilos, que trituraram parte dos ossos. Por fim, sem muito mais que oferecer, os ossos do *Maxakalisaurus* permaneceram expostos e foram pisoteados possivelmente pela manada à qual pertencia.

Trabalhos científicos

França, M. A. G.; Marsola, J.; Douglas, R.; Hsiou, A. S.; Langer, M. C. 2016. New lower jaw and teeth referred to *Maxakalisaurus topai* (Titanosauria: Aeolosaurini) and their implications for the phylogeny of titanosaurid sauropods. *PeerJ*, 4:e2054.

Kellner, A. W. A.; Campos, D. A.; Azevedo, S. A. K.; Trotta, M. N. F.; Henriques, D. D. R.; Craik, M. M. T.; Silva, H. P. 2006. On a new titanosaur sauropod from the Bauru Group, Late Cretaceous of Brazil. *Boletim do Museu Nacional* (Geologia), 74:1-31.

Significado do nome	*Maxakali*, língua falada por indígenas que vivem em Minas Gerais; *topai*, de Topa, deidade adorada pelos índios da etnia Maxakali.
Quando e onde foi encontrado	Em 1995 e coletado entre 1998 e 2002 pelos paleontólogos do Museu Nacional do Rio de Janeiro, na cidade de Prata, Minas Gerais.
Bacia sedimentar, formação geológica e idade	Bacia Bauru, Formação Adamantina, final do período Cretáceo, 80 milhões de anos.
Comprimento	13 metros.
Onde está o esqueleto	Museu Nacional, Rio de Janeiro.

ADAMANTISAURUS MEZZALIRAI – O ÚLTIMO DINOSSAURO

O *Adamantisaurus mezzalirai* é mais um titanossauro brasileiro conhecido apenas pelos ossos da cauda. Por meio das evidências dos outros animais encontrados associados aos seus restos, os paleontólogos acreditam que o *Adamantisaurus* tenha vivido há aproximadamente 70 milhões de anos, 5 milhões de anos antes da grande extinção ocorrida 65,5 milhões de anos atrás.

Estimativas sobre o tempo de duração de uma espécie de dinossauro chegam a períodos entre 5 milhões e 10,5 milhões de anos. No caso de essas idades terem sido corretamente determinadas, é possível que as populações do *Adamantisaurus* tenham sentido diretamente os efeitos da chuva de asteroides que pôs fim às muitas linhagens de dinossauros que ainda viviam no tempo da extinção, no final do Cretáceo.

Trabalho científico

Santucci, R. A.; Bertini, R.J. 2006. A new titanosaur from Western São Paulo State, Upper Cretaceous Bauru Group, South-East Brazil. *Palaeontology*, 49(1):171-185.

Significado do nome	*Adamantisaurus*, em referência à Formação Adamantina, nome dado à unidade geológica em cujas rochas foram encontrados os fósseis; *mezzalirai*, homenagem ao paleontólogo Sérgio Mezzalira.
Quando e onde foi encontrado	Em 1958, em rochas expostas em virtude da construção de uma estrada de ferro, próximo à cidade de Flórida Paulista, São Paulo.
Bacia sedimentar, formação geológica e idade	Bacia Bauru, Formação Adamantina, final do período Cretáceo, 80 milhões de anos.
Comprimento	12 metros.
Onde está o esqueleto	Museu Geológico Valdemar Lefèvre, Parque da Água Branca, São Paulo.

BRASILOTITAN NEMOPHAGUS – BAIXINHO

Os fósseis do *Brasilotitan* foram encontrados em rochas ricamente fossilíferas da Formação Adamantina, onde existem restos de diversos outros animais, como peixes, pequenos anfíbios, tartarugas, lagartos, crocodilos e aves.

A fim de determinar suas afinidades, os paleontólogos compararam seus ossos com os de outras doze espécies até então conhecidas no Brasil e na Argentina. É nessa etapa do trabalho que se determinam relações de parentesco entre todos os dinossauros, um trabalho árduo, que consiste em estudar e comparar todos os ossos, muitas vezes expostos em outros museus espalhados pelo mundo.

Uma dificuldade na identificação precisa da espécie, no entanto, não pôde ser superada, um tipo de problema de resolução impossível até que esqueletos mais completos sejam descobertos. Por exemplo, do *Brasilotitan* não foram encontradas as vértebras da cauda, e dois outros titanossauros brasileiros, o *Baurutitan* e o *Adamantisaurus*, são conhecidos apenas pelas vértebras caudais. Desse modo, é impossível saber se o *Brasilotitan* representa o corpo de uma dessas duas espécies. Esse tipo de problema é muito comum em esqueletos do mundo inteiro e é por isso que sempre existem dúvidas sobre o número exato de espécies conhecidas.

O esqueleto do *Brasilotitan* deve ter permanecido exposto por um bom tempo antes de ser recoberto por sedimento e atacado por diferentes animais. Os paleontólogos encontraram diversas marcas de dentadas em seus ossos e dentes quebrados espalhados ao redor do esqueleto.

Ele viveu 80 milhões de anos atrás, quando um enorme vulcão estava em atividade onde hoje fica o Parque Nacional do Itatiaia.

Trabalho científico

Machado, E. B.; Avilla, L. S.; Nava, W. R.; Campos, D. A.; Kellner, A. W. A. 2013. A new titanosaur sauropod from the Late Cretaceous of Brazil. *Zootaxa*, 3701 (3): 301–321.

Significado do nome	*Brasilotitan* significa "titã brasileiro", nome inspirado nos titãs da mitologia grega; *nemophagus*, "pastador", por se tratar de animal herbívoro.
Quando e onde foi encontrado	Em 2000, em Presidente Prudente, na margem da rodovia estadual Raposo Tavares, São Paulo.
Bacia sedimentar, formação geológica e idade	Bacia Bauru, Formação Adamantina, final do período Cretáceo, 80 milhões de anos.
Comprimento	8 metros.
Onde está o esqueleto	Museu Nacional, Rio de Janeiro.

299

TERÓPODO MANIRRAPTOR – UMA GARRA, UM DINOSSAURO

Dinossauros manirraptores mais antigos são conhecidos desde o início do Jurássico, entre 200 e 190 milhões de anos atrás. Foi dessa linhagem que há 150 milhões de anos, no final do Jurássico, nasceram os representantes das primeiras aves, como o *Archaeopteryx lithographica*, e mais tarde os ilustres dinossauros do Cretáceo, como o *Velociraptor* e o *Oviraptor,* da Mongólia, e o *Deinonychus,* da América do Norte.

Somente uma falange ungueal de um dos dedos da pata anterior desse manirraptor foi encontrada. Nela se encaixava a longa garra curva queratinosa usada para caçadas. Manirraptores tinham braços e mãos alongadas, com garras que os ajudavam a prender e cortar as presas; ao correr, uma cauda rígida mantinha o equilíbrio do corpo. Como uma linhagem precursora das aves, os ossos da clavícula já eram fundidos, formando a fúrcula, o popular "osso da sorte". Entre 80 e 65,5 milhões de anos atrás, um clima muito árido castigava a atual região sudoeste de Minas Gerais, hoje ocupada pela cidade de Uberaba e arredores. No entanto, estão nessa região dois dos sítios palaeontológicos mais importantes do Brasil: Peirópolis e Serra da Galga.

As características da garra do manirraptor brasileiro são muito distintas daquelas dos manirraptores encontrados na Argentina, e mesmo das de dinossauros de linhagens bem conhecidas, como os alvarezssaurídeos (*Alvarezsaurus*), os deinonicossauros (*Deinonychus*) e os ovirraptorissauros (*Caudipteryx*), o que pode indicar a presença de uma nova linhagem na América do Sul.

Embora se trate apenas de uma garra, vários aspectos nela observados permitiram aos paleontólogos estabelecer suas relações de parentesco com manirraptores, pequenos animais caçadores e emplumados.

Trabalho científico

Novas, F. E.; Ribeiro, L. C. B.; Carvalho, I. S. 2005. Maniraptoran theropod ungual from the Marília Formation (Upper Cretaceous), Brazil. *Revista Museo Argentino de Ciencias Naturales,* 7(1):31-36.

Significado do nome	"Mão raptora."
Quando e onde foi encontrado	Em 2004, no distrito de Peirópolis, Uberaba, Minas Gerais.
Bacia sedimentar, formação geológica e idade	Bacia Bauru, Formação Marília, período Cretáceo Superior, 70 milhões de anos.
Comprimento	2 metros.
Onde está o esqueleto	Centro de Pesquisas Paleontológicas Llewellyn Ivor Price, distrito de Peirópolis, Uberaba, Minas Gerais.

UBERABATITAN RIBEIROI – NOSSO MAIOR DINOSSAURO

Restos do titanossauro *Uberabatitan ribeiroi* encontrados nas rochas da Formação Marília indicam que mais de um indivíduo foi preservado em um mesmo sítio, no mínimo dois, talvez vários. Seu esqueleto representa um dos mais completos de titanossauros conhecidos no Brasil. O fato de a maioria dos seus ossos terem sido encontrados juntos revela que o esqueleto permaneceu próximo ao local da sua morte, sem muita interferência de correntes aquosas, que normalmente espalham os esqueletos.

As dimensões do *Uberabatitan* foram recentemente recalculadas. Com as novas estimativas, os paleontólogos acreditam que tenha chegado a 26 metros de comprimento, superando em 1 metro o *Austroposeidon magnificus*, até então considerado o maior dinossauro do Brasil.

Trabalhos científicos

Salgado, L.; Carvalho, I.S. 2008. *Uberabatitan ribeiroi*, a new titanosaur from the Marília Formation (Bauru Group, Upper Cretaceous), Minas Gerais, Brazil. *Palaeontology*, 51(4):881-901.

Silva Jr., J.C.G.; Marinho, T. S.; Martinelli, A.G.; Langer, M.C. 2019. Osteology and systematics of *Uberabatitan ribeiroi* (Dinosauria, Sauropoda): a Late Cretaceous titanosaur from Minas Gerais, Brazil. *Zootaxa*, 4577(3):401-438.

Significado do nome	*Uberaba*, em referência à cidade de Uberaba, Minas Gerais, onde o esqueleto foi encontrado; *titan*, em alusão à família de gigantes da mitologia grega; *ribeiroi*, uma homenagem a Luiz Carlos Borges Ribeiro, importante paleontólogo do Centro de Pesquisas Paleontológicas Lewellyn Ivor Price, localizado no distrito de Peirópolis, Uberaba, Minas Gerais.
Quando e onde foi encontrado	Em data desconhecida, pelos paleontólogos da Fundação Municipal de Ensino Superior de Uberaba – Centro de Pesquisas Paleontológicas L. I. Price. Seu esqueleto foi encontrado em rochas expostas próximas ao sítio paleontológico serra da Galga, perto da rodovia BR-050, km 153, Uberaba, Minas Gerais.
Bacia sedimentar, formação geológica e idade	Bacia Bauru, Formação Marília, final do período Cretáceo, entre 70 e 65,5 milhões de anos.
Comprimento	26 metros.
Onde está o esqueleto	Centro de Pesquisas Paleontológicas L. I. Price, distrito de Peirópolis, Uberaba, Minas Gerais.

TITANOSSAUROS: PEIRÓPOLIS E SERRA DA GALGA

Entre 80 e 65,5 milhões de anos atrás, um clima muito árido castigava a atual região sudoeste de Minas Gerais, hoje ocupada pela a cidade de Uberaba e arredores. No entanto, estão nessa região dois dos sítios palaeontológicos mais importantes do Brasil: Peirópolis e Serra da Galga.

Durante a década de 1940, a remoção de rochas para a construção de uma estrada de ferro revelou um passado até então desconhecido para os brasileiros: o mundo dos dinossauros que viveram no final do período Cretáceo. Os rios e lagos temporários que anualmente traziam algum conforto para as plantas e animais naquele final da era Mesozoica, transbordavam repentinamente despejando grandes quantidades de sedimentos sobre os esqueletos dos animais que não resistiram à longa estiagem antes da chegada das águas. E não apenas os mortos, mas também aqueles que dormiam em tocas durante os meses mais secos, como o caso do incrível fóssil do *Uberabasuchus*, um dos crocodilos terrestres já encontrados nas rochas da região.

Como um tesouro nacional a ser preservado, explorado, e conhecido por todos, paleontólogos mineiros escavam e estudam há décadas a fauna pré-histórica guardada naquelas rochas. Hoje funciona em Uberaba, na Universidade Federal do Triângulo Mineiro, o Centro de Pesquisas Paleontológicas Llewellyn Ivor Price, e no pequeno distrito de Peirópolis, o Museu dos Dinossauros. Foram esses paleontólogos que recentemente descreveram o primeiro sítio de nidificação conhecido no Brasil. Eles descobriram cerca de 20 ovos fósseis de titanossauros, cada um com 12 centímetros de diâmetro, preservados dentro de cavidades escavadas pelos pais quando as mesmas inundações que ajudaram a contar o restante já conhecido da pré-história daquela região as entupiram com sedimentos. Eram vidas que se perdiam, mas retratos de um passado que puderam chegar até nós depois de 80 milhões de anos guardados nas rochas.

BAURUTITAN BRITOI

Restos parciais articulados do esqueleto do *Baurutitan britoi* e do *Trigonosaurus pricei* foram encontrados em rochas da Formação Marília, na região de Peirópolis, em Minas Gerais, no famoso sítio paleontológico da Pedreira Caieira, onde Llewellyn Ivor Price trabalhou por pouco mais de uma década.

Um mapa dos fósseis descobertos na Pedreira Caieira foi elaborado por Price durante os vários anos de trabalho de coleta. Seu esquema mostra uma imensa quantidade de fragmentos de ossos desarticulados, além de sequências de vértebras sacrais e caudais articuladas, uma pélvis completa e outra fragmentada. Esses fósseis, que seguramente pertencem a mais de um indivíduo, podem também fazer parte de três espécies distintas. Uma sequência composta por uma vértebra sacral e dezoito vértebras caudais ainda articuladas foi designada como *Baurutitan*, outro dinossauro, portanto, conhecido apenas por sua cauda.

O fato de tais vértebras terem permanecido articuladas, assim como o bom estado de conservação e a grande quantidade de fragmentos e ossos de diferentes tamanhos preservados em um mesmo sítio, pode indicar que o material não foi levado ou carregado de um lugar a outro por enxurradas ou animais carniceiros após a decomposição dos tecidos de conexão – pele, ligamentos e músculos. Esse esqueleto foi encontrado muito provavelmente próximo do local onde o animal morreu. Se isso estiver correto, onde estará o restante de seu esqueleto, incluindo grandes ossos como fêmures e úmeros?

É surpreendente o fato de que nem todos os grandes ossos tenham sido encontrados nesse sítio. É estranho que partes imensas tenham sido separadas umas das outras. Qual processo sedimentar seria responsável por isso? Se uma corrente de água teve força suficiente para arrastar grandes ossos, como pôde ter deixado pequenos fragmentos espalhados? Se não foi isso que aconteceu, onde estão os grandes ossos dos dois esqueletos? Se as águas não foram capazes de transportar a cauda e a pélvis dos imensos titanossaurídeos, é possível que outros de seus grandes ossos venham a ser encontrados em futuras escavações naquele mesmo sítio. Eles devem estar por perto!

Trabalho científico

Kellner, A. W. A.; Campos, D. A; Trotta, M. N. 2005. Description of a Titanosaurid Caudal series from the Bauru Group, late Cretaceous of Brazil. *Arquivos do Museu Nacional,* 63(3):529-564.

Significado do nome	*Bauru*, em referência à bacia Bauru; *titan*, em menção à família de gigantes da mitologia grega, considerando o tamanho desse dinossauro; *britoi*, uma homenagem ao paleontólogo Aureliano Machado Brito.
Quando e onde foi encontrado	Em 1957, no distrito de Peirópolis, Uberaba, Minas Gerais.
Bacia sedimentar, formação geológica e idade	Bacia Bauru, Formação Marília, entre 70 e 65,5 milhões de anos.
Comprimento	12 metros.
Onde está o esqueleto	Museu de Ciências da Terra do Departamento Nacional de Produção Mineral, Rio de Janeiro.

TRIGONOSAURUS PRICEI – RIO DE OSSOS

O *Trigonosaurus pricei* é outro dinossauro titanossaurídeo encontrado no sítio paleontológico da Pedreira Caieira. Seu esqueleto foi preservado ao lado do do *Baurutitan*. O fato de esses dinossauros terem sido preservados juntos é intrigante, e as causas podem ser variadas.

Como vimos, é possível que esses titanossaurídeos vivessem em manadas e, pela grande quantidade de ossos desses animais encontrados na bacia Bauru, poderíamos concluir que os grupos eram compostos por muitos indivíduos. Assim como se vê nos documentários da vida selvagem africana, em que zebras, gnus, elefantes e girafas pastam distribuídos por pequenas regiões, é provável que espécies de titanossaurídeos compartilhassem uma mesma área verde. Isso porque, em virtude do clima seco predominante durante o Cretáceo, a vegetação talvez estivesse concentrada nas regiões pouco mais úmidas, que formavam áreas mais atrativas para animais que buscavam alimento e água. Nesses oásis onde viviam diversas espécies, não era improvável que as carcaças de animais de diferentes espécies acabassem próximas umas das outras.

A explicação mais simples para essa concentração é que as carcaças com pele e ligamentos ainda íntegros tenham sido acumuladas pelas correntes periódicas dos rios entrelaçados que corriam na região. Canais mais profundos, nas vizinhanças das áreas onde as várias espécies viviam e morriam, podem ter recebido os corpos que encalhavam aos montes em uma mesma depressão. Ali mesmo eram retrabalhados, se decompunham, desarticulavam e parte deles era levada. Esses canais foram posteriormente preenchidos por sedimentos, um processo muito comum no sistema fluvial de rios entrelaçados, que preservou partes dos diferentes esqueletos para sempre.

Trabalho científico

Campos, D.A.; Kellner, A.W.A.; Bertini, R.J.; Santucci, R.M. 2005. On a titanosaurid (Dinosauria, Sauropoda) vertebral column from the Bauru Group, Late Cretaceous of Brazil. *Arquivos do Museu Nacional*, 63(3):565-593.

Significado do nome	*Trigono*, do grego *trigónos*, "triângulo", em referência à região do Triângulo Mineiro, em Minas Gerais, onde o material foi encontrado; e *pricei*, uma homenagem ao paleontólogo Llewellyn Ivor Price.
Quando e onde foi encontrado	Entre os anos de 1947 e 1949, pelo paleontólogo Llewellyn Ivor Price, no distrito de Peirópolis, Uberaba, Minas Gerais.
Bacia sedimentar, formação geológica e idade	Bacia Bauru, Formação Marília, entre 70 e 65,5 milhões de anos.
Comprimento	9,5 metros.
Onde está o esqueleto	Museu de Ciências da Terra do Departamento Nacional de Produção Mineral, Rio de Janeiro.

CERATOSSAURO NOASSAURÍDEO

Esse dinossauro é conhecido apenas por um fêmur incompleto, mas exibe sinais de parentesco com os noassaurídeos, linhagem que reúne primos famosos como o argentino *Velocisaurus* e o madagascarense *Masiakasaurus*. Estes últimos possuíam dentes curvos e afiados, protraídos na extremidade curvada da mandíbula, possivelmente aparentes na ponta do focinho, úteis para capturar peixes ou escaranfuchar troncos de árvore em busca de insetos e suas larvas.

Os animais insetívoros talvez se alimentassem de besouros rola-bosta, um grupo de coleópteros que adotou a coprofagia no início do Cretáceo, 70 milhões de anos antes do tempo de formação das rochas da Formação Marília onde o fêmur foi encontrado, e cuja evolução aconteceu na mesma época do aparecimento das plantas com flores, na transição dos períodos Jurássico e Cretáceo, cerca de 145 milhões de anos atrás. Esses insetos construíam ninhos em pequenas câmaras, onde guardavam bolotas feitas com excrementos de animais herbívoros, provavelmente dos dinossauros. No interior de cada bolota, havia um ovo do qual eclodia uma larva que faria do excremento sua única refeição até a vida adulta.

Câmaras atribuídas a esses besouros já foram encontradas em rochas pouco mais antigas da Formação Adamantina, logo abaixo da Formação Marília onde estavam os restos do noassaurídeo. Os besouros deveriam ser abundantes também na Formação Marília, mas o que parecia uma simples refeição podia esconder uma grande tragédia.

Rochas ainda mais antigas da Bélgica guardaram fósseis dos excrementos do dinossauro *Iguanodon*, dentro dos quais paleontólogos encontraram, fossilizados, cistos de amebas intestinais, ovos de tremátodes, pasasitas do fígado e intestino, e de nemátodes ascarídeos. Do excremento para as larvas, das larvas para a vida de um besouro adulto, e deste para os dinossauros: o mundo já estava infestado de parasitas, e os dinossauros seguramente estavam entre suas principais vítimas. Eram as versões mesozoicas das terríveis pandemias globais.

Trabalhos científicos

Carvalho I. S.; Gracioso, D. E.; Fernandes, A. C. S. 2009. Uma câmara de coleóptero (Coprinisphaera) do Cretáceo Superior, Bacia Bauru. *Revista Brasileira de Geociências,* 39(4):679-684.

Martinelli, A. G.; Marinho, T. S.; Egli, F. B.; Hechenleitner, E. M.; Iori, F. V.; Veiga, F. H.; Basilici, G.; Soares, M. V. T.; Marconato, A.; Ribeiro, L. C. B. 2019. Noasaurid theropod (Abelisauria) femur from the Upper Cretaceous Bauru Group in Triângulo Mineiro (Southeastern Brazil). *Cretaceous Research,* 104:104181.

Poinar, G.; Boucot, A. J. (2006). Evidence of intestinal parasites of dinosaurs. *Parasitology,* 133(02), 245.

Significado do nome	"Lagarto do noroeste da Argentina", onde o primeiro noassaurídeo, *Noasaurus*, foi encontrado.
Quando e onde foi encontrado	A data é desconhecida, no sítio paleontológico da Fazenda Seis Irmãos Grotas, Campina Verde, Minas Gerais.
Bacia sedimentar, formação geológica e idade	Bacia Bauru, Formação Marília, período Cretáceo Superior, 70 milhões de anos.
Comprimento	2 metros.
Onde está o esqueleto	Centro de Pesquisas Paleontológicas Llewellyn Ivor Price, distrito de Peirópolis, Uberaba, Minas Gerais.

KURUPI ITAATA – PANDEMIA?

A razão da morte do *Kurupi* é desconhecida. Seus ossos não mostram marcas de dentes, resultantes de lutas com outros dinossauros ou de investidas de carniceiros que o tenham encontrado ainda moribundo. Não existem marcas de infeções ósseas que possam ter causado sua morte. No entanto, algumas fissuras mostram que o esqueleto permaneceu por algum tempo exposto às intempéries. A falta de desgaste das extremidades ósseas e a mistura de partes grandes e pequenas encontradas é sinal de que seus ossos permaneceram próximos ao local onde morreu, até ser recoberto para sempre.

Já dentro do sedimento, assim como uma esponja que absorve a água em seus milhares de poros, uma solução aquosa rica em carbonato de cálcio preencheu cada poro de seus ossos, permineralizando-os para sempre. Por milhões de anos, a atividade geológica levou seu esqueleto para dentro da crosta, enquanto milhares de toneladas de sedimentos o esmagavam. Mais alguns milhões de anos e a atividade geológica inversa o trouxe de volta à superfície, expondo seus restos à erosão. Passados 70 milhões de anos após sua morte, paleontólogos brasileiros o encontraram

O *Kurupi* foi um monstro de 5 metros de comprimento. Musculoso, leve, rápido, ágil, esperto e equipado com quase cem dentes pontiagudos, curvos e serrilhados, exceto para predadores muito maiores, era um animal praticamente invulnerável. Por isso, é difícil saber o que o matou. O mundo era terrivelmente tropical na sua época, com médias globais de temperatura muito superiores à atual. Doenças, pragas, pandemias e pestes propagadas por um exército de artrópodes levavam a maioria dos animais à exaustão, fome e desespero, antes que morressem. Sem marcas nos ossos, pode ter tido uma morte rápida, causada por alguma doença, antes que o corpo sadio e jovem tivesse tempo de lutar contra alguma virose que destruiu seus pulmões, antes que se tornasse presa fácil de outros predadores. Pandemia também é coisa da pré-história!

O *Kurupi* é o primeiro terópodo oficialmente descrito da Formação Marília, o que mostra que a vida na região não era fácil para populações numerosas ou mesmo para a diversidade de dinossauros.

Trabalho científico

Iori, F. V.; de Araújo-Júnior, H. I.; Simionato Tavares, S. A.; da Silva Marinho, T.; Martinelli, A. G. 2021. New theropod dinosaur from the late Cretaceous of Brazil improves abelisaurid diversity. *Journal of South American Earth Sciences*, 103551.

Significado do nome	*Kurupi*, em referência ao deus da fertilidade na mitologia guarani; *itaata*, do tupi *ita*, "pedra", e *atã*, "mais duro", em alusão às rochas bastante duras da região de Monte Alto.
Quando e onde foi encontrado	Em 2002 e retirado da rocha em trabalhos de campo realizados em 2009 e 2014, no sítio paleontológico dos Gaviões, serra do Jaboticabal, Monte Alto, São Paulo.
Bacia sedimentar, formação geológica e idade	Bacia Bauru, Membro Echaporã da Formação Marília, final do período Cretáceo, entre 70 e 65,5 milhões de anos.
Comprimento	5 metros.
Onde está o esqueleto	Museu de Paleontologia Professor Antônio Celso de Arruda Campos, Monte Alto, São Paulo.

AUSTROPOSEIDON MAGNIFICUS – DINOSSAUROS E O EFEITO ESTUFA GLOBAL

O *Austroposeidon* é conhecido por poucos elementos da sua coluna vertebral: as duas últimas vértebras cervicais, a primeira dorsal e fragmentos de outras sete vertebras dorsais e uma sacral. Foram o suficiente para estimar seu comprimento em 25 metros. Um gigante... e dinossauros gigantes existiram pelo mundo aos milhões e ao longo de milhões de anos durante o Jurássico e o Cretáceo.

Como os grandes animais herbívoros atuais, domésticos e selvagens – bois, ovelhas, cabras, cavalos, além de gnus, búfalos e bisões –, dinossauros saurópodos faziam a digestão das centenas de quilos de vegetais diários com a ajuda de bactérias metanogênicas. Para essas bactérias, o aceptor final de elétrons durante a respiração/fermentação não é o oxigênio, mas o carbono. A metanogênese tem como produto da digestão das longas cadeias de carboidratos o metano, um gás de efeito estufa trinta vezes mais potente na retenção e irradiação do calor que o gás carbônico.

Levando em conta o metabolismo dos grandes saurópodos, as estimativas da quantidade de animais por quilômetro quadrado, o clima e a produção primária continental nos períodos Jurássico e Cretáceo, e comparando os mesmos dados com grandes mamíferos herbívoros atuais, os cientistas puderam estimar a quantidade de metano produzida pelos dinossauros.

Durante o Cretáceo, um mundo sem calotas polares, mais úmido e quente, a área continental vegetada capaz de suportar grandes herbívoros era muito maior que a atual. Além disso, a maior quantidade de gás carbônico favorecia a produção vegetal e, diferentemente dos herbívoros atuais, que estão restritos ao chão para conseguir seu alimento, os grandes saurópodos tinham acesso à folhagem à disposição metros acima do chão.

A moral da história é a seguinte: atualmente, a quantidade de metano expelida pelo gado chega a quase 100 milhões de toneladas anuais. Para os saurópodos, a quantidade estimada de metano produzida em uma área global vegetada de 75 milhões de quilômetros quadrados – metade da área somada de todos os continentes –, com cerca de dez indivíduos por quilômetro quadrado, cada um deles com massa equivalente a 25 bois, chegava a 520 milhões de toneladas anuais.

As emissões naturais naquele mundo quente e úmido, provenientes de campos de gás natural, áreas pantanosas e incêndios, facilmente passariam das causadas pela atividade humana atualmente, perto de 600 milhões de toneladas anuais.

Os saurópodos podem não ter sido os únicos responsáveis pelo superefeito estufa que prevaleceu durante praticamente todo o Cretáceo, mas seguramente deram a sua contribuição, se não pela pujante flatulência, por uma sonora eructação.

Trabalho científico

Bandeira, K. L. N.; Medeiros S. F.; Machado, E. B.; de Almeida Campos, D.; Oliveira, G. R.; Kellner, A. W. A. 2016. A new giant Titanosauria (Dinosauria: Sauropoda) from the Late Cretaceous Bauru Group, Brazil. *PLOS ONE,* 11 (10): e0163373.

Significado do nome	*Austroposeidon* significa "deus do terremoto do sul"; *magnificus* é uma referência ao seu grande tamanho.
Quando e onde foi encontrado	Em 1953, na cidade de Presidente Prudente, na margem da rodovia estadual Raposo Tavares, São Paulo.
Bacia sedimentar, formação geológica e idade	Bacia do Paraná, Formação Presidente Prudente, período Cretáceo Superior, 70 milhões de anos.
Comprimento	26 metros.
Onde está o esqueleto	Museu Nacional, Rio de Janeiro.

TITANOSSAURÍDEOS DA BACIA BAURU

Dinossauros titanossaurídeos compõem a maior parte dos restos de dinossauros já encontrados nas rochas da bacia Bauru. No entanto, grande parte deles está representada apenas por esqueletos parciais, e alguns por uma pequena quantidade de fragmentos. Nenhum crânio completo ou mesmo parcial foi encontrado, mas apenas pequenos fragmentos e alguns dentes. Por isso a determinação das espécies nem sempre é precisa, e é possível que esqueletos descritos como de espécies distintas representem, na verdade, partes de uma mesma espécie ou de uma espécie já descrita.

Contrariamente à bacia do Araripe, onde os dinossauros estão registrados apenas por esqueletos de terópodos, a bacia Bauru é rica em fósseis de titanossaurídeos.

Como vimos, as formações Crato e Romualdo, na bacia do Araripe, preservaram apenas esqueletos de dinossauros terópodos. Diferentemente do Araripe, o ambiente de deposição predominante na bacia Bauru durante o Cretáceo era formado em sua maior parte por uma rede de rios entrelaçados com canais que recebiam mais sedimentos do que eram capazes de transportar. Na temporada das chuvas, as águas evitavam os canais já assoreados do ano anterior e abriam outros, retrabalhando esqueletos abandonados no seu caminho. Nesse ambiente, esqueletos mais frágeis de terópodos tinham menos chances de conservação do que os grandes ossos dos titanossaurídeos. Assim, dentes, muito numerosos e de estrutura mais resistente, são os restos de terópodos mais comuns nessas rochas. As condições de preservação em ambas as bacias, portanto, foram inversas: a bacia Bauru favoreceu a preservação de esqueletos dos imensos herbívoros, ao passo que a do Araripe beneficiou a dos terópodos, de esqueletos mais delicados.

Outro argumento para a escassez de terópodos é que não eram os únicos predadores que competiam por presas na região da bacia. Crocodilos terrestres como *Stratiotosuchus maxhechti*, *Montealtosuchus arrudacamposi*, *Caipirasuchus montealtensis*, *Caipirasuchus paulistanus*, *Morrinhosuchus luzie* e *Barreirosuchus franciscoi*, infestavam a região. A vida lá não era fácil nem para dinossauro!

Por outro lado, os titanossaurídeos possuíam ossos imensos, os maiores e mais robustos conhecidos no mundo dos dinossauros. Fragmentos de um fêmur esquerdo do *Antarctosaurus brasiliensis*, por exemplo, teve seu comprimento total estimado em 1,55 metro. Em um ambiente sujeito a correntes, após a morte e a decomposição dos tecidos de conexão de um animal desse porte, o esqueleto seria parcialmente desarticulado por dinossauros carniceiros e pelo pisoteio da manada. Porém, transportá-lo por longas distâncias, até que fosse completamente destruído, é algo inimaginável. Apenas as partes esqueléticas mais leves eram levadas e destruídas. Os crânios rolavam e eram desfeitos, os dentes espalhados, e as vértebras menores rolavam até desaparecer.

Os ambientes sedimentares determinam o que será e o que não será preservado. Variações da composição da fauna e do ambiente sedimentar privilegiarão a preservação de determinados grupos ou partes dos animais. Parece que os imensos titanossaurídeos não viveram na bacia do Araripe, mas é mais fácil acreditar que não ficaram preservados porque suas carcaças enormes não flutuavam até as áreas mais fundas da laguna. Da mesma forma, parece que os dinossauros terópodos foram muito raros no tempo da bacia Bauru, o que pode não corresponder à realidade. Ossos ocos, mais frágeis, não resistiam à fúria das tempestades anuais, sem contar a fome de crocodilos e o pisoteio de gigantes.

THANOS SIMONATTOI – UM VILÃO DO CRETÁCEO

O *Thanos* é conhecido apenas por uma vértebra do pescoço. É um terópodo abelissaurídeo, a linhagem dos mais temidos predadores do Cretáceo. Fragmentos de ossos e dentes desses animais são muito comuns em rochas do Cretáceo de várias regiões do Brasil. Não há região onde não caçaram na América do Sul.

O que chama a atenção nesses animais é a radical redução dos seus braços, que se tornaram praticamente rudimentares. Embora esses membros ainda não tenham sido encontrados, sabemos da sua redução por causa do parentesco com outros abelissaurídeos. É assim que imaginamos toda a sua aparência, embora só conheçamos uma vértebra. Pura inferência filogenética!

Mas a pergunta de sempre é: será que seus braços que ainda eram funcionais?

Um dinossauro famoso pela redução dos braços é o *Tyrannosaurus rex*. Embora minúsculos, eram funcionais, capazes de agarrar, dilacerar e carregar até 200 quilos de carne. Nesses animais, a redução dos braços e a consequente diminuição do peso na região anterior do corpo permitiram à cabeça crescer, ficar mais robusta e perigosa. Nos abelissaurídeos, a cabeça não cresceu. Vai entender!

Nas mãos, os metatarsos – ossos que formam as palmas e ligam os dedos aos ossos dos braços – desapareceram, deixando os dedos ligados diretamente ao rádio e à ulna. Esses braços ridiculamente pequenos parecem mais uma piada evolutiva, porque até hoje os paleontólogos discutem quais seriam as forçantes evolutivas que levaram a essa redução radical.

Uma delas é que os braços eram funcionais e relativamente maiores quando o animal era pequeno. Ele os usava para agarrar presas que serviam de alimento somente quando ainda era jovem. Mas os braços não acompanhavam o crescimento e acabavam perdendo a utilidade. Já adultos, mais rápidos e vigorosos, caçavam usando habilmente a cabeça, o pescoço e as patas. Quando filhotes bem preservados forem encontrados, saberemos a verdade.

Trabalho científico

Delcourt, R.; Iori, F. V. 2018. A new Abelisauridae (Dinosauria: Theropoda) from São José do Rio Preto Formation, Upper Cretaceous of Brazil and comments on the Bauru Group fauna. *Historical Biology,* 1-8.

Significado do nome	*Thanos* significa "morte", mas também é uma homenagem ao supervilão Thanos das histórias em quadrinhos; *simonattoi,* um preito a Sérgio Simonato, que foi quem descobriu o fóssil.
Quando e onde foi encontrado	Em 2014, entre as cidades de Ibirá e Uchoa, no noroeste do Estado de São Paulo.
Bacia sedimentar, formação geológica e idade	Bacia Bauru, Formação São José do Rio Preto, final do período Cretáceo, 70 milhões de anos.
Comprimento	5,5 metros.
Onde está o esqueleto	Museu de Paleontologia de Monte Alto, São Paulo.

IBIRANIA PARVA – MINIATURA DE UM GIGANTE

Ibirania foi um dinossauro nanico, provavelmente porque o ambiente onde vivia não suportava grandes animais devido, sobretudo, à falta de água e alimento. Diversas evidências encontradas nos ossos do *Ibirania* mostram que ele não era pequeno porque ainda era jovem, mas um adulto que havia anos antes de morrer tinha parado de crescer.

Diferente do nanismo em humanos, uma condição médica ligada a mutações genéticas que resultam no crescimento assimétrico dos membros em relação ao restante do corpo, o tamanho reduzido do *Ibirania* foi resultado de um processo evolutivo que atuou em várias linhagens. Seus primos argentinos *Rocasaurus muniozi* e *Bonatitan reigi* também eram nanicos, e todos os indivíduos das populações tinham corpo e membros proporcionais. Eram miniaturas viáveis, a maneira que a evolução encontrou para preservar a vida nos ecossistemas que ocupavam.

Restos de outros saurópodos nanicos foram encontrados associados a sedimentos marinhos, o que mostra que tiveram o tamanho reduzido como uma estratégia evolutiva para a vida isolados em ilhas. Sinais observados nas rochas onde os ossos do *Ibirania* foram encontrados, mostram que a aridez e a consequente escassez de água e alimento é que ofereceram à sua linhagem nanica a oportunidade de sobreviver.

Significado do nome	*Ibirania parva* significa "pequeno andarilho do bosque".
Quando e onde foi encontrado	Em 2005, pela equipe do paleontólogo Marcelo Adorna Fernandes, no sítio dos irmãos Garcia, Ibirá, São Paulo.
Bacia sedimentar, formação geológica e idade	Rochas da bacia Bauru, Formação São José do Rio Preto, 85 milhões de anos.
Comprimento	Entre 6 e 7 metros.
Onde está o esqueleto	Laboratório de Paleoecologia e Paleoicnologia (LPP) do Departamento de Ecologia e Biologia Evolutiva, Universidade Federal de São Carlos (UFSCar), São Carlos, São Paulo.

Trabalho científico

Navarro B. A.; Ghilardi, A. M.; Aureliano, T.; Díez Díaz, V.; Bandeira, K. L. N.; Cattaruzzi, A. G. S.; Iori, F. V., Martine, A. M.; Carvalho, A. B.; Anelli, L. E.; Fernandes, M. A.; Zaher, H., 2022. A new nanoid titanosaur (Dinosauria: Sauropoda) from the Upper Cretaceous of Brazil. Ameghiniana 59(5), 317-354.

A BACIA POTIGUAR

A bacia Potiguar entrou recentemente para a lista de bacias brasileiras com fósseis de dinossauros. Spinossaurídeos, megarraptores, carcarodontossaurídeos, titanossauros e diplodocídeos foram reconhecidos nas rochas da Formação Açu, uma promessa de que novas espécies de dinossauros brasileiros logo serão conhecidas. Embora a maior parte da bacia se situe no Rio Grande do Norte, os fósseis de dinossauros foram encontrados em uma pequena faixa de rochas do nordeste do Ceará.

As rochas da Formação Açu são compostas de arenitos depositados cerca de 120 milhões de anos atrás em uma região deltaica formada provavelmente nas grandes depressões da crosta, que logo se expandiriam para separar a região da margem africana. Além de fósseis de dinossauros, esses arenitos guardam muito petróleo e água subterrânea.

Os fósseis muito fragmentados não mostram aos paleontólogos quais espécies viviam ali, mas dada a proximidade com a África algum trânsito haveria entre as duas regiões. Quem sabe, os paleontólogos logo encontrarão na Formação Açu as tão esperadas espécies que viviam de um lado e do outro de terras sul-americanas e africanas ainda sem fronteiras.

Trabalhos científicos

Barbosa, F. H. de S.; Ribeiro, I. C.; Pereira, P. V. L. G. C.; Bergqvist, L. P. 2018. Vertebral lesions in a titanosaurian dinosaur from the Early-Late Cretaceous of Brazil. *Geobios*, 51, 385-389.

Pereira, P. V. L. G. C.; Marinho, T. S.; Candeiro, C. R. A.; Bergqvist, L. P. 2018. A new titanosaurian (Sauropoda, Dinosauria) osteoderm from the Cretaceous of Brazil and its significance. *Ameghiniana*, 55 (6):644-650.

Pereira, P. V. L. G. C.; Ribeiro, T. B.; Brusatte, S. L.; Candeiro, C. R. A.; Marinho, T. S.; Bergqvist, L. P. 2020. Theropod (Dinosauria) diversity from the Açu Formation (mid-Cretaceous), Potiguar Basin, Northeast Brazil. *Cretaceous Research*, 114, 104517.

Pereira, P. V. L. G. C.; Veiga, I. M. M. G.; Ribeiro, T. B.; Cardozo, R. H. B.; Candeiro, C. R. dos A.; Bergqvist, L. P. 2020. The path of giants: a new occurrence of Rebbachisauridae (Dinosauria, Diplodocoidea) in the Açu formation, NE Brazil, and its paleobiogeographic implications. *Journal of South American Earth Sciences*, 100, 102515.

DINOSSAUROS BRASILEIROS

Esses são os 54 dinossauros brasileiros. Eles certamente existiram em muito maior número por aqui, mas como vimos a história geológica nem sempre está sendo escrita, pois as bacias sedimentares podem ficar estagnadas por dezenas de milhões de anos. Basta considerarmos os 60 milhões de anos do tempo Jurássico que não deixou muito registro no Brasil, onde apenas três espécies são conhecidas. Outras rochas com restos de dinossauros podem ter sido apagadas pela erosão ao longo de milhões de anos antes do nosso tempo. Jamais saberemos quantos esqueletos se desfizeram para se tornarem sedimentos em outras bacias. Ou pode ser que ainda estejam por aqui, em rochas muito bem guardadas a centenas de metros ou até quilômetros de profundidade. Sabemos disso porque muitos poços abertos com finalidades geológicas por vezes trazem para a superfície restos com pedaços de ossos. Porém, muito pequenos e raros, não nos dizem muito além de tratar-se de algum vertebrado que pode, ou não, ser um dinossauro. Os paleontólogos do futuro é que os descobrirão, caso daqui a alguns milhões de anos essas rochas sejam novamente trazidas à superfície pela geologia.

Veja no mapa abaixo as principais ocorrências de esqueletos pelo Brasil mencionadas neste capítulo, coloridos conforme suas diferentes idades: Triássico, Jurássico, Cretáceo Inferior e Cretáceo Superior.

As manchas sobre o mapa do Brasil representam as rochas de idade mesozoica aparentes na superfície. Embora os dinossauros tenham pisado em cada centímetro do território brasileiro ao longo de 170 milhões de anos, esqueletos de dinossauros só serão encontrados onde bacias sedimentares guardaram o registro. Além disso, muitas camadas contendo fósseis podem ter sido apagadas pela erosão, ou ainda permanecem submersas centenas de metros abaixo da superfície, o que significa que jamais as encontraremos no tempo presente.

324

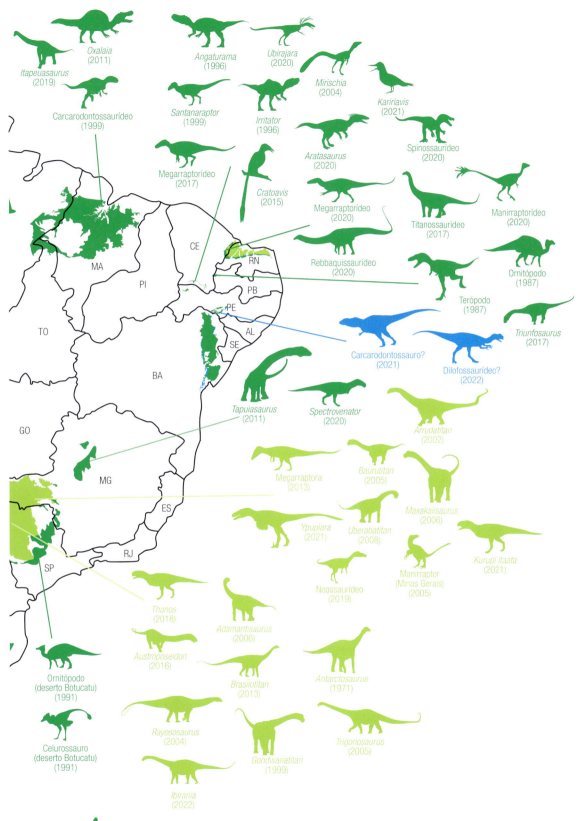

Uma indígena usa os dedos para desenhar uma das mais famosas artes rupestres entre as milhares conhecidas no Parque Nacional da Serra da Capivara. Na pequena cena, duas figuras humanas parecem se beijar. Doze mil anos

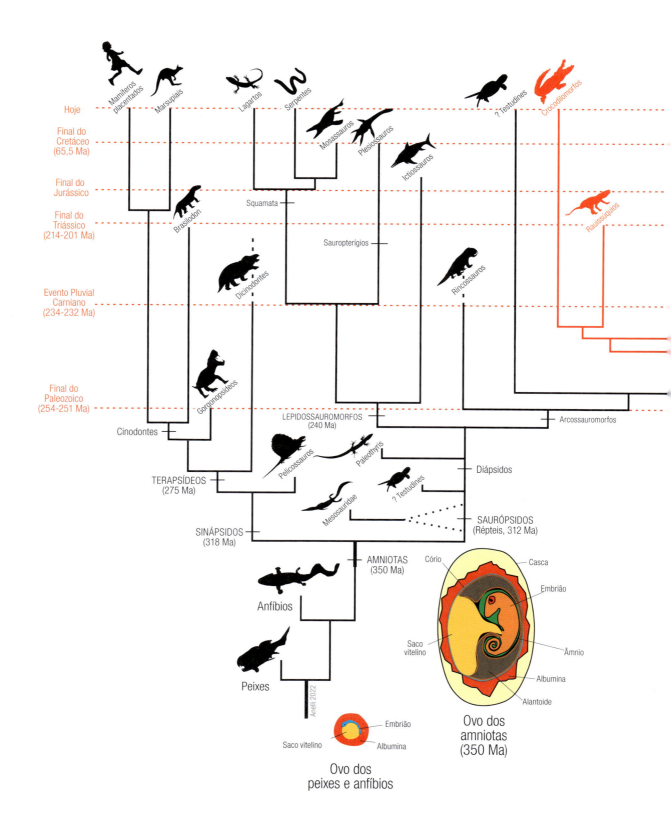

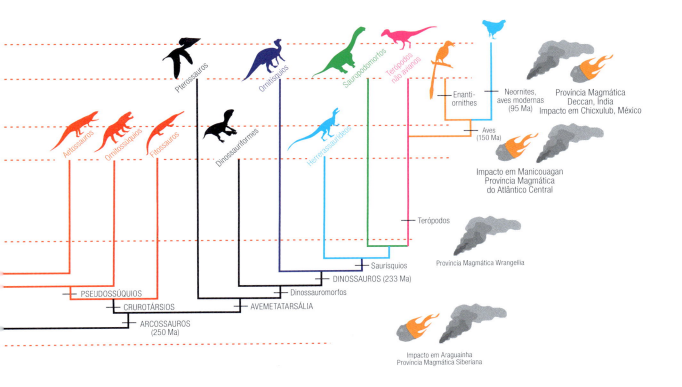

6

OS DINOSSAUROS E AS GRANDES EXTINÇÕES

Desde sua origem, a vida não deixou de multiplicar as espécies. As mudanças ocorridas na disposição dos continentes, na química dos oceanos, na composição da atmosfera e no clima, bem como na própria biologia, sempre aguçaram a sua criatividade, levando-a a multiplicar admiravelmente sua diversidade. Foram essas mesmas mudanças que, ocorridas de maneira abrupta, levaram milhões de espécies à extinção. E não pense que você existiria se essas grandes matanças não tivessem acontecido. Elas também foram vitais para o aumento da complexidade que nos trouxe, bem como todos os outros grupos de vertebrados, para a modernidade das biotas atuais.

Centenas de registros dessas extinções, de maior ou menor magnitude, estão registradas nas rochas, e são muito evidentes por todo o éon Fanerozoico que se seguiu ao aparecimento explosivo de fósseis em rochas do período Cambriano. Na maioria dos casos, as razões estiveram ligadas às variações ambientais naturais intensificadas pela atividade geológica ou por fenômenos cósmicos. De fato, as mesmas forças geológicas que provocam a destruição da vida é que permitiram a ela existir e prosperar na superfície. Assim como é impossível imaginar a evolução permanente da vida complexa em planetas ou satélites sem atividade geológica, como é o caso dos nossos vizinhos rochosos no Sistema Solar, é impensável a surpreendente diversidade que podemos observar no registro geológico sem os eventos abruptos de extinção. O constante movimento dos continentes, as variações graduais da composição dos gases atmosféricos e da circulação dos oceanos sempre estimularam o lento e gradual processo evolutivo. No caso de extinções causadas por interferências extraterrestres, como o impacto de asteroides ou cometas, ou pelo bombardeio de radiação durante a explosão de supernovas próximas ao Sistema Solar, a vida se manifestava em seguida, em vigorosos pulsos de diversidade.

Enquanto muitos fenômenos de menor escala e menos intensos ocorreram em pequenas regiões da Terra, dizimando regionalmente grupos particulares de animais e plantas, pelo menos cinco grandes extinções aconteceram em escala global, eliminando faunas e floras dos continentes e oceanos de todo o mundo. Esses episódios são chamados de "extinções em massa". Três delas, muito fortes, de 251, 200 e 65,5 milhões de anos atrás, e uma menos intensa, há 233 milhões de anos, interferiram em quatro principais momentos da história dos dinossauros: nascimento, radiação inicial, domínio e extinção.

A primeira, a maior de todas as extinções, ocorreu há 251 milhões de anos, no final do Permiano, e encerrou a era Paleozoica. Nesse tempo, pereceram 95% das espécies marinhas e 85% das espécies de vertebrados terrestres. Vinte milhões de anos depois, um fenômeno de supermonções provocado pelo excesso de gás carbônico (CO_2) na atmosfera, se por um lado levou à extinção de grupos de terapsídeos e rincossauros, por outro, abriu uma janela para a diversificação dos primeiros dinossauros. Outros dois acontecimentos, ocorridos há 212 e 200 milhões de anos, no final do Triássico, e no final da era Mesozoica, há 65,5 milhões de anos, nos contam por que as grandes extinções determinaram a expansão e, por fim, o desaparecimento quase completo de todas as linhagens que restavam dos incríveis dinossauros.

IMPACTOS, VULCANISMOS E OS DINOSSAUROS: RECEITA PARA UM APOCALIPSE

A CRATERA DE ARAGUAINHA E O VULCANISMO SIBERIANO

Localizada no sul do Estado do Mato Grosso, colada à fronteira com Goiás, está a maior cratera de impacto da América do Sul, a Cratera de Araguainha. Com 40 quilômetros de diâmetro, teve sua idade geológica recentemente determinada em 254,7 milhões de anos, com erro estimado de 2,5 milhões para cima ou para baixo. Subtraindo o erro, a idade do impacto sobrepõe o período dos acontecimentos que desencadearam a crise do final da era Paleozoica, o que dá ao asteroide de Araguainha o *status* de protagonista da maior extinção que a vida complexa já experimentou.

A força do impacto escavou 2 quilômetros dos sedimentos do fundo do mar Corumbataí que cobria a região naquele tempo e expôs na parte central da cratera uma área de 5 quilômetros de diâmetro das rochas cristalinas que compunham o embasamento da bacia do Paraná. No entanto, a energia liberada pela explosão, estimada por cientistas da Universidade Federal de Ouro Preto e da Universidade de São Paulo, foi de 3×10^6 Mt (Mt, símbolo de megaton = 1 milhão de toneladas) de TNT, isto é, 106 bilhões de toneladas de TNT, insuficientes para provocar o assim chamado "inverno nuclear" global, como o desencadeado pelo asteroide de 10 quilômetros que atingiu a península de Iucatã, no México, no final da era Mesozoica. Para esse impacto, as estimativas chegam a 100 trilhões de toneladas de TNT.

Porém, desde sua origem, a vida energizou a superfície com a produção de matéria orgânica quase exclusivamente através da fotossíntese. Embora a explosão não tenha alcançado a força necessária para o rompimento do equilíbrio global, os terremotos desencadeados pelo impacto fizeram sua parte. As ondas sísmicas fenderam até 2 quilômetros de profundidade as rochas sedimentares acumuladas abaixo dos sedimentos lamacentos de um mar confinado que cobria a região e seu impacto foi sentido a até 2 mil quilômetros de distância. A energia necessária para elevar a força da catástrofe estava nas rochas, armazenada na subsuperfície do 1,6 milhão de quilômetros quadrados da bacia do Paraná: 1.600 bilhão de toneladas de metano, o supergás do efeito estufa.

Gases de efeito estufa como o metano e o gás carbônico ajudam a aumentar a temperatura da superfície terrestre graças à sua eficiência radiativa, isto é, sua capacidade de absorver e aprisionar o calor e, claro, pelo tempo em que permanecem na atmosfera. Sua presença retarda a velocidade com que o calor retorna ao espaço, elevando a temperatura do ar próximo à superfície. O problema é que a eficiência na retenção de calor do metano é cerca de trinta vezes maior que a do gás carbônico. Seu acúmulo exagerado na atmosfera foi fatal para os ecossistemas terrestres e marinhos devido às alterações causadas no clima pela elevação abrupta da temperatura.

No tempo do impacto em Araguainha, um mar continental ocupava o que hoje representa boa parte das regiões Sul, Sudeste e Centro-Oeste do Brasil. Suas águas e a lama quase estéreis que cobria o seu fundo repousavam sobre rochas ainda inconsolidadas, formadas a partir de sedimentos de um imenso pantanal de águas salgadas anóxicas que tinha existido na região fazia 20 milhões de anos. Suas rochas hoje representam as formações Corumbataí (o mar acima) e Irati (o pantanal abaixo), das quais os paleontólogos já retiraram milhares de fósseis de idade permiana. No pantanal Irati, a vida proliferou nas águas superficiais iluminadas, deixando ao longo de milênios espessas camadas de sedimentos ricos em matéria orgânica. Alguns milhões de anos mais tarde, esses sedimentos deram origem a bilhões de toneladas de óleo e gases que ainda hoje são extraídos pela indústria petroleira de rochas expostas na superfície na cidade de São Mateus do Sul, no Estado do Paraná. Era um grande reservatório de hidrocarbonetos pronto para explodir.

E explodiu. Com a força do impacto, terremotos amplificados pela proximidade das rochas cristalinas atingidas chegaram a magnitudes entre 9,3 e 10,5, desestruturando os sedimentos localizados quilômetros abaixo da superfície, o que provocou a evasão de imensa quantidade de metano. Não havia nas futuras terras brasileiras do final do Permiano um lugar pior para aquele asteroide cair. Mas não foi só isso. Inodoro e incolor, o metano passou a reter o calor na atmosfera, como as ondas que nos surpreendem ao ferver misteriosamente qualquer coisa no interior de um micro-ondas.

Cerca de 15 mil quilômetros de distância do local do impacto, no nordeste do Pangea, hoje norte da Sibéria, uma grande quantidade de canais ocupando uma área do tamanho do Brasil trazia até a superfície bilhões de toneladas de rocha fundida. O magma, a uma temperatura de 1.200 °C, atravessava os vários quilômetros de crosta erodindo termicamente as espessas camadas de carvão acumuladas 100 milhões de anos antes nas florestas pantanosas que cobriram a região durante o Carbonífero. A mistura de magma e carvão chegava incandescente à superfície, trazendo centenas de bilhões de toneladas de gases como o sulfídrico (H_2S), óxido nitroso (N_2O), carbônico (CO_2) e metano (CH_4). Os derrames perduraram por um milhão de anos, cobriram uma área de 7 milhões de quilômetros quadrados e empilharam camadas de basalto de até 2 quilômetros de espessura.

Foi o fim da era Paleozoica, e de grande parte da fauna e da flora, incluindo grandes vertebrados predadores terapsídeos que dominavam os ecossistemas terrestres como os maiores e mais diversificados predadores. O mundo tornou-se um palco para a radiação dos arcossauros e desse novo ramo logo brotariam as primeiras linhagens de dinossauros.

A ORIGEM DOS ARCOSSAUROS E O VULCANISMO WRANGELLIANO

Desse tempo em diante, de pequenos répteis diápsidos sobreviventes nasceram os primeiros arcossauros. A vida arrasada pela poderosa extinção recuperou sua diversidade nos 20 milhões de anos seguintes, quando diversos grupos, especialmente os crurotársios, tiveram sucesso evolutivo com ao menos cinco linhagens, além de arcossauromorfos, como os rincossauros, e linhagens de terapsídeos sobreviventes. Foi então que uma nova crise biológica global, porém não tão intensa, foi provocada por um novo vulcanismo. As rochas da Província Magmática Wrangellia aparecem hoje no noroeste do Canadá e no Alasca. Esse episódio, conhecido como Evento Pluvial Carniano, afetou profundamente o clima global e, ao mesmo tempo que reduziu a diversidade de grupos triássicos, abriu a oportunidade para que os primeiros dinossauros expandissem sua diversidade. Nesse tempo, entre 235 e 233 milhões de anos atrás, de pequenos arcossauros dinossauromorfos evoluíram em terras hoje brasileiras os primeiros dinossauros, em linhagens como dos sauropodomorfos, herrerassaurídeos e, ainda em discussão acalorada entre diversos paleontólogos, os primeiros terópodos e ornitísquios.

O longo evento úmido ocorrido durante as erupções no noroeste do Pangea perdurou por cerca de dois milhões de anos e empurrou a umidade para o árido interior do supercontinente, terras hoje ocupadas pelo Rio Grande do Sul. A vegetação acompanhou a umidade e com ela vieram os dinossauromofos, os ancestrais dos dinossauros.

Desse tempo em diante, até o final do Triássico, cerca de 201 milhões de anos atrás, pequenos dinossauros faunívoros, onívoros, herbívoros e predadores compartilhavam os ecossistemas terrestres com grandes pseudossúquios. De fato, os dinossauros não competiam com eles, mas exploravam outros nichos, espaços ecológicos de pequenos animais bípedes faunívoros ou bípedes facultativos vegetarianos ou onívoros. Raros saurísquios, herrerassaurídeos e terópodos já eram caçadores pouco maiores e compartilhavam alguma sobreposição com os pseudossúquios.

O Triássico foi o tempo inicial dos dinossauros, quando a evolução criou as principais linhagens, com animais especializados e pequeninos investindo sua energia na ocupação de nichos, e não na competição com outros vertebrados. Era o Brasil dos dinossauros nascendo, uma das maiores riquezas da nossa pré-história e de todo o mundo, frutos da grande extinção que aniquilou os antigos ecossistemas do final da era Paleozoica, bem como da oportunidade climática provocada pelo fenômeno úmido disparado pela geologia.

A CRATERA DE MANICOUAGAN E O VULCANISMO DO ATLÂNTICO CENTRAL

Então, entre 20 e 30 milhões de anos mais tarde, no final do Triássico, em dois momentos distintos, a receita do apocalipse se repetiu. Os dinossauros já apresentavam considerada diversidade espalhados por todo o Pangea. Superanimais de crescimento rápido, sistema respiratório sofisticado, algum grau de homeotermia e cuidado parental, não encontraram barreiras geográficas ou climáticas que ousassem detê-los.

Cerca de 214 milhões de anos atrás, um asteroide de 5 quilômetros de diâmetro caiu no norte do Pangea, onde hoje se situa a província de Quebec, no Canadá, e abriu uma cratera de 100 quilômetros de diâmetro. Então, 201 milhões de anos atrás, o megavulcanismo que fazia milhões de anos prenunciava timidamente o fim do Pangea expeliu violentamente por suas fissuras inimagináveis quantidades de magma. Suas rochas hoje compõem a Província Magmática do Atlântico Central, acessíveis nas margens continentais dos fragmentos de continentes que antes compunham a parte central do Pangea: América do Norte, Europa, África e América do Sul, em uma área estimada de derrames uma vez e meia o tamanho do Brasil, cerca de 11 milhões de quilômetros quadrados.

Rauissúquios, aetossauros, ornitossúquios, fitossauros, dinossauriformes, dinossauromorfos e herrerassaurídeos não resistiram às mudanças climáticas e desapareceram. Entre os arcossauros, sobreviveram os dinossauros, pterossauros e crocodilos. Pequenos dinossauros sobreviventes adentraram o Jurássico e por 50 milhões de anos expandiram sua geografia, diversidade de formas, modos de vida e, claro, cresceram muito. Finalmente, pouco antes do final do período, aprenderam a voar, dando origem às primeiras aves.

Desde meados do Jurássico e pelos 80 milhões de anos do Cretáceo, o número de continentes cresceu, expandindo as extensões de áreas litorâneas, regiões úmidas e florestadas. Nesse tempo, a biologia também se multiplicou. Os mamíferos, embora tímidos e minúsculos, ganharam uma placenta e multiplicaram suas linhagens na escuridão das noites, sem que os dinossauros percebessem. As plantas com flores transformaram o mundo não apenas com cores, perfumes e frutos, mas com uma multidão de insetos. Estes, ao mesmo tempo que serviram de alimento para uma profusão de pequenos dinossauros insetívoros, os infectaram com parasitas microscópicos, causando a morte de milhões deles, a ponto de sua decadência ser percebida no registro geológico. Por volta de 100 milhões de anos atrás, parasitas como vírus, bactérias, protozoários, fungos, nemátodos e platelmintos já eram transmitidos por mosquitos, ácaros e carrapatos, provocando todo tipo de doenças entre os animais. Eram os menores organismos devastando os maiores animas terrestres. Pernilongos de 98 milhões de anos encontrados dentro de fragmentos de âmbar em Myanmar têm no abdômen plasmódios causadores da malária, doença antiga propagada ainda hoje pelos mesmos tipos de vetores.

A fascinação da ciência pelos dinossauros não se deve somente ao tamanho deles. A expansão do conhecimento da diversidade que desenvolveram nas diferentes linhagens excedeu os limites do que poderíamos imaginar. Há décadas, ano após ano, dezenas de novas espécies são descobertas em rochas de todo o mundo. Mais recentemente, ossos ainda envoltos por penas foram encontrados até mesmo dentro de fragmentos de âmbar. Hoje, sabemos como determinar suas cores, e as cores dos seus ovos, e elas nos contam como era o ambiente à sua volta. Espécies vegetarianas foram descobertas em linhagem de carnívoros. Espécies carnívoras foram descobertas em linhagem de vegetarianos. Dinossauros voadores com asas parecidas com as de morcegos, cavadores de tocas, aquáticos pescadores e, surpreendentemente, os voadores ainda são encontrados vivos e excedem em número de espécies e de indivíduos todos os outros grupos de vertebrados tetrápodos: são 400 bilhões deles voando e correndo por aí, em todos os cantos da Terra

Os dinossauros viveram em um mundo geologicamente enlouquecido, com pelo menos cinco extensos vulcanismos e três pavorosos impactos de asteroides, tempo em que de um supercontinente nasceram dois e desses, sete, e em que duas bacias oceânicas foram substituídas por cinco. Por isso, os dinossauros têm muitas histórias para contar. Eles são mais uma dádiva da evolução biológica, o mais sofisticado e extraordinário arranjo que a matéria conseguiu elaborar em toda a história do universo.

Mas, como toda história, essa também terminou, quase completamente, em um último apocalipse, mais uma vez provocado pela sórdida combinação de um grande vulcanismo com o impacto de um superasteroide.

A EXTINÇÃO DO FINAL DO CRETÁCEO

A extinção do final do Cretáceo ocorreu há 65,5 milhões de anos e encerrou a era Mesozoica. Estima-se que 85% das espécies pereceram. Todas as linhagens de vertebrados terrestres e aquáticos perderam boa parte de suas espécies. Os pterossauros, que já apresentavam declínio da diversidade desde o início do Jurássico, em virtude da competição entre pequenos animais voadores e as aves, sumiram do mapa. Os espetaculares e gigantescos répteis aquáticos, como os plesiossauros e mosassauros, bem como os enigmáticos amonoides, desapareceram para sempre. Nos continentes, todos os dinossauros que não eram capazes de voar, e os voadores dotados de dentes, encontraram seu fim. Somente as aves voadoras com bicos e papos sobreviveram.

Muitas hipóteses foram propostas para explicar as causas dessa extinção, entre as quais duas se destacam e são quase unânimes na atualidade: a primeira está relacionada a um extenso episódio vulcânico com duração de 1 milhão de anos, quando a Índia atravessava o oceano Índico a caminho da Ásia; a segunda, em decorrência dos efeitos do impacto de um enorme asteroide ou cometa em um mar tropical onde se situa hoje o golfo do México.

O VULCANISMO DECCAN

Esse vulcanismo ocorreu na Índia enquanto o continente cruzava o oceano de Tétis em direção à Ásia. Logo após descolar da Antártica e deixar Madagascar pelo caminho, sua crosta encontrou uma fonte de calor aflorante na superfície do assoalho oceânico. Com a calor, a crosta continental da Índia se fundiu, deixando que o magma chegasse à superfície e com ele os milhões de toneladas de gases de efeito estufa expelidos das rochas em razão da alta temperatura. Ainda hoje, na mesma região, está localizado o conjunto de arquipélagos de formação vulcânica de Mascarenhas. Uma de suas ilhas, a Reunião, abriga um dos vulcões mais ativos do mundo, o Piton de la Fournaise, conhecido como *le Volcan*.

Cercado de controvérsias sobre as idades das rochas magmáticas expelidas durante os derrames, se em pulso único ou em quatro temporadas milenares, com maior ou menor parte ocorrida antes ou depois do impacto, o fato é que a chegada do asteroide e os derrames ocorreram sincronicamente. De fato, o vulcanismo já estava em andamento 250 mil anos antes do impacto no golfo do México. No entanto, a energia produzida pelos terremotos decorrentes da colisão se dispersou pelas camadas superiores do manto até 200 quilômetros de profundidade e impulsionou a força do vulcanismo por mais 750 mil anos. Enquanto o magma atravessava a crosta continental que continha camadas de rochas carbonáticas e folhelhos ricos em matéria orgânica, a quantidade de gases trazida à superfície destruiu o já comprometido equilíbrio dos gases atmosféricos. Em seguida, a estrutura dos vários ecossistemas começou a se desfazer. O registro paleontológico mostra considerável decadência da diversidade dos dinossauros já há milhares de anos antes do impacto.

Os ecossistemas já sofriam com o a mudança da química da atmosfera e do clima, quando algo inesperado, e ainda mais grave, aconteceu.

O IMPACTO NA PENÍNSULA DE IUCATÃ – GOLFO DO MÉXICO

A hipótese da extinção que envolve o impacto de um asteroide é a que tem maior número de evidências. Essa ideia é hoje sustentada pelos paleontólogos e geólogos como a causa principal da extinção e, por se tratar de um fenômeno espetacular e pelo fato de envolver o "fim" dos mais queridos animais pré-históricos, ganhou maior popularidade. As rochas que marcam o limite da extinção têm idade de 65,5 milhões de anos, entre os períodos Cretáceo e Paleógeno (Mesozoico-Cenozoico), e são as mais estudadas pela geologia em todo o mundo, desde a descoberta, em 1980, das possíveis razões da extinção.

Com velocidade orbital de até 20 quilômetros por segundo, esse asteroide atravessou a atmosfera em poucos segundos. Como um tiro disparado na areia, penetrou a crosta entre 30 e 40 quilômetros de profundidade e, com o rebote das rochas, um Everest se levantou no centro da cratera. A colisão desencadeou uma série de mudanças instantâneas que afetou ecossistemas de um polo a outro, com ondas de radiação térmica liberadas diretamente do impacto, terremotos de magnitude 12, tsunâmis de até 100 metros de altura e ejeção radial de material de rocha incandescente a milhares de quilômetros de distância, incluindo a órbita terrestre.

A magnitude do impacto foi tão grande, que fragmentos de rocha serão um dia encontrados na superfície lunar e até mesmo em Marte. Pelas mesmas razões, fragmentos desses corpos celestes chegaram à Terra ao longo dos últimos quatro bilhões de anos.

Bilhões de organismos morreram logo durante os primeiros minutos depois do impacto em praticamente metade da superfície terrestre. Em poucas horas, os fragmentos de rocha ejetados para o espaço começaram a retornar à Terra e incendiar as florestas do mundo.

A nuvem de detritos produzida, associada à fumaça dos grandes incêndios causados pelos resíduos ejetados, e o espelho de aerossóis de enxofre na alta atmosfera bloquearam a luz solar, causando a falência da produtividade das plantas nos continentes e do fitoplâncton nos oceanos, bem como o súbito esfriamento do clima. Além disso, assim como nos episódios vulcânicos, nuvens de gases liberados dos sedimentos e rochas ricas em matéria orgânica vaporizadas pelo impacto deram origem a uma atmosfera rica em gases como o carbônico, o metano e o sulfídrico. Não foi um dia fácil na superfície terrestre!

AS ORIGENS DA TEORIA DO IMPACTO

A teoria do impacto como fator desencadeador da extinção foi proposta em 1981 pelo físico americano Luis Alvarez e sua equipe. Ela teve como base a alta concentração de um mineral metálico chamado irídio em uma camada de rocha encontrada próxima à cidade de Gubbio, na Itália. Logo em seguida, foi encontrada também na Dinamarca e na Nova Zelândia, sempre no limite que marcava o final do Cretáceo, em rochas de 65,5 milhões de anos. Por se tratar de um componente raro na superfície terrestre, mas comum em asteroides ou no interior da Terra, Alvarez concluiu que essa anomalia na concentração de irídio teve origem na pulverização de um corpo celeste que se chocou contra a Terra. A camada de irídio que marca o momento final da grande extinção, a última camada, é hoje conhecida em centenas de localidades de todos os continentes e oceanos, incluindo o Brasil. Em Pernambuco, uma fina camada encontrada entre rochas das formações Gramame e Maria Farinha contém fragmentos de quartzo alterados, esférulas ejetadas, sedimentos com origem em tsunâmis e, por fim, a "anomalia de irídio", um conjunto inquestionável de evidências do impacto.

Até o momento da descoberta de Alvarez, como a única evidência do impacto era a camada de irídio e como ela poderia ter chegado à superfície vindo do interior da Terra por meio de fenômenos vulcânicos, a comunidade científica ainda aguardava outros sinais. Mas, desde então, inúmeras ocorrências espalhadas pelo mundo comprovaram a hipótese.

A primeira delas foi encontrada no Haiti no início da década de 1990. Sequências de rochas presentes imediatamente acima daquelas que marcavam o final do Cretáceo indicavam a ocorrência de um megatsunâmi, provocado por ondas que alcançaram 100 metros de altura. Ondas com essas dimensões, e ainda maiores, podem se formar por meio de explosões vulcânicas ou fortes terremotos, mas também através do impacto de um grande asteroide. Posteriormente, esse tipo de rocha foi encontrado em várias localidades das ilhas e continentes hoje banhadas pelo mar do Caribe, o que deu aos cientistas pistas para a procura de um local onde o impacto poderia ter ocorrido. Camadas indicativas da ocorrência de um imenso tsunâmi no final do Cretáceo são conhecidas hoje em todos os continentes. A espessura das camadas geológicas com sedimentos remobilizados pelas ondas decresce quanto mais distantes se encontrarem do impacto, variando desde alguns centímetros, na Ásia e Europa, até 50 metros, no México.

Em 1990, a segunda e mais esperada evidência de um impacto foi descoberta: uma cratera com diâmetro aproximado de 200 quilômetros, metade sob o oceano, metade no continente, encontrada na península de Iucatã, no golfo do México. As evidências da sua existência foram observadas no relevo da península através da análise minuciosa de imagens feitas por um satélite. Na parte continental, existe um pequeno povoado chamado Chicxulub, que deu nome à cratera. Mais tarde, geólogos e geofísicos determinaram suas dimensões e seu relevo no fundo do mar com uso de imagens geradas com base em métodos geofísicos. Sua metade submersa está soterrada sob 1.000 metros de sedimentos marinhos e as marcas sobre o continente tornaram-se quase imperceptíveis aos olhos ao longo de 65,5 milhões de anos de erosão.

Entre as consequências terríveis desencadeadas por um impacto dessa magnitude, estavam os incêndios globais. Todo o material ejetado ao espaço retornou como esférulas superaquecidas que produziram uma onda de calor próximo à superfície, com temperatura da ordem de 260 °C. Temperaturas dessa grandeza induziram incêndios de florestas e material combustível como poços de betume e com isso a emissão de fuligem e gases que simplesmente inviabilizaram a vida na superfície durante anos. No Cretáceo, a concentração de gás carbônico na atmosfera já era maior por causa do vulcanismo em andamento, e as florestas que viriam a ser incendiadas ocupavam praticamente a metade das áreas emersas dos continentes, o que deixou outro sinal.

Associada ao pico de irídio nas rochas do limite da extinção, ocorre mais uma anomalia, dessa vez na quantidade exagerada de carbono orgânico (^{12}C), derivado da fuligem das florestas incendiadas acumulada juntamente com a poeira do asteroide.

Somadas, todas essas evidências levaram paleontólogos e geólogos a bater o martelo sobre o que disparou as mudanças radicais do clima que resultaram na grande extinção. Uma delas, a mais imediata, provocou a primeira grande onda global de mortes: a queda brusca e acentuada da temperatura.

NO ALVO

No final do Cretáceo, 13% da superfície terrestre era ocupada por mares que cobriam as bordas dos continentes. A temperatura muito alta não permitia que a água dos oceanos congelasse e, assim, acumulasse nos polos. Além disso, as águas oceânicas eram empurradas sobre as margens continentais pela sua expansão térmica. Essas amplas áreas costeiras, cobertas por mares rasos e iluminados, tinham as águas fertilizadas pelo coquetel de minerais e matéria orgânica trazido dos continentes pelos rios. Eram regiões férteis para a proliferação de cianobactérias e algas, bem como para todo o restante da vida marinha. No fundo, centenas de metros de sedimentos acumulavam a matéria orgânica produzida na superfície. Persistisse a calmaria que perdurava já havia milhões de anos, toda essa matéria orgânica faria parte hoje dos bilhões de barris de petróleo armazenados nas rochas cretáceas no fundo do golfo do México. Sob os sedimentos, as rochas nascidas da evaporação da água marinha eram ricas em anidrita, um sulfato de cálcio, mineral que tem enxofre na sua composição ($CaSO_4$). Vaporizados pelo impacto, as rochas e os sedimentos ricos em enxofre deram origem a partículas de aerossóis de sulfato que, acumuladas na estratosfera, refletiam como um espelho parte da luz solar de volta ao espaço.

$$CaSO4 \xrightarrow{\text{Vaporização}} SO_2 \xrightarrow{OH} H_2SO_4 \xrightarrow[\text{Nucleação}]{H_2O} \text{Aerossóis de sulfato} \quad \text{Reflexão da luz solar}$$

Misturados com a poeira das rochas e com a fuligem dos incêndios florestais provocados pelo material que voltava do espaço, os aerossóis de sulfato contribuíram para que a quantidade de calor do sol que chegava à superfície fosse reduzida em cerca de 20%. Essa redução, que não parece tão preocupante assim, derrubou rapidamente a temperatura da atmosfera. No entanto, ao longo de meses, os oceanos ainda permaneciam aquecidos devido à maior capacidade da água de reter o calor. Essa diferença de temperatura entre uma atmosfera fria e os oceanos aquecidos disparou uma nova onda de furacões que, se comparada com as atuais calamidades, faria destas leves temporais. Não sabemos exatamente por quanto tempo perduraram, mas modelos que simularam o clima naquele intervalo indicam que as tempestades se mantiveram por menos de um século. Foram esses ventos que espalharam por toda a atmosfera terrestre as camadas de poeira, fuligem e aerossóis de sulfato, que tornaram gelada de vez a superfície terrestre. A temperatura média global caiu 11 °C, 17 °C nas áreas continentais e 7 °C nos primeiros 50 metros das águas oceânicas.

Para se ter uma ideia, o último período glacial se encerrou cerca de 11 mil anos atrás com a elevação da temperatura média global em apenas 4 °C.

O impacto ainda ejetou para a atmosfera 400 bilhões de toneladas de gás carbônico e 300 bilhões de dióxido de enxofre. Dissolvidos na água, acidificaram os oceanos, alterando radicalmente o equilíbrio químico dos ecossistemas. Adeus, vida marinha!

O impacto gerou tsunâmis de 100 metros de altura. As águas adentraram as margens da América do Norte por centenas e até milhares de quilômetros, lavando a fauna e a flora dos continentes. Com a volta das águas lamacentas do interior dos continentes para o mar, bilhões de toneladas de sedimentos foram lançadas nas águas até então cristalinas do golfo do México, onde as rochas formadas com esses sedimentos, chamadas de tsunamitos, chegam a 50 metros de espessura. Na América do Norte, os tsunamitos aparecem em camadas centimétricas no sul do Canadá, confirmando que as ondas se propagaram por milhares de quilômetros continente adentro. Esses mesmos indícios atestam que as ondas chegaram à Antártica, Índia e Austrália. Boa parte das águas oceânicas globais turvaram em diferentes medidas, reduzindo ainda mais a luz já tênue oferecida às algas e cianobactérias. O mundo inteiro estava sob forte penumbra.

Tivesse o asteroide caído nos 87% restantes da superfície terrestre, os rumos da extinção teriam sido outros, sua magnitude muito inferior, e nem todas as linhagens de dinossauros e répteis marinhos, bem como de todos os outros animais, teriam desaparecido. Provavelmente, não existiríamos e os mamíferos ainda estariam sob o comando ecológico dos dinossauros.

Mas não foi assim. O asteroide acertou com precisão o lugar mais letal para a vida. Bilhões de toneladas daquela lama marinha e rochas foram vaporizadas e lançadas para a atmosfera nos minutos seguintes à explosão.

E mais: nuvens ricas em gás sulfídrico provocaram outros dois efeitos. Sua reação com as águas acumuladas nas nuvens deu origem ao ácido sulfúrico, que acidificou os oceanos, envenenou a água doce e o solo, tornando os ambientes terrestres ainda mais inóspitos para a vida. Outros gases, como o óxido nitroso, reagiram com o ozônio e provocaram sua dissolução na estratosfera. Outra vez a receita do apocalipse, combinando impacto e vulcanismo, varreu grande parte da vida da superfície.

Dias após o impacto, incêndios colossais consumirão florestas inteiras nos continentes, e a espessa camada de fuligem que se espalhará pelo mundo logo impedirá a chegada da luz à superfície. Nos anos seguintes ao impacto, nuvens de dióxido de enxofre (SO_2) permanecerão na atmosfera como um escudo reflexivo bloqueando a luz e o calor do Sol. A Terra terá o brilho de Vênus como o vemos hoje nas manhãs e nos finais de tarde. Décadas mais tarde, com a escuridão e o esfriamento radical do clima e das águas oceânicas, os ecossistemas se desestruturam, o que leva a vida a enfrentar o horror de mais uma grande extinção global.

O FIM DE UMA DINASTIA?

Esse fenômeno de extinção é muito conhecido entre os geólogos e paleontólogos porque, supostamente, pôs fim ao reinado dos dinossauros, bem como de outros grandes animais marinhos e terrestres. De fato, duas das três principais linhagens de dinossauros desapareceram. Os herbívoros saurópodos, gigantes de pescoço e cauda longos, e os ornitísquios, herbívoros ornamentados com toda sorte de aparatos morfológicos, se foram para sempre.

Os saurópodos já estavam pouco representados no final do Cretáceo. Diplodocídeos e braquiossaurídeos já haviam desaparecido milhões de anos antes. Somente os titanossaurídeos testemunharam a grande extinção. Entre os ornitísquios, restavam ainda os nodossaurídeos, anquilossaurídeos, hypsolofodontídeos, hadrossaurídeos, paquicefalossaurídeos e ceratopsídeos. Todas essas linhagens igualmente desapareceram.

Entre os terópodos, restavam no momento do impacto os representantes dos ceratossaurídeos, celurossauros e tiranossaurídeos (os *Tyrannosaurus rex* viviam ali por perto e, provavelmente, sofreram consequências instantâneas após o impacto). Os terópodos voadores representantes das aves com dentes, os enantiornithes e os hesperornitiformes, desapareceram.

Como vimos, as aves são descendentes de uma linhagem de dinossauros terópodos. Surpreendentemente, são os vertebrados terrestres mais comuns e numerosos. Com cerca de 11 mil espécies viventes, são mais diversificadas que os mamíferos (5.416 espécies) e com quase o mesmo número que todos os outros répteis somados (tartarugas, crocodilos, lagartos e cobras, que reúnem 11.579 espécies). Além disso, ocupam quase todos os ambientes terrestres nos quais é possível um vertebrado viver. Atualmente, estão espalhadas por todos os cantos da Terra, dos trópicos quentes aos polos, dos desertos às florestas, das altas montanhas aos oceanos.

O sucesso das aves obviamente se deve ao fato de terem herdado de seus ancestrais dromeossaurídeos o sistema respiratório unidirecional, altamente eficiente, muito superior ao dos mamíferos, com sacos aéreos que permitem que respirem sempre ar fresco. Elas também herdaram o controle fisiológico da temperatura corporal (a homeotermia), indispensável para o voo, a incrível habilidade para construir ninhos e se comunicar de maneira sofisticada.

A sobrevivência à grande extinção teve ajuda dos bicos e papos adaptados à coleta e armazenamento de diferentes tipos de alimento, oportunos num mundo devastado onde sementes e vermes protegidos no solo estavam entre as poucas fontes de alimento disponíveis. Atualmente, após grandes incêndios florestais, aves granívoras são sempre as primeiras a retornar às áreas destruídas, justamente porque sempre há um banco de sementes disponível. Além disso, entre os animais modernos, as aves são os únicos vertebrados terrestres com representantes exclusivamente carniceiros, como os abutres e urubus, que sempre se garantem após episódios de grande mortalidade.

No tempo da extinção, os neognatos, o grupo hoje representado pelas aves modernas, já evoluíam por diversas linhagens. Quando retornamos pelos ramos da grande árvore das aves atuais até as suas ancestrais que viviam no tempo da extinção, e sobreviveram, encontramos quase exclusivamente linhagens granívoras e frugívoras terrestres e aquáticas.

Como se não bastasse, as aves aprenderam a morar em tocas, nadar, correr, migrar de um polo a outro e, claro, encantar crianças e adultos, o que deu a elas grande vantagem para se multiplicar como animais de estimação. Atualmente, esses dinossauros vivem na casa dos seres humanos, são criados aos bilhões e servidos à mesa fritos, assados ou ensopados. Durante o dia, são os vertebrados mais comuns que ouvimos e vemos quando andamos pelas ruas, praças e parques.

Portanto, dizer que o final do Cretáceo pôs fim à dinastia dos dinossauros parece agora uma imprecisão. De fato, aquele momento acabou com linhagens de animais espetaculares, sem formas equivalentes nos 65,5 milhões de anos que se seguiram. No entanto, aquela tragédia eliminou apenas os grandes dinossauros herbívoros e carnívoros, além dos pequenos dinossauros emplumados que não sabiam voar e tinham a boca repleta de dentes. As aves, pequeninas e emplumadas, sobreviveram, e ainda reinam em toda a Terra. Com uma população de 400 bilhões, a proporção é de 60 aves para cada ser humano.

Mas será que o tamanho reduzido das aves e de outros animais de pequeno porte nos daria uma pista das razões da sobrevivência deles? Sapos, rãs, pererecas, salamandras, tartarugas, crocodilos, mamíferos, lagartos e cobras também sobreviveram. Os cientistas já levantaram essa questão, e até já tentaram explicá-la.

A VIDA APÓS O IMPACTO

O impacto em Chicxulub não exterminou toda a vida. Houve sobreviventes. Curiosamente, determinados grupos de vertebrados terrestres com características e habilidades semelhantes resistiram. O episódio não afetou igualmente os animais em terra firme, nem mesmo nos oceanos. Foi uma extinção seletiva, e isso requer explicações!

Obviamente, as variações ambientais que se seguiram ao impacto, como a nuvem de detritos e os grandes incêndios que tornaram a atmosfera opaca, a chuva ácida e a redução drástica da temperatura, impuseram consequências catastróficas para toda a vida durante décadas.

No entanto, o que pode ter ocorrido nas primeiras horas após o impacto? E por que a extinção não afetou igualmente todos os grupos de animais terrestres?

Várias linhagens de vertebrados que viviam nos continentes, incluindo peixes de água doce, foram pouco afetadas. Por outro lado, os imensos dinossauros saurópodos, ornitísquios e pterossauros foram dizimados. Semelhante fato ocorreu nos oceanos, onde pequenos animais sobreviveram, enquanto os gigantes desapareceram de modo repentino.

Vimos que nas primeiras horas após o impacto a imensa massa de fragmentos de rocha lançada ao espaço começou a retornar à superfície. Os pesquisadores especialistas em extinções calcularam que a irradiação de calor emitida pela chuva de fragmentos incandescentes na superfície dos continentes durante as primeiras horas após o impacto simplesmente assou os grandes animais incapazes de se proteger. Sobreviver às primeiras horas foi fundamental.

Para pequenos animais, não foi tarefa difícil manterem-se protegidos de alguma forma da onda de calor, mesmo porque suas estratégias de vida ainda hoje incluem passar bom tempo escondidos de predadores. Muitos animais naquele momento poderiam reproduzir o comportamento das formas atuais, e essa é uma chave para compreendermos por que sobreviveram.

Os peixes se mantiveram protegidos na água. Anfíbios, lagartos e cobras puderam se proteger na água, em cavidades do sedimento ou do solo, ou sob rochas. Crocodilos, ainda hoje, passam bom tempo na água ou mesmo em tocas. Seus ovos, normalmente postos em solo, tocas ou sob rochas, também ficaram protegidos. Pequenos mamíferos se abrigaram rapidamente em tocas no solo e nas rochas. As aves nadaram, mergulharam, se entocaram ou se esconderam em ninhos feitos bem no interior de troncos de árvores ou cupinzeiros. Não por coincidência, essas foram algumas das linhagens de vertebrados terrestres que sobreviveram à extinção do final do Cretáceo.

Com os mesmos tipos de proteção, grande quantidade de animais invertebrados, como insetos, aracnídeos, miriápodos e crustáceos, pôde resistir às primeiras horas do intenso calor, ainda no estágio de pupas ou ovos, em cavidades de rochas ou madeira, sob o solo, ou como larvas dentro da água.

É possível, no entanto, que os ovos de dinossauros também pudessem ter resistido às primeiras horas da intensa radiação térmica sob os corpos dos pais mortos que tentaram proteger os ninhos. No entanto, filhotes de dinossauros, assim como os das aves, necessitavam de cuidado e, órfãos, não resistiram.

Mas isso não quer dizer que as aves, os mamíferos e os outros grupos passaram imunes. Todos os grandes ramos tiveram perdas enormes. Cerca de dez grandes linhagens de aves sobreviveram e delas evoluiu tudo o que conhecemos. O tamanho reduzido ajudou também porque o tempo de gestação é menor, bem como a quantidade diária de alimentos.

Um grande enigma entre os muitos que cercam essa extinção é porque pequenos manirraptores emplumados – dromeossaurídeos, troodontídeos e as aves com dentes –, com anatomia e metabolismo parecidos com os das aves, não sobreviveram. Paleontólogos analisaram 3 mil dentes desses pequenos dinossauros, encontrados em rochas dos 18 milhões de anos finais da era Mesozoica. Ao longo de todo esse tempo, a diversidade sempre se manteve alta, com vários estilos de dieta. Manirraptores iam muito bem, obrigado! Até o impacto. E então sumiram do mapa.

A dieta fez diferença. Pequenos vertebrados, peixes, insetos não estavam mais à disposição para caçadores. Possuir um longo bico e um papo fez diferença. Neornites, as aves sem dentes, sobreviveram, e a procura dos ancestrais das aves modernas mostra que as aves que deram início à recolonização eram, precisamente, as comedoras de grãos.

LUIZ E. ANELLI

O PIOR DIA DO MUNDO

Um jovem paleontólogo encontrou no Estado de Dakota do Norte, nos Estados Unidos, uma camada de rocha sedimentar de aproximadamente 1,5 metro de espessura. A região abriga as rochas da famosa Formação Hell Creek, que guarda os dois últimos milhões de anos da era Mesozoica, e entre vários dinossauros estão os cobiçadíssimos esqueletos do *Tyrannosaurus rex* e do *Triceratops horridus*, a dupla mais famosa da pré-história mundial. Mas não foram esses dinossauros que ele encontrou, e sim uma combinação de fósseis e estruturas sedimentares única em toda a história da paleontologia. Esse sítio paleontológico recebeu o nome de Tânis, em referência à milenar cidade egípcia desaparecida.

Os fósseis incluem peixes de água doce e conchas de animais marinhos misturados. Muitos peixes estão partidos ao meio, verticalizados, na rocha, e mostram evidências de que foram sufocados por sedimentos. Há ainda restos de répteis marinhos e fragmentos de ossos de dinossauros associados a restos de vegetais queimados, com âmbar ainda preso ao tronco das árvores. E mais: a camada de Tânis indica que o sentido das correntes de água que levaram os sedimentos até a região é contrário ao dos rios que existiam naquele lugar. Uma confusão geológica e biológica em uma camada de cerca de 1,5 metro de espessura! O que aconteceu ali?

As respostas vieram à tona quando os sedimentos e os fósseis foram ampliados sob uma lupa. Milhares de esférulas vítreas de meio milímetro de diâmetro e fragmentos de quartzo alterados foram encontrados no sedimento, presos nas brânquias dos peixes fossilizados e no âmbar ainda aderido aos troncos. Imediatamente acima dessas rochas, foi encontrada uma camada enriquecida com irídio.

Não restaram dúvidas: o jovem paleontólogo encontrou a camada de sedimentos acumulada no dia do impacto do grande asteroide em Chicxulub, ocorrido a 3 mil quilômetros de distância dali. E não representava apenas o dia do impacto, mas a primeira hora. O tempo de viagem da cortina de material ejetado que trouxe as microesférulas até Tânis consumiu entre 13 e 25 minutos. As esférulas só não chegaram primeiro que os terremotos de intensidade 12 da escala Richter, mil vezes mais forte que o megaterremoto que atingiu o Japão em março de 2011. Os devastadores sismos balançaram o mar continental que na época cruzava toda a América do Norte, jogando suas águas dezenas de quilômetros continente adentro, o que explicou a mistura de fósseis marinhos e continentais na camada de Tânis. Foi o pior dia do mundo, o último dos poderosos dinossauros.

Essa pequena camada de rochas guarda material paleontológico para mais cinquenta anos de pesquisa e muitas novidades já começam a surgir de novos estudos. Uma delas nasceu dos ossos de seis peixes encontrados em Tânis. Como as árvores e os dinossauros, ossos dos peixes cresciam com velocidades distintas em cada uma das estações do ano, e deixaram anéis de crescimento com diferentes espessuras segundo a disponibilidade de alimento. Os anéis de crescimento se tornavam mais espessos na primavera, cresciam muito no verão e diminuíam no outono e inverno. Além disso, as camadas nos ossos mostram alternância nas relações dos isótopos de carbono pesado (^{13}C) e leve (^{12}C). Nos meses mais quentes do ano, esses peixes filtradores se alimentavam do zooplâncton e por isso tinham faixas alternadas do carbono leve e pesado. A última camada, mais espessa, enriquecida com o carbono ^{13}C, levou os paleontólogos a determinar que a morte dos seis peixes minutos após a queda do asteroide ocorreu durante a primavera no hemisfério norte. Saber disso é importante porque essa é a estação de maior atividade dos animais, quando estão ocupados com a reprodução e o cuidado com os recém-nascidos. A tragédia pode ter sido muito pior no hemisfério norte. No sul, durante o outono, os animais estavam se preparando para hibernar, protegidos em tocas e com os filhotes já crescidos e mais independentes.

Seguramente, não haveria humanidade, livros, celulares e internet se esse asteroide não tivesse se chocado com a Terra exatamente no local onde ele também encontrou seu fim. Antes de cair, ele vagou pelo espaço por mais de quatro bilhões de anos.

PATRIMÔNIO CULTURAL NACIONAL

Todos os governos que investem e priorizam a educação fazem da pré-história de seus países uma das muitas colunas que sustentam suas tradições e cultura, assim como a literatura, a música, o esporte etc. Eles celebram o passado profundo armazenado em suas rochas em centenas de museus, milhares de livros, trilhas na natureza, documentários e exposições para todas as idades, porque reconhecem o seu poder transformador, sua força para educar e estimular o contato de todos com a ciência. O conhecimento científico do passado nos faz refletir a respeito do mundo atual e futuro, porque nos mostra a perspectiva histórica das mudanças geográficas, climáticas e biológicas ocorridas na Terra ao longo do tempo, milhares, milhões, bilhões de anos atrás. Ele provoca o entusiasmo e a admiração pela ciência por elucidar questões ligadas às raízes sobre as quais foi construída a totalidade do mundo físico e biológico em que vivemos e estamos imersos. É no passado profundo que encontramos nossas próprias raízes e é no seu conhecimento que temos a percepção de que pertencemos à Terra, bem como a toda a biologia que nos cerca.

A Terra guardou nas rochas os sinais químicos e físicos, cores, formas e texturas impressas pelas forças geológicas e biológicas que a animaram ao longo de bilhões de anos. Geólogos e paleontólogos, e um exército de cientistas das mais diferentes áreas da ciência, aprenderam a decifrá-los, compreendê-los, contextualizá-los, e agora podem nos contar a maior e mais bela história do universo. Foi dessa história que nascemos como *Homo sapiens*, a quatro segundos do final do nosso dia geológico, e os 10 milhões de espécies de animais que hoje nos cercam, e as 400 mil espécies de plantas que os alimentam, e a infinita vida microscópica que permite a toda a biologia funcionar. Dessa história também nasceram a geografia e o relevo como hoje conhecemos, a atmosfera que nos aquece, montanhas e desertos, mares e oceanos, os ventos e correntes marinhas que tornaram esse mundo habitável.

E mais: objetos vindos do espaço aos milhões, muitas vezes fatais, se não a própria vida trazida no interior de cometas, nos contam histórias extraterrestres ainda mais antigas que a própria Terra. Eles ainda estão por aí aos bilhões, e nem de longe a história humana conheceu o que os animais e plantas experimentaram por diversas vezes ao longo de sua história.

Em rochas brasileiras, estão os primeiros e mais antigos dinossauros conhecidos do mundo. Nascidos num continente gigantesco, testemunharam ao longo de 170 milhões de anos vulcanismos que em sucessivos esforços geológicos o romperam em sete grandes placas continentais. Um supercontinente deu origem a seis, e dois oceanos foram transformados em cinco. Os mamíferos nasceram já entocados e viveram apavorados pelos grandes predadores na escuridão da era Mesozoica. As primeiras flores brotaram e perfumaram o mundo sem que os dinossauros as percebessem. Nossas praias e incontáveis riquezas minerais evoluíram nas entranhas da crosta enquanto a vida explorava com os dinossauros praticamente tudo o que a evolução biológica foi capaz de fazer. Deixar todas essas histórias escondidas nas rochas, ou mesmo no interior das universidades, em artigos científicos praticamente indecifráveis para quem não é cientista, superespecialista no assunto, é quase tão cruel quanto privar alguém de viver sua infância.

Por isso, a pré-história profunda do Brasil deve ser considerada um patrimônio cultural, um tesouro. Conhecê-la deve ser um direito de todos os brasileiros.

O conhecimento desse imenso e variado patrimônio cultural nacional deve fazer parte da educação formal e do entretenimento científico de todos. Como parte da cultura, incentivará a identidade com o país, incrementando o exercício da cidadania e o aproveitamento da própria história, desvendada, criada e irradiada a partir do trabalho de professores e pesquisadores no interior das universidades, museus e institutos de pesquisa brasileiros.

E mais: incluir o ensino da pré-história brasileira e mundial no currículo escolar, assim como a história moderna, pode abrir uma nova frente cultural no país. A pré-história é um conhecimento em constante construção, dinâmico, aberto a novas ideias, suposições, hipóteses, teorias e questionamentos. A organização do conhecimento pré-histórico nos ajudará a compreender as origens e o desenvolvimento da biologia, da geologia, do relevo, do clima que hoje nos acolhe, da gênese das riquezas que movimentam, constroem e alimentam este país, do próprio continente onde vivemos e dos oceanos que determinam os seus limites. O conhecimento científico dos fatos e os eventos que construíram o território onde vivemos dão alma ao conhecimento atual. Ele auxiliará a todos no reconhecimento e posse da região onde vivem bem como na sua identificação com ela.

Na atualidade, as aplicações do conhecimento paleontológico nacional justificam-se em especial para a reconstrução e organização histórica dos fatos com propósitos educativos. Os dinossauros, por exemplo, há mais de um século, fascinam crianças e adultos em todo o mundo. A paleontologia é uma ciência poderosa para a aproximação de crianças e adultos a temas ligados a diversas áreas das ciências, ao entretenimento científico, à leitura, ao interesse pelas ciências da Terra, biologia e astronomia. O conhecimento da pré-história nos ajuda a compreender a construção da imensa árvore da vida, bem como reverenciar o lugar onde nos encontramos e ter a percepção de que a ela pertencemos, e de que sem ela jamais existiríamos.

Viva a pré-história do Brasil!

AMELIN, Y.; ALEXANDER, K. Pb isotopic age of the Allende chondrules. **Meteoritics & Planetary Science**. University of Arizona, 42 (7/8): 1321-1335, 2007.

ANELLI, L. E.; BODENMÜLLER, C.; MATTAR, G. (ilustradora). **Dinossauros: o cotidiano dos dinos como você nunca viu.** 1. ed. São Paulo: Panda Books, 2015. 55 p.

ANELLI, L. E.; ELIAS, F. (ilustrador). **O guia completo dos dinossauros do Brasil.** São Paulo: Peirópolis, 2010. 222 p.

_____. **Dinos do Brasil.** São Paulo: Peirópolis, 2011. 84 p.

ANELLI, L. E.; LACERDA, J. (ilustrador). **Dinossauros e outros monstros: uma viagem à pré-história do Brasil.** São Paulo: Peirópolis, 2015. 246 p.

_____. **Novos dinos do Brasil.** São Paulo: Peirópolis, 2020. 96 p.

ANELLI, L. E.; NOGUEIRA, R. (ilustrador). **O Brasil dos dinosssauros.** São Paulo: Marte Editora, 2018. 131 p.

AURELIANO, T. **Realidade oculta**. São Paulo: Novo Século, 2016. 304 p.

BARBONI M. et al. Early formation of the Moon 4.51 billion years ago. **Science Advances**, 3 (1): e1602365, 2017.

BELL, E. A.; BOEHNKE, P.; HARRISON, T. M.; MAO, W. L. Potentially biogenic carbon preserved in a 4.1 billion-year-old zircon. **Proceedings of the National Academy of Sciences**, 201517557, 2015.

BENTON, M. J.; BERNARDI, M.; KINSELLA, C. The Carnian Pluvial Episode and the origin of dinosaurs. **Journal of the Geological Society**, 175, 1019-1026, 2018.

BRINKHUIS, H. et. al. Episodic fresh surface waters in the Eocene Arctic Ocean, 441 (7093): 606-609, 2006.

BRUSATTE, S. L. Evolution: how some birds survived when all other dinosaurs died. **Current Biology**, 26(10), R415-R417, 2016.

CAMPBELL, I. H.; TAYLOR, S. R. No water, no granites - No oceans, no continents. **Geophysical Research Letters**, 10(11), 1061-1064, 1983.

CANUP, R. M.; ASPHAUG, E. **Nature**, 412(6848), 708-712, 2001.

CEBALLOS, G. et al. Accelerated modern human-induced species losses: entering the sixth mass extinction. **Science Advances**, 1(5), e1400253-e1400253, 2015.

CHABOUREAU, A.; SEPULCHRE, P.; Donnadieu, Y.; FRANC, A. Tectonic-driven climate change and the diversification of angiosperms. **Proceedings of the National Academy of Sciences**, 111 (39), 14066-14070, 2014.

CLACK, J. A. The fish–tetrapod transition: new fossils and Interpretations. **Evolution: Education and Outreach**, 2:213-223, 2009.

DAL CORSO, J.; RUFFELL, A.; PRETO, N. The Carnian Pluvial Episode (Late Triassic): new insights into this important time of global environmental and biological change. **Journal of the Geological Society**, 175, 986-988, 2018.

DE VRIES, J.; ARCHIBALD, J. M. Plant evolution: landmarks on the path to terrestrial life. **New Phytologist**, 217, 4, 1428-1434, 2018.

DELWICHE C. F; COOPER E. D. The evolutionary origin of a terrestrial flora. **Current Biology**, 25: R899-R910, 2015.

DEPALMA, R. A. et al. A seismically induced onshore surge deposit at the KPg boundary, North Dakota, **PNAS**, 116 (17) 8190-8199, 2019.

DURING, M. A. D. et al. The Mesozoic terminated in boreal spring. **Nature**, 603, 91-94, 2022.

FOURNIER G. P. et al. The Archean origin of oxygenic photosynthesis and extant cyanobacterial lineages. **Proceedings of the Royal Society**, B288: 20210675, 2021.

FOX, D. What sparked the Cambrian explosion? **Nature**, 530, 268-270, 2016.

GARGAUD, et al. **Young sun, early earth and the origins of life: lessons for astrobiology.** Berlin: Springer Science & Business Media, 2013. 300 p.

GIEMSCH, L.; HAIDLE, M. N. **Being human: the beginnings of our culture.** Oppenheim am Rhein: Nünnerich-Asmus, 2022, 77 p.

GINGERICH, P. D. Evolution of whales from land to sea. **Proceedings of the American Philosophical Society**, 156, 3, 309-323, 2012.

GOLDBLATT, C.; ZAHNLE, K. J.; SLEEP, N. H.; NISBET, E. G. The eons of chaos and hades. **Solid Earth**, 1 (1): 1-3, 2010.

GOLDNER, A.; HEROLD, N.; HUBER, M. Antarctic glaciation caused ocean circulation changes at the Eocene–Oligocene transition. **Nature**. 511 (7511): 574-577, 2014.

HÖRANDL, E.; SPEIJER, D. How oxygen gave rise to eukaryotic sex. **Proceedings of the Royal Society B: Biological Sciences**, 285(1872), 20172706, 2018.

JUTZI, M.; ASPHAUG, E. Forming the lunar farside highlands by accretion of a companion moon. **Nature**. 476 (7358): 69-72, 2011.

KORENAGA, J. W. Was there land on the early earth? **Life**, 11, 1142, 2021.

KVASOV, D. D.; VERBITSKY, M. Ya. Causes of Antarctic glaciation in the Cenozoic. **Quaternary Research**. 15: 1-17, 2017.

LANGER M. C.; RIBEIRO, A. M.; SCHULTZ, C. L.; FERIGOLO, J. The continental tetrapod-bearing Triassic of south Brazil. **Bulletin of the New Mexico Museum of Natural History and Science**, Albuquerque (USA), 41, 201-218, 2007.

LANGER, M. C.; BENTON, M. J. Early dinosaurs: a phylogenetic study. **Journal of Systematic Palaeontology**, 4:1-50, 2006.

LANGER, M. C.; EZCURRA, M. D.; BITTENCOURT, J. S.; NOVAS, F. E. The origin and early evolution of dinosaurs. **Biological Reviews**, 85, 55-110, 2010.

LANGER, M. C.; NESBITT, S. J.; BITTENCOURT, J. S.; IRMIS, R. B. Non-dinosaurian dinosauromorpha. **Geological Society of London** (special publication), London, 379, p. 157-186, 2013.

LANGMUIR, C. H.; BROECKER, W. **How to build a habitable planet: the story of earth from the Big Bang to humankind.** Revised and expanded ed. Princeton/Oxford: Princeton University Press, 2013. 700 p.

LARSON. W. D.; BROWN, C. M.; EVANS, D. C. Dental disparity and ecological stability in bird-like dinosaurs prior to the End-Cretaceous mass extinction. **Current Biology**, 26(10):1325-1333, 2016.

LASKAR, J.; JOUTEL, F.; ROBUTEL, P. Stabilization of the earth's obliquity by the moon. **Nature,** 361: 615-617, 1993.

LOVETT, R. Early earth may have had two moons. **Nature** https://doi.org/10.1038/news.2011.456, 2011.

LU, H. Driving force behind global cooling in the Cenozoic: an ongoing mystery. **Science Bulletin**, 60(24), 2091-2095, 2015.

LYONS, T. W.; REINHARD, C. T.; PLANAVSKY, N. J. The rise of oxygen in earth's early ocean and atmosphere. **Nature**, 506 (7488): 307-315, 2014,

MARX, F. G.; UHEN, M. D. Climate, critters, and cetaceans: Cenozoic drivers of the evolution of modern whales. **Science,** 327(5968), 993-996, 2010.

MAURICE, M.; TOSI, N.; SCHWINGER, S.; BREUER, D.; KLEINE, T. A long-lived magma ocean on a young moon. **Science Advances**, 6(28), eaba8949, 2020.

MCINHERNEY, F. A.; WING, S. A perturbation of carbon cycle, climate, and biosphere with implications for the future. **Annual Review of Earth and Planetary Sciences**, 39: 489-516, 2011.

MITCHELL, R. N. et al. The supercontinent cycle. **Nature Reviews Earth & Environment**, 2(5):12-28, 2021.

MONTMERLE, T. et al. Solar system formation and early evolution: the first 100 million years. In: **From suns to life: a chronological approach to the history of life on earth.** New York: Springer, 2006.

OHNO, S. et al. Production of sulphate-rich vapour during the Chicxulub impact and implications for ocean acidification. **Nature Geoscience**, 7(4), 279-282, 2014.

PATTERSON, C. Age of meteorites and the earth. **Geochimica et Cosmochimica Acta**,10(4):230-237, 1956.

PEI, R. et al. Potential for powered flight neared by most close avialan relatives, but few crossed its thresholds. **Current Biology**, 30, 1-4, 2020.

RUPPEL, C. D.; KESSLER, J. D. The interaction of climate change and methane hydrates. **Reviews of Geophysics**, 55 (1):126-168, 2017.

SAGE, R. F. Photosynthetic efficiency and carbon concentration in terrestrial plants: the C4 and CAM solutions. **Journal of Experimental Botany**, 65(13), 3323-3325, 2014.

SCHOPF, J. W. Microfossils of the Early Archean apex chert: new evidence of the antiquity of life. **Science**, 260, 5108: 640-646, 1993.

SERVAIS, T.; HARPER, D. A. T.. The Great Ordovician Biodiversification Event (GOBE): definition, concept and duration. **Lethaia**, 51: 151-164, 2018.

SHEN, J. et al. Evidence for a prolonged Permian–Triassic extinction interval from global marine mercury records. **Nature Communications**, 10(1):1563, 2019.

MATTHIAS, J. S.; STEWART, James R.; BLACKBURN, D. G. Phylogeny and evolutionary history of the amniote egg. **Journal of Morphology**, 282, 1080-1122, 2021.

STEFFEN, W. et al. The trajectory of the Anthropocene: the great acceleration. **The Anthropocene Review**, 2(1), 81-98, 2015.

STERNAI, P. et al. Magmatic forcing of cenozoic climate? **Journal of Geophysical Research: Solid Earth,** 125, 1, e2018JB016460, 2020.

TOHVER, E.; CAWOOD, P.; RICCOMINI, C.; LANA, C.; TRINDADE, R. I. F. Shaking a methane fizz: seismicity from the Araguainha impact event and the Permian-Triassic global carbon isotope record. **Palaeogeography, Palaeoclimatology, Palaeoecology**, 387, 66-75, 2013.

TOHVER, E. et al. Geochronological constraints on the age of a Permo-Triassic impact event: U–Pb and 40Ar / 39Ar results for the 40 km Araguainha structure of central Brazil. **Geochimica et Cosmochimica Acta**. 86: 214-227, 2012.

TORRES, C. R; NORELLAND, M. A.; CLARKE. J. A. Bird neurocranial and body mass evolution across the end-Cretaceous mass extinction: the avian brain shape left other dinosaurs behind. **Science Advances**, 7(31):eabg7099, 2021.

UWINS, P. J. R.; WEBB, R. I.; TAYLOR, A. P.. Novel nano-organisms from Australian sandstones. **American Mineralogist**, 83(11-12 Part 2), 1541-1550, 1998.

WARD, P.; BROWNLEE, D. **Rare earth: why complex life is uncommon in the universe.** New York: Copernicus, 2003.

WILDE, S. A.; VALLEY, J. W.; PECK, W. H.; GRAHAM, C. M. Evidence from detrital zircons for the existence of continental crust and oceans on the earth 4.4 Gyr ago. **Nature**, 409(6817), 175-178, 2001.

XIAO, S.; LAFLAMME, M. On the eve of animal radiation: phylogeny, ecology and evolution of the Ediacara biota. **Trends in Ecology and Evolution**, 24(1), 0-40, 2009.

LUIZ EDUARDO ANELLI é paleontólogo, escritor, professor livre-docente do Instituto de Geociências da Universidade de São Paulo, atual diretor da Estação Ciência da USP. É autor de diversos livros sobre a vida dos dinossauros e a pré-história brasileira, incluindo *Dinos do Brasil*, *Novos dinos do Brasil*, *ABCDinos* e *Dinossauros e outros monstros – Uma viagem à pré-história do Brasil,* todos pela Editora Peirópolis. Em 2018, foi vencedor do Prêmio Jabuti de literatura infantojuvenil. Foi curador de diversas exposições temporárias, como "Dinossauros na Oca e outros animais pré-históricos", visitada por 550 mil pessoas, e "Patagotitan, o maior do mundo", ambas no Parque do Ibirapuera, São Paulo; e curador de exposições permanentes como "Dinos do Brasil – Realidade virtual", no Catavento Cultural, São Paulo, e "Dinossauros – A Era Mesozoica", no Sabina – Escola Parque do Conhecimento, Santo André, que inclui o único esqueleto de *Tyrannosaurus rex* completo em exposição na América do Sul. Anelli é ciclista e meliponicultor amador.

A superfície rochosa de uma antiga duna do deserto Botucatu. Formada cerca de 140 milhões de anos atrás, guardou em várias regiões milhares de pegadas de dinossauros e de outros animais pré-históricos que por ali perambularam. Pedreira Araújo, São Carlos, SP.

JULIO LACERDA CAVALCANTE, designer gráfico e ilustrador, ingressou na paleoarte ainda jovem, aos 17 anos. Almejando aliar a liberdade da reconstrução de animais extintos com a essência do naturalismo presente em documentários sobre a vida selvagem, busca representar dinossauros como seres vivos complexos e realistas em aparência e comportamentos, protagonizando cenas corriqueiras. Suas ilustrações já foram publicadas e expostas em diversos países, como Japão (exposição *Pterossauros*, no Museu dos Dinossauros da Província de Fukui), Reino Unido (livro *All your yesterdays*, da editora Irregular Books) e Estados Unidos (publicação sobre o dinossauro *Siats meekerorum*, do Museu de Ciências Naturais da Carolina do Norte). Amante da natureza e assíduo viajante, Julio procura ao ar livre a inspiração para suas obras.

Copyright © 2022 Luiz Eduardo Anelli Copyright © 2022 ilustrações Julio Lacerda

EDITORA Renata Farhat Borges
PROJETO GRÁFICO Márcio Koprowski
DIAGRAMAÇÃO Elis Nunes
TRATAMENTO DE IMAGENS M. Galego Studio
REVISÃO Mineo Takatama

Editado conforme o Acordo Ortográfico da Língua Portuguesa de 2009.

1ª edição, 2022 – 1ª reimpressão, 2023

DADOS INTERNACIONAIS DE CATALOGAÇÃO NA PUBLICAÇÃO (CIP)
ANGÉLICA ILACQUA CRB-8/7057
(CÂMARA BRASILEIRA DO LIVRO, SP, BRASIL)

Anelli, Luiz E.
  Novo guia completo dos dinossauros do Brasil / Luiz E. Anelli ; ilustrações Julio Lacerda - 1. ed., 1. reimpr. - São Paulo : Peirópolis : Editora da Universidade de São Paulo, 2023.
  368 p. : il. ; 19 cm x 25 cm.

  ISBN: 978-65-5785-104-3 (Edusp)
  ISBN: 978-65-5931-212-2 (Peirópolis)

  1. Dinossauros. 2. Paleontologia. 3. Pré-história. I. Lacerda, Julio. II. Título.

CDD 567.91

Bibliotecário Responsável: Oscar Garcia - CRB-8/8043

Índices para catálogo sistemático:
1. Dinossauros : Paleontologia 567.91

Disponível também na versão digital em ePub (ISBN: 978-65-5931-208-5)

EDITORA PEIRÓPOLIS
Rua Girassol, 310f – Vila Madalena – 05433-000 – São Paulo – SP
tel.: (11) 3816-0699
vendas@editorapeiropolis.com.br
www.editorapeiropolis.com.br

EDUSP – Editora da Universidade de São Paulo
Rua da Praça do Relógio, 109-A, Cidade Universitária
05508-050 – São Paulo – SP – Brasil
Divisão Comercial: tel. (11) 3091-4008 / 3091-4150
www.edusp.com.br – e-mail: edusp@usp.br

APOIO

NOVO GUIA COMPLETO DOS DINOSSAUROS DO BRASIL